Changement climatique

Jacques Merle, Bruno Voituriez,
Yves Dandonneau

Changement climatique

Histoire et enjeux

L'Harmattan

Des mêmes auteurs

Bruno Voituriez et Guy Jacques, *El Niño, réalité et fiction*, éditions UNESCO, 1999.
Bruno Voituriez, *Les humeurs de l'océan : effets sur le climat et les ressources vivantes,* éditions UNESCO, 2003.
Bruno Voituriez, *Le Gulf Stream,* éditions UNESCO, 2006.
Bruno Voituriez, *Climat – Une planète et des hommes*, ouvrage collectif, éditions du Cherche Midi, 2011.
Bruno Voituriez, *Climat – Le temps d'agir*, ouvrage collectif, éditions du Cherche Midi, 2015.

Jacques Merle, *Océan et Climat, éditions* IRD, 2006.
Jacques Merle, *L'océan gouverne-t-il le climat ?,* éditions Vuibert et IRD, 2009.
Jacques Merle, *Climat – Une planète et des hommes*, ouvrage collectif, éditions du Cherche Midi, 2011.
Jacques Merle, *Climat – Le temps d'agir*, ouvrage collectif, éditions du Cherche Midi, 2015.

Yves Dandonneau, *Climat – Une planète et des hommes*, ouvrage collectif, éditions du Cherche Midi, 2011.
Yves Dandonneau, *Climat – Le temps d'agir*, ouvrage collectif, éditions du Cherche Midi, 2015.

Remerciements

Les auteurs remercient particulièrement Madeleine Zaharia, gestionnaire du site internet du club des Argonautes :

http://www.clubdesargonautes.org

qui a grandement contribué à l'amélioration du manuscrit.

Les remerciements vont aussi à Geneviève Stanislas de *Microcean* pour la mise en forme numérique.

5-7, rue de l'Ecole-Polytechnique, 75005 Paris

http://www.harmattan.fr
diffusion.harmattan@wanadoo.fr

ISBN : 978-2-343-09137-2
EAN : 9782343091372

Sommaire

PRÉSENTATION.......... 9

CHAPITRE I - LE SYSTÈME CLIMATIQUE ET SES ACTEURS.......... 13

CHAPITRE II - DES PRÉCURSEURS INTUITIFS MAIS LONGTEMPS IGNORÉS.......... 29

CHAPITRE III - L'ÉMERGENCE DE LA DYNAMIQUE DU CLIMAT.......... 51

CHAPITRE IV - LES PIÈCES DU PUZZLE CLIMATIQUE.......... 63

CHAPITRE V - DE NOUVEAUX OUTILS BOULEVERSENT LE PAYSAGE SCIENTIFIQUE.......... 101

CHAPITRE VI - LES DYNAMIQUES DE L'ATMOSPHÈRE ET DE L'OCÉAN SE REJOIGNENT.......... 129

CHAPITRE VII - LA BIOSPHÈRE ENTRE EN JEU.......... 149

CHAPITRE VIII - LES ARCHIVES GLACIAIRES DU CLIMAT.......... 171

CHAPITRE IX - L'APPORT DE LA « PALÉOCÉANOGRAPHIE ».......... 189

CHAPITRE X - DES ÉNIGMES CLIMATIQUES TROUBLANTES.......... 209

CHAPITRE XI - L'IMPLICATION DE NOUVEAUX ACTEURS : NATIONS UNIES, PUBLIC, MÉDIAS, POLITIQUES.......... 227

CHAPITRE XII - LES CONFÉRENCES ET LES INSTITUTIONS INTERGOUVERNEMENTALES.......... 249

CHAPITRE XIII - UNE NOUVELLE COUCHE DE SCIENCE : LA SOCIO-ÉCONOMIE DU CLIMAT.......... 279

CHAPITRE XIV - LE TEMPS DE L'ACTION.......... 305

BIBLIOGRAPHIE.......... 327

ACRONYMES...**335**

TABLE DES MATIÈRES...**343**

Présentation

La Terre est notre irremplaçable habitat : on y vit et l'on en vit grâce au climat tempéré dont elle bénéficie. Elle n'est peut-être pas unique dans l'univers mais elle est certainement rare. La comparaison avec les planètes telluriques voisines, mais climatiquement si différentes, est éloquente : à la surface de Vénus la température moyenne est de 480°C, sur celle de Mars elle est de – 63 °C. Entre les deux se trouve l'éden terrestre avec une température moyenne de 15 °C où la vie et l'homme peuvent s'épanouir jusqu'à ce que, peut-être, quelque météorite ou un activisme volcanique forcené ne provoque une de ces extinctions qui ponctuent l'évolution du monde vivant et lui ouvre de nouveaux horizons évolutifs. À moins que l'homme lui-même, sans attendre une telle échéance, ne se mette en grande difficulté en provoquant un changement climatique auquel il aurait du mal à s'adapter. C'est la grande question.

Jusqu'ici le climat n'était pas un problème pour l'homme ; c'était une donnée que l'on pouvait caractériser en un lieu par le cycle répétitif rassurant des saisons, signature des mouvements de la Terre autour du Soleil. La « climatologie » était une tentative de mise en ordre de « l'indiscipline » atmosphérique dont on fait l'expérience chaque jour avec les caprices météorologiques. Ordonnancement spatial : par bande de latitude (d'où le mot climat, venu du mot inclinaison en grec, celle des rayons du soleil qui varie en fonction de la latitude) qui permit par exemple de définir de grandes entités climatiques : climats équatorial, tropical, tempéré, polaire.... Ordonnancement temporel ensuite grâce aux « moyennes » qui fixent des normes rassurantes permettant de définir de manière statistique des climats en dépit du chaos météorologique, ce qui implicitement, comme toute norme, suppose la stabilité. Un climat est ainsi la moyenne du temps dans une région déterminée pendant une période donnée assez longue, généralement 30 ans. On peut ainsi définir le climat global de la Terre par la température moyenne à sa surface (environ 15 °C).

Jusqu'au milieu du XXème siècle cette science du climat était en fait une géographie de l'atmosphère qui décrivait comment elle est organisée dans l'espace et saisonnièrement dans le temps, sans se soucier de sa variabilité, de sa dynamique. On disposait alors d'atlas précis des entités climatiques à la surface de la Terre avec leurs caractéristiques : températures, humidité, précipitations, nébulosité. etc. Ainsi, chacun savait dans quel climat il habitait, même si les caprices météorologiques à court terme y mettaient de l'animation.

Deux problèmes vont déstabiliser cette perception du climat dans la deuxième moitié du XXème siècle en posant la question de son évolution et de sa prévision. C'est en premier, à relativement court terme, la démographie qui soulève le problème des ressources alimentaires que l'accroissement de la demande rend plus dépendantes des fluctuations climatiques et accroît la concurrence économique dans un contexte de guerre froide, tel que celui des années 1950, où la prime ira au meilleur prévisionniste. C'est ensuite la mise en évidence par les scientifiques de la perturbation dite anthropique du système climatique qui se traduit par un réchauffement global rapide et irréversible de la Terre que l'homme a intérêt à prévoir pour l'anticiper, ce que l'on appelle le « changement climatique ». Malheureusement la dynamique du climat est au milieu du XXème siècle un objet scientifique encore non identifié. Pourquoi cette carence ?

C'est d'abord évidemment parce que les climats de la Terre, réputés stables, ne posaient jusque-là aucun problème. Mais c'est aussi parce que le premier souci de la science est de mettre de l'ordre dans les connaissances et les observations : se soucier d'abord de ce qui est pérenne ou qui se répète avant de prêter attention aux dérangeantes perturbations que, souvent, dans un premier temps, on négligera. C'est pourtant dans ces perturbations que souvent se niche la dynamique d'un système. En ce qui concerne la Terre, cela s'est traduit par un compartimentage des disciplines scientifiques assez strict qui avait sa logique et a eu sa fécondité. La Terre solide aux géologues, l'atmosphère aux météorologues, l'océan aux océanographes, le monde vivant aux biologistes. Chacune de ces grandes disciplines s'est subdivisée en sous-disciplines qui ont créé autant de compartiments. Faute d'un point de vue extérieur global, c'était l'étude de la Terre « en morceaux » qui s'imposait : un véritable puzzle. Or pour comprendre la dynamique du climat ce sont la Terre dans son ensemble et les interactions entre les compartiments qui la composent qu'il faut considérer. Il faut donc rassembler les morceaux, d'où l'obligation, pour répondre au problème posé par le climat, de faire converger ces disciplines vers ce nouvel objet scientifique appelé « la dynamique du climat » ou « le changement climatique ».

La logique disciplinaire et la compétition que la programmation scientifique instituait de fait entre les disciplines y faisaient obstacle. Il fallut la prise en compte sociale et politique du problème climatique pour que nationalement et internationalement la science s'organise pour répondre à ce défi. Ce sont donc un entrecroisement, une interaction constante entre les logiques scientifiques d'une part et les préoccupations sociales et politiques d'autre part qui ont rendu possible cette émergence de la problématique climatique : une première dans l'histoire des sciences.

Cette période représente au sens propre un *tournant historique* pour l'humanité, véritable mutation des rapports de l'homme avec la nature et la planète Terre qui la porte. Elle n'est plus le réservoir immuable de ressources illimitées à la disposition de l'espèce humaine, espèce humaine qui découvre qu'élément constitutif, parmi d'autres, du système Terre, elle doit apprendre à le cogérer pour y vivre dans les meilleures conditions possibles.

Entrés dans la carrière scientifique au début des années 1960 à l'aube de cette mutation, nous en avons été les témoins et les acteurs. C'est cette aventure que nous proposons de conter dans cet ouvrage : l'évolution des idées, des connaissances scientifiques et des événements sociopolitiques qui se sont enchainés et entrecroisés au cours des dernières décennies du XXème siècle pour arriver à la perception que l'humanité a actuellement, en 2016, du changement climatique. On pointera les étapes essentielles, les convergences plus ou moins fortuites, logiques ou contraintes de disciplines scientifiques jusque-là séparées et cloisonnées, venues s'assembler comme les pièces d'un puzzle sous l'impulsion de quelques personnalités déterminantes dont nous évoquerons la contribution scientifique.

Nous nous efforcerons de raconter cette histoire imbriquée très complexe en essayant d'être intelligible d'un public non spécialiste mais possédant une culture scientifique. Paradoxalement nous commencerons par la fin et le premier chapitre présentera le fonctionnement du système climatique et le jeu actuel des différents acteurs planétaires : atmosphère, océan, cryosphère, lithosphère, biosphère, sans oublier l'acteur extra-planétaire essentiel, le Soleil. C'est ce fonctionnement que justement les recherches menées depuis près d'un demi-siècle, dont nous allons raconter l'histoire, ont permis de déchiffrer. Cette inversion est nécessaire pour mieux comprendre le déroulement de ce parcours comme l'image finale d'un puzzle aide à en venir à bout. Nous conterons dans le chapitre II les initiatives des grands précurseurs, savants intuitifs, souvent éminents et éclectiques, sortant parfois de leur domaine, qui ont su mettre en évidence des phénomènes relevant du climat et proposer des processus originaux intervenant dans sa dynamique, mais dont les travaux ont été généralement rapidement oubliés. Nous progresserons ensuite en détaillant les pièces du puzzle climatique (chapitres III et IV), puis l'apport des nouvelles technologies : ordinateurs et plates-formes d'observation spatiale (chapitre V). Viendront ensuite la convergence des dynamiques de l'atmosphère et de l'océan (chapitre VI), et l'entrée en jeu de la biosphère (chapitre VII) par l'apport des archives glaciaires à la connaissance des climats passés (chapitre VIII), qui conduira à l'émergence d'une nouvelle discipline des sciences de l'environnement : la paléocéanographie (chapitre IX). Ensuite la convergence des paléoclimatologues avec les dynamiciens du climat actuel sera abordée (chapitre X). Enfin l'implication progressive de nouveaux acteurs, appartenant aux sphères publique, sociale et politique, sera présentée (chapitres XI et XII), avec la socio-économie du climat (chapitre XIII) et, pour conclure, la nécessité, mais aussi la difficulté, de l'action (chapitre XIV).

Chapitre I

-

Le système climatique et ses acteurs

Le système climatique est une machine qui fonctionne principalement à l'énergie solaire. Au sommet de l'atmosphère terrestre, ce sont en moyenne 342 W/m^2 (Watts par mètre carré) qui sont disponibles. L'atmosphère, les surfaces terrestres y compris l'océan et les glaces en réfléchissent environ 103, soit 30 % du total, qui sont renvoyés dans l'espace et perdus pour le système climatique. Restent 240 W/m^2 (70 %) pour le faire fonctionner. Cette énergie est absorbée par les différents compartiments du système : l'atmosphère, l'océan, les continents, le milieu vivant et même la glace qui pourtant réfléchit 90 % du flux radiatif qui arrive à sa surface. Chacun de ces éléments du système stocke cette énergie mais aussi l'échange sous différentes formes avec les compartiments voisins, en tout premier lieu avec l'atmosphère qui est le seul milieu à avoir une interface avec tous les autres et dont les propriétés servent à définir le climat dans lequel nous vivons. Compte tenu de sa sphéricité, l'énergie reçue du Soleil est très inégalement répartie à la surface de la Terre : maximale dans les régions équatoriales, elle est très faible aux pôles. De plus elle varie saisonnièrement en chaque point du globe en raison de l'angle que fait l'axe de rotation de la Terre sur le plan de son orbite autour du Soleil, l'écliptique.

Cette inégale répartition de l'énergie solaire en latitude est corrigée grâce aux deux compartiments fluides du système climatique que sont l'atmosphère et l'océan. Les gradients méridiens de pression que ce différentiel thermique engendre entre l'équateur et les pôles les mettent en mouvement et ils transportent ainsi une grande partie de l'énergie solaire qu'ils ont absorbée dans les tropiques vers les hautes latitudes[1]. À cet apport solaire essentiel on doit ajouter d'autres forçages de moindre importance. Certains sont internes comme l'activité volcanique et la rotation de la Terre sur elle-même, d'autres externes comme l'énergie gravitationnelle de la Lune et du Soleil qui, via la marée et par la dissipation de son énergie, influe sur la circulation océanique.

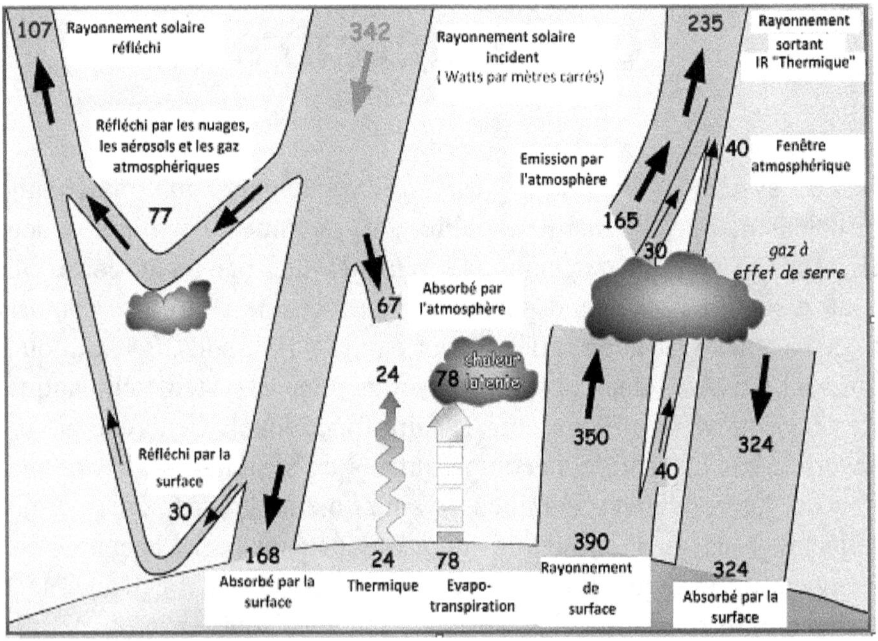

Bilan radiatif de la Terre en W/m² (GIEC - 4ème rapport)

Les différents milieu constituant le système climatique interviennent à des échelles spatiales et temporelles très différentes avec de multiples boucles d'interactions qui rendent l'analyse du rôle spécifique de chacun d'eux très difficile à cerner totalement. Le comportement chaotique d'un système interactif aussi complexe rend difficile la prévision de son évolution mais il peut être éclairant

[1] Le transport thermique à l'équateur en direction des pôles pour l'ensemble des deux milieux fluides, atmosphère et océan, et pour l'ensemble de la planète, est de l'ordre de 4 pétawatts. Un pétawatt égale 10^{15} Watts.

d'exposer brièvement les caractéristiques de ces différents milieu et leur implication dans le climat et son changement.

Le Soleil

On a vu que le Soleil est le pourvoyeur principal, sinon exclusif[2], de l'énergie apportée au système climatique (99,99 % de toute l'énergie apportée à notre environnement). Il irradie un flux électromagnétique moyen de 1 366 Watts par mètre carré, appelé la « constante solaire » qui, rapportée à la surface terrestre moyenne exposée à ses rayons, représente un flux électromagnétique au sommet de l'atmosphère de 342 Wm^{-2}. Ce chiffre est égal à l'irradiance solaire totale divisée par 4, rapport entre la surface d'une sphère et la surface de son grand cercle. En dépit de son nom, cette « constante solaire » varie légèrement. La plus remarquée de ses variations est un cycle de 11 ans connu depuis longtemps, avec des variations d'une faible amplitude d'environ 0,1 % mais cependant suffisante pour marquer sa trace dans certains paramètres météorologiques. Il existe aussi des variations de cette irradiance totale à plus long terme, encore mal connues, et dont certains scientifiques suspectent l'influence possible sur le climat. Par ailleurs l'intensité de ce flux électromagnétique, variable dans le temps, l'est aussi en fonction de sa composition spectrale. On connaît assez bien ce qui se passe dans le visible et l'infrarouge, mais plus mal dans l'ultraviolet dont les variations en intensité pourraient se situer dans une fourchette de 1 à 4.

Au-delà de ses variations saisonnières, réparties en fonction de la latitude, l'énergie électromagnétique solaire reçue par la Terre dépend aussi, à l'échelle des millénaires, de sa position et de son orientation

---

[2] L'énergie géothermique, issue des réactions nucléaires des profondeurs du manteau terrestre, ne représente que 0,01% de l'énergie totale alimentant le système terrestre et le climat. Cependant les contributions énergétiques du système Terre sont à revoir car on a récemment mis en évidence la contribution de l'onde M2 de la marée, dans laquelle intervient la Lune, qui servirait à maintenir la circulation océanique profondse telle qu'elle est observée et représenterait donc une source d'énergie pour la circulation océanique.

par rapport au Soleil. Elle peut varier de quelques % en fonction de 3 paramètres astronomiques positionnant la Terre dans le système solaire : l'*excentricité* de l'ellipse, trajectoire de la Terre autour du Soleil, appelée l'écliptique ; l'*obliquité* qui mesure l'inclinaison de l'axe de rotation de la Terre sur elle-même par rapport au plan de l'écliptique ; la *précession climatique* ou *précession des équinoxes* qui fait décrire à son axe de rotation un cône autour d'un axe perpendiculaire à l'écliptique. Ces variations à long terme de la position de la Terre par rapport au Soleil ont une incidence sur le flux solaire reçu par notre planète et sont à l'origine de fluctuations climatiques de périodes voisines respectivement de 100 000 ans, 41 000 ans et 21 000 ans. Ces variations du flux solaire reçu expliquent en partie l'alternance des périodes glaciaires et interglaciaires chaudes du quaternaire comme on le verra plus loin.

L'atmosphère

L'atmosphère occupe une position centrale dans le climat, c'est une évidence, car elle est la résidence des êtres vivants aérobies, dont bien évidemment l'homme, et elle interagit et échange de l'énergie, mais aussi de la matière (carbone, eau et quantité d'autres corps contenus dans ses aérosols[3]) avec tous les autres compartiments du système climatique : océan, glace, surface continentale, milieu vivants. L'atmosphère représente une pellicule gazeuse moyenne de plus de 50 km d'épaisseur, séparée en deux couches par une transition thermique, la tropopause. La première couche, la troposphère, se situe entre la surface et environ 10-15 km d'altitude. Elle concentre près des 9/10èmes de la masse totale de l'atmosphère et la température y décroit avec l'altitude jusqu'à la tropopause. Dans la stratosphère qui

[3] Les aérosols sont de fines particules en suspension dans l'atmosphère de taille micrométrique d'origine continentale (poussières désertiques, volcans, suie…) ou marines (embruns) qui jouent un rôle important dans la condensation de la vapeur d'eau et la formation des nuages.

surmonte la troposphère jusqu'à 50 km d'altitude environ[4], la température croît avec l'altitude. Pour 99 % de sa masse, cette atmosphère est composée de trois gaz principaux, l'azote pour 77 %, l'oxygène pour 20 % et l'argon associé à quelques autres gaz rares pour 2 %, le reste, environ 1 %, est composé principalement de gaz à effet de serre (GES), dont, parmi ce 1% et toujours en masse, 54 % de vapeur d'eau, 40 % de gaz carbonique, 2 % de méthane, 2 % de dioxyde nitreux, 2 % d'ozone et de CFC.

On a vu que, sur le plan énergétique, moins de 30 % du flux radiatif solaire arrivant au sommet de l'atmosphère est absorbé par celle-ci (un peu moins de 70 W/m^2), ce qui fait de l'atmosphère un milieu presque transparent pour le flux solaire incident. Par ailleurs cette couche gazeuse qui nous enveloppe possède une capacité de stockage de la chaleur très réduite. La capacité thermique de l'atmosphère est environ 1 000 fois inférieure à celle de l'océan ; ceci est dû à deux facteurs : sa masse, très inférieure à celle de l'océan (seulement 1/250èmes de la totalité de celle de l'océan) et sa chaleur spécifique également inférieure à celle de l'océan pour environ 1/4 de celle-ci. Néanmoins, sur le plan de sa dynamique et du fait de ses caractéristiques thermodynamiques (densité, viscosité...), l'atmosphère est animée de mouvements rapides (les vents) responsables de la moitié du transport de chaleur de l'équateur vers les pôles à part égale avec les océans.

Le gaz carbonique et le méthane sont les deux principaux gaz à effet de serre produits par l'activité humaine, la vapeur d'eau relevant quant à elle de processus seulement naturels. Le GIEC dans son quatrième rapport de 2007 estimait que, en moyenne pour la période allant des années 2000 à 2005, la combustion des énergies fossiles carbonées : pétrole, charbon, gaz, était responsable de l'émission de 7 Gt C/an (gigatonnes de carbone par an), mais on observait un accroissement du contenu atmosphérique global de carbone de seulement 4,1 Gt C/an, la différence 2,9 Gt C/an devant être imputée à l'absorption océanique (-2,2 Gt C/an) et à l'absorption continentale (-

[4] Au-delà de la stratosphère, on distingue encore trois ultimes couches avant le vide spatial jusqu'à une altitude voisine de 100 km, qui appartiennent encore à l'atmosphère. Ce sont la mésosphère, la thermosphère et l'exosphère.

0,7 Gt C/an). Depuis 2000-2005 les émissions de gaz carbonique n'ont cessé de croître ; elles étaient de 10 Gt C/an en 2014.

Bien que représentant seulement 0,001 % de toute l'eau répandue à la surface de la Terre, l'eau atmosphérique joue un rôle fondamental dans le climat. C'est elle, via l'effet de serre qu'elle génère, qui assure à la Terre un climat tempéré où la vie peut s'épanouir. Issue principalement de l'évaporation qui s'opère à la surface des océans, cette eau est à l'origine de la nébulosité générale de l'atmosphère et des nuages qui conditionnent la fraction d'énergie incidente qui traverse cette atmosphère, et celle qui est réfléchie vers l'espace. La physique des nuages est très complexe et de nombreuses inconnues demeurent rendant difficile leur modélisation, la prévision de leur formation et donc l'albédo[5] de la Terre.

Par ailleurs la vapeur d'eau est le principal gaz à effet de serre contenu naturellement dans l'atmosphère. Mais cette eau atmosphérique est présente en très faible quantité ; avec 0,001 % de toute l'eau terrestre, elle représente une couche de seulement 3 cm d'eau si celle-ci était uniformément répartie sur la totalité de la sphère terrestre. D'éventuelles variations de ce contenu en vapeur d'eau, ainsi que sa répartition géographique, doivent donc être connues et anticipées par les modèles pour déterminer leur impact sur l'effet de serre, parallèlement à celui généré par les composés carbonés, gaz carbonique, méthane,…etc. d'origine humaine. C'est une des grandes sources d'incertitudes actuelles de la prévision de l'évolution du climat et de son réchauffement.

Enfin l'atmosphère est le réceptacle de microparticules, les aérosols, qui jouent un rôle très important dans la formation des nuages, les précipitations et les modifications de l'albédo de la Terre. Les aérosols sont générés principalement par les océans et l'écume des vagues soumises au vent, mais ils peuvent aussi avoir pour origine les volcans par leurs émissions de gaz et de cendres ainsi que les feux de forêt et nombre d'autres pollutions industrielles. Formés de particules microscopiques de sels, de minéraux, de microcristaux, ou de particules diverses, même inertes chimiquement, ils stimulent la

[5] L'albédo d'une surface est le rapport entre l'énergie solaire réfléchie et l'énergie solaire incidente reçue, exprimé en %.

coalescence des gouttelettes d'eau à l'origine des nuages et favorisent les précipitations. Mais les aérosols sont surtout très importants par leur action sur la nébulosité et donc l'albédo de l'atmosphère.

Au total les aérosols contribuent à réduire le flux radiatif solaire incident, apportant ainsi un terme correctif négatif d'environ -0,5 W/m^2 dans le bilan net du « forçage » radiatif anthropique qui était de 2,3 W/m^2 en 2011 d'après le 5ème rapport du GIEC.

L'océan

L'océan recouvre plus de 70 % de la surface de la Terre mais fut longtemps considéré comme une « *Terra incognita* » dont les profondeurs étaient seulement connues par quelques centaines de « stations » d'observations dédiées aux paramètres océanographiques les plus courants : température et salinité, obtenus au cours de grandes campagnes transocéaniques. On pouvait ainsi déterminer la densité de ces couches profondes et approcher leur dynamique. Mais, si les courants de surface étaient assez bien connus grâce à la navigation, les profondeurs océaniques, difficilement accessibles, ont longtemps été considérées comme inertes du fait de la méconnaissance des mouvements qui pouvaient les affecter.

L'océan est avant tout un gigantesque réservoir d'eau. Il stocke 97 % de l'eau contenue à la surface de la Terre. Il est ainsi le réservoir presque exclusif où s'alimente le cycle de l'eau. Il restitue en moyenne 120 cm d'eau par an à l'atmosphère par évaporation et ainsi la nourrit en vapeur d'eau garantissant à la Terre un bienfaisant effet de serre ; c'est une quantité de laquelle il faut retrancher 110 cm de précipitation sur l'océan lui-même pour aboutir à un bilan net : évaporation moins précipitation (E-P), d'environ 10 cm, qui sert à arroser les continents et qui retourne à l'océan par les fleuves.

L'océan est aussi le principal réservoir de carbone dans le cycle planétaire de cet élément essentiel à la vie et maintenant lourdement impliqué dans l'évolution du climat. Si l'atmosphère contient environ

800 giga-tonne (Gt) de carbone[6], l'océan en contient 40 000 Gt, soit cinquante fois plus. Par ailleurs la biosphère continentale (forêts, prairies, animaux...) en contient également seulement 800 Gt ce qui fait de l'océan le milieu à la fois le plus central et le plus déterminant de la dynamique de cet élément. Ce gigantesque réservoir océanique de carbone est en communication directe avec les autres réservoirs actifs que sont l'atmosphère et la biosphère continentale. Mais il est aussi en relation avec les réservoirs inertes que sont les accumulations sédimentaires des fonds océaniques qui deviendront, à l'échelle des millions d'années, des formations géologiques carbonatées.

L'océan est aussi le milieu qui stocke le plus d'énergie solaire sous forme de chaleur. On estime que près de 50 %, soit 168 W/m^2, du flux radiatif solaire arrivant au sommet de l'atmosphère de la Terre sont absorbés et stockés dans les couches supérieures de l'océan principalement dans les régions tropicales. Cette grande capacité de stockage de l'énergie thermique de l'océan est liée, comme on l'a vu, à sa masse et à sa chaleur spécifique qui conduit à une capacité thermique globale de l'océan près de 1 000 fois supérieure à celle de l'atmosphère. C'est l'océan qui, en restituant une partie de cette énergie à l'atmosphère, principalement par l'évaporation et l'échange thermique associé (chaleur latente d'évaporation), lui fournit l'essentiel de l'énergie nécessaire à sa dynamique. Mais l'océan par sa dynamique propre est aussi capable de transporter cette énergie. Il le fait, principalement dans le sens méridien depuis les tropiques où la chaleur s'accumule (notamment sur les bords ouest des bassins équatoriaux), en direction des régions tempérées et polaires où l'atmosphère puise son énergie. L'océan participe ainsi, presque à égalité avec l'atmosphère mais beaucoup plus lentement, à l'indispensable rééquilibrage énergétique méridien nécessaire à l'atténuation du contraste thermique en latitude qui sans cela rendrait notre planète presque inhabitable.

---

[6] L'unité légale est le péta-gramme ou Pg qui vaut 10^{15} grammes. Cependant on utilise plus couramment le giga-tonne ou Gt qui vaut aussi un péta-gramme.

La cryosphère

La cryosphère, ensemble des surfaces englacées, occupe en moyenne 14 % de la surface de la planète. On distingue plusieurs catégories de surfaces glacées : la glace de mer, ou la banquise, (d'étendue très variable en fonction de la saison) qui résulte du gel de l'eau de mer à sa surface formant ainsi une couche épaisse de quelques mètres flottant sur l'eau libre ; les calottes polaires continentales du *Groenland* et de l'*Antarctique* ; enfin les glaciers d'altitude des régions tempérées, voire tropicales.

Le paramètre le plus important caractérisant la cryosphère dans sa relation avec le climat est son volume, qui peut faire varier le niveau des océans de plus d'une centaine de mètres. Ainsi, lors du dernier maximum glaciaire, il y a environ 18 000 ans, le stockage de glace dans les hautes latitudes était tel que le niveau de la mer était plus bas de près de 120 mètres par rapport à ce qu'il est aujourd'hui. Et on a calculé que si la calotte Groenlandaise fondait en totalité, le niveau des océans s'élèverait de 7 m environ ; la fonte de la calotte Antarctique entrainerait, elle, une élévation de l'océan de plus de 60 m. Dans le passé de telles variations du niveau des océans ont entrainé des modifications importantes dans la géographie et la répartition des continents et des océans. Toujours au cours du dernier maximum glaciaire, il y a 18 000 ans, la mer du nord et la Manche avaient disparu et les îles britanniques étaient rattachées au continent ; de même le Pacifique nord était fermé au niveau du détroit de Béring mettant en communication la Sibérie avec l'Amérique du nord. De telles modifications de la géométrie des bassins océaniques peuvent avoir des effets très importants sur la circulation générale à long terme de l'océan et donc le climat.

Un deuxième paramètre important rattaché à la cryosphère est son albédo ou sa capacité à réfléchir le rayonnement solaire incident. L'eau de mer et les surfaces continentales réfléchissent en moyenne environ seulement 20 à 30 % du flux solaire incident ; la glace au contraire en réfléchit 90 % ! La présence de surfaces englacées réduit ainsi fortement la quantité d'énergie absorbée par l'océan ou le continent. L'étendue des surfaces recouvertes de glace entre donc dans des boucles d'actions-rétroactions, parmi les plus marquées et les plus connues des climatologues. Elles sont susceptibles d'expliquer en partie des oscillations telles que celles faisant alterner des épisodes glaciaires et interglaciaires à des fréquences voisines de 100 000 ans mais aussi à des périodes beaucoup plus courtes de 41 000 et 21 000 ans d'origine astronomique comme on le verra plus loin. Mais des oscillations à beaucoup plus courtes périodes, de quelques siècles à quelques dizaines d'années, appelées « changements climatiques abrupts » semblent s'être manifestées au cours de la dernière glaciation (Chapitre X) et être en relation avec la grande sensibilité climatique des régions englacées de l'arctique.

On peut aussi rattacher à la cryosphère le permafrost des régions sibériennes, constitué de sols enfouis et gelés en permanence gisant sous la surface qui est soumise à des dégels et des regels saisonniers partiels. Ce permafrost est gorgé de méthane issu des tourbières qui sont à l'origine de ces sols fossiles. Un réchauffement généralisé de ces régions pourrait entrainer un dégel et une libération massive de ce méthane dont on connait la grande capacité à générer un effet de serre 20 fois supérieur–à celui du gaz carbonique rapporté à une masse équivalente.

Enfin les glaces constituent de très précieuses archives des climats passés. Des forages profonds dans celles du *Groenland* et de l'Antarctique ont permis de mettre en évidence des oscillations thermiques climatiques glaciaires-interglaciaires. L'analyse des bulles d'air qu'elles contiennent a montré que ces périodes chaudes et froides sont corrélées avec des variations des teneurs en gaz carbonique et en méthane de l'atmosphère de l'époque. Ces corrélations sont à l'origine de la prise de conscience de la relation probable qui existe entre le réchauffement climatique actuel et les émissions de gaz carbonique et autres gaz à effet de serre d'origine anthropique (on en reparlera abondamment plus loin).

La lithosphère

Dans le fonctionnement du système climatique, les surfaces continentales, qui stockent peu d'énergie et ne la transportent pas, interviennent essentiellement par leur capacité plus ou moins grande à la réfléchir. L'albédo des surfaces continentales dépend en premier de leur couverture végétale (détaillée plus loin), mais celle-ci peut varier considérablement sous l'effet de phénomènes naturels tels que la désertification, mais aussi par des actions humaines incluant l'urbanisation, la modification des paysages par des équipements divers tels que les infrastructures, routes, zones urbanisées, barrages hydrauliques … Les surfaces continentales interviennent aussi sur le cycle de l'eau par l'humidité des sols et d'une façon plus générale par les réservoirs d'eau qu'elles peuvent porter, rivières, lacs, eaux souterraines associé à leur bilan de l'évaporation diminué des précipitations. Le cycle de l'eau, comme celui du carbone, est au cœur de la machine climatique et il passe par le domaine continental en interaction avec l'atmosphère et la biosphère.

À long terme, les continents interviennent dans le climat et son évolution de plusieurs façons : par la géographie d'abord incluant l'étendue. On a vu par exemple que le niveau de l'océan pouvait varier assez rapidement, modifiant aux marges la géométrie des continents et des océans. Mais à plus long terme encore, on sait que les continents dérivent et que la configuration des bassins océaniques change, modifiant les circulations océaniques et atmosphériques et donc le climat. C'est l'affaire des paléoclimatologues et des paléocéanographes de reconstituer ces climats anciens. Ils utilisent maintenant des modèles pour simuler les schémas des circulations océaniques et atmosphériques correspondant à des dispositions géographiques océan-continents différentes de celles de l'époque actuelle et caractéristiques des périodes géologiques anciennes (plusieurs milliers à plusieurs millions d'années) qu'ils ont pu reconstituer. Les paléoclimatologues cherchent à valider les observations des paléoclimats dont ils disposent par ces schémas de circulations, océaniques et atmosphériques, que les modèles leur fournissent.

À titre d'exemple, et sans aller très loin dans le temps, au cours du dernier maximum glaciaire, il y a quelques dizaines de milliers d'années, la calotte glaciaire de l'hémisphère Nord recouvrait une grande partie de l'Atlantique Nord jusqu'à des latitudes moyennes proches de 45-50 °N. Cette frontière glace-océan agissait sur la circulation océanique comme une frontière continentale repoussant vers le sud le courant chaud de la dérive nord Atlantique qui prolonge le Gulf Stream, et entretenant ainsi un climat froid au nord de cette limite. Cette configuration modifiait le schéma de circulation océanique de l'Atlantique nord que l'on connaît. La dérive nord Atlantique qui prolonge le *Gulf Stream* rebouclait en direction du sud et des tropiques et limitait d'autant le transport océanique de chaleur vers les hautes latitudes. Le schéma de circulation générale océanique de l'Atlantique était donc très différent de ce qu'il est aujourd'hui. Une géométrie particulière océan-continent détermine, en partie, une circulation océanique et un climat qui se trouvent ainsi dépendants de la géographie.

La biosphère

Le milieu vivant a joué un rôle déterminant dans la composition chimique de l'atmosphère et le climat des premiers âges de la Terre. Peu après sa formation, il y a environ 4,5 milliards d'années, notre planète était invivable avec des températures de plusieurs centaines de degrés C car son atmosphère contenait plus de 30 % de gaz carbonique engendrant un effet de serre infernal. Il fallut attendre près d'un milliard d'années pour que les cyanobactéries photosynthétiques réduisent la teneur en gaz carbonique de l'atmosphère à son niveau actuel (0,4 %) plus confortable pour le développement de la vie grâce à la photosynthèse qui a produit l'oxygène que nous respirons (environ 20 % de l'atmosphère actuelle). On mesure donc l'importance de la biosphère dans la question climatique.

Les êtres vivants, végétaux et animaux, sont des maillons essentiels du cycle du carbone mais aussi du cycle de l'eau à la surface des continents et des océans. Sur les continents, les flux d'eau et de carbone sont indissolublement liés. Il en est de même des sols et du couvert végétal qui sont associés dans les phénomènes de transfert d'eau et de carbone. Les variables climatiques qui contrôlent le couvert végétal sont principalement la température et les précipitations, et plus marginalement la teneur en gaz carbonique de la basse atmosphère qui peut faire varier le taux d'accumulation du carbone dans les végétaux incluant les forêts. C'est ce qui se produit actuellement du fait des émissions anthropiques qui accroîtraient la croissance des arbres de plus de 20 % d'après des observations récentes. À ces paramètres naturels, s'ajoutent les actions humaines modifiant par place ce couvert végétal et les sols dans les régions cultivées.

Le phénomène qui contrôle les échanges d'eau entre le couvert végétal, le sol et l'atmosphère est appelé l'évapotranspiration ; il inclut l'évaporation de l'humidité du sol et la transpiration des végétaux, à laquelle on doit ajouter, pour faire un bilan d'eau complet, les apports liquides et/ou solides que sont les précipitations sous forme de pluie, brouillard, ou neige. L'évapotranspiration, qui marque un changement de phase de l'eau liquide à la vapeur, s'accompagne d'un échange d'énergie sous la forme d'un transfert de chaleur appelé « chaleur latente d'évaporation ». Ces échanges d'eau et d'énergie dans la biosphère sont difficiles à évaluer car ils dépendent de nombreux facteurs météorologiques, eux-mêmes difficiles à mesurer. Par ailleurs ils sont très variables dans l'espace et le temps avec une composante saisonnière marquée. Seule la précipitation est une donnée météorologique assez précisément mesurable localement mais elle reste difficile à intégrer sur des espaces étendus car elle est très variable spatialement.

L'autre phénomène qui domine les interactions continent-biosphère-atmosphère est la photosynthèse qui puise dans le rayonnement solaire l'énergie nécessaire pour assimiler le gaz carbonique atmosphérique et stocker le carbone dans des composés organiques variés constituant la matière végétale, notamment le bois. Cette dissociation du dioxyde de carbone s'accompagne d'une libération d'oxygène faisant de ce phénomène un processus doublement bénéfique, en absorbant le gaz carbonique et en produisant de l'oxygène. Le réservoir de carbone ainsi accumulé sur les continents principalement dans les forêts est estimé à 800 Gt (gigatonne) de carbone, autant que le contenu du réservoir atmosphérique, mais 50 fois moins que le contenu du réservoir océanique. Pour un bilan complet, qui en moyenne et à long terme doit être nul en régime permanent, il faut prendre en compte aussi le flux sortant de gaz carbonique issu de la décomposition au sol des détritus végétaux, feuilles, branches mortes, ainsi que le déboisement par les feux de forêts et toutes les activités humaines portant atteinte au réservoir de carbone de la biosphère continentale. La perturbation anthropique qui apporte au total dans l'atmosphère 7 Gt de carbone supplémentaires par an par rapport à la période préindustrielle, soit un flux énergétique moyen de près de 3,1 Wm^{-2}, est en partie réabsorbée actuellement par la biosphère continentale à un taux voisin de 0,7 Wm^{-2}, ce qui représente environ 24 % de l'émission anthropique initiale totale (données du 4ème rapport du GIEC de 2007 pour la période s'étendant de l'année 2000 à l'année 2005).

Pour être complet sur la biosphère continentale, on doit ajouter à ce bilan d'échange de gaz à effet de serre entre l'atmosphère et les continents les émissions de méthane. Ce dernier est un redoutable gaz à effet de serre, 20 fois plus puissant que le gaz carbonique, mais heureusement beaucoup moins présent en masse. Ce gaz est en effet rapidement oxydé et sa durée de vie dans l'atmosphère n'est que de quelques années. Il est produit principalement par l'agriculture (culture du riz) et l'élevage des ruminants (bovins…) qui émettent un peu plus de 0,36 Gt C/an de méthane représentant un flux énergétique voisin de un W/m^2, soit près de 30 % du flux total énergétique anthropique. Le méthane est également extrait industriellement des schistes ou des mines de charbon désaffectées (grisou).

Mais il existe aussi une photosynthèse océanique produite par des organismes marins, souvent microscopiques, qui vont des cyanobactéries aux algues. Cette photosynthèse est soumise aux déplacements des eaux superficielles baignées par le rayonnement solaire et désignés génériquement par le terme de phytoplancton. Le phytoplancton est le premier maillon de la chaîne de production de matière vivante marine océanique qui va jusqu'aux poissons et aux grands mammifères marins. C'est un peu l'équivalent des prairies continentales et c'est une entrée majeure de gaz carbonique dans l'océan matérialisant ce qui est parfois appelé sa fonction de « pompe biologique » dans le bilan de l'absorption du gaz carbonique par l'océan. Cette pompe biologique marine met en jeux environ 50 Gt de carbone par an, et en transfère en moyenne 11 vers l'océan profond (sous la thermocline), ce transfert étant compensé par la remontée en certaines régions d'eaux profondes plus riches en carbone. Ces quantités sont supérieures aux émissions anthropiques de carbone, mais leur bilan est nul[7], et le restera tant qu'on n'aura pas détecté de modification de la productivité des océans par rapport à la période de climat stable qui a prévalu avant que le climat ne se réchauffe.

Cette production primaire de matière vivante par le phytoplancton s'observe dans tout l'océan mais surtout dans des régions bien particulières de l'océan mondial où des eaux plus profondes et riches en sels nutritifs remontent près de la surface (phénomène dit d'*upwelling*) dans la zone euphotique où le rayonnement solaire apporte l'énergie nécessaire à la photosynthèse. Cette photosynthèse, très importante dans l'absorption du gaz carbonique par l'océan, est soumise à une grande variabilité spatio-temporelle et se montre très dépendante de la circulation générale de l'océan et des paramètres météorologiques tels que le vent apportant des éléments terrigènes continentaux fertiles. Mais la photosynthèse marine peut dépendre aussi de la température, de l'ensoleillement, des précipitations, et être ainsi liée à la production de phytoplancton et donc au climat et à sa variabilité. La question est en effet de savoir si le changement climatique et le changement de la circulation océanique vont affecter, en positif ou en négatif, la production primaire marine.

[7] Le cas est différent pour la biosphère terrestre, qui, elle, absorbe davantage de carbone (environ 2 GT/an), car la hausse de la concentration en CO_2 de l'atmosphère stimule sa croissance.

Chapitre II

-

Des précurseurs intuitifs mais longtemps ignorés

On s'étonne que la question climatique ait été prise en compte seulement au milieu du XXème siècle. C'est oublier les écrits de quelques savants ou amateurs géniaux, longtemps méconnus, qui, dès le XVIIIème siècle, animés par la curiosité, l'intuition, voire la naïveté et la chance, en sont venus à appréhender un problème grave et difficile bien avant que l'on en ait perçu les premières manifestations et l'importance dans les milieu scientifiques et le public. Mais ces résultats furent généralement accueillis avec scepticisme ou simplement avec désintérêt par un public scientifique limité. Ainsi ces découvertes furent le plus souvent rapidement oubliées même lorsqu'elles venaient de savants réputés. On peut cependant se souvenir d'eux et de leurs travaux désintéressés qui s'avérèrent parfois, longtemps après leur disparition, d'une étonnante actualité.

Il faut dire aussi que les questions tournant autour du temps et du climat sont longtemps restées en retrait de la science et entourées d'un voile opaque émaillé de croyances et de dictons populaires extérieurs à la rationalité. Même un grand savant comme *Newton*, qui percevait la science comme une mise en ordre des phénomènes observables contraints par des lois universelles, considérait que tenter de prévoir le temps était un acte impie car on entrait dans un domaine réservé à Dieu auquel les humains n'auraient jamais accès. Comment dès lors s'étonner de la méfiance de la science vis-à-vis d'un domaine de connaissance de l'environnement humain aussi insaisissable mais qui cependant occupait le quotidien de chacun et conditionnait aussi parfois sa survie face à des pénuries alimentaires ou des tempêtes dévastatrices? Ce désintérêt pour le climat affectait même les professionnels de la science du temps, en l'occurrence les météorologues, qui pourtant s'étaient déjà organisés au plan international depuis le XIXème siècle pour unifier et standardiser leurs activités de collecte d'observations et de prévision. On trouvait cependant parmi eux les scientifiques les plus proches de la question climatique car ils consignaient soigneusement les observations météorologiques en en faisant des moyennes sur des périodes longues généralement de trente ans. Mais les météorologues n'ont véritablement commencé à se soucier du climat, de sa variabilité et de son évolution, en un mot de sa « dynamique », que très tardivement, à partir des années 1960, comme on le verra plus loin.

Mais revenons aux siècles précédents et aux quelques esprits originaux qui s'aventurèrent aux frontières de cette science du climat en se posant des questions fondamentales sur notre environnement terrestre ; questions dénuées d'intérêt pratique à l'époque, mais d'une brulante actualité aujourd'hui. Ces savants, qui ont contribué très tôt à la connaissance du climat presque sans le savoir, ont emprunté des voies variées. On peut en distinguer trois catégories : la première était celle des « naturalistes » qui s'acharnaient à décrire de façon empirique les phénomènes naturels affectant l'environnement terrestre dans lequel le climat occupait une place de choix ; la deuxième était celle des « physiciens, mathématiciens, chimistes » qui s'attachaient à comprendre les mécanismes régissant cet environnement sans pour autant faire référence au climat mais en tentant d'élucider des processus physiques fondamentaux qui plus tard furent utiles à la compréhension du climat. Enfin une importante communauté de « géologues » qui, déjà au XIXème siècle, avaient découvert la dimension temporelle de l'évolution de l'environnement terrestre et de son climat, façonnant les paysages à l'échelle des millions d'années, constituait la troisième. De cette évocation de la pluralité d'un vaste champ de précurseurs de la science du climat plus ou moins oubliés[8]

---

[8] Outre les principaux précurseurs présentés dans ce chapitre, on peut citer quelques autres noms fréquemment mentionnés dans la « littérature » du climat : *Jean de Charpentier, Ignace Venetz, George Cuvier, Alexander Von Humboldt, William Buckland, Thomas Huxley, Jacques Joseph Ebelmen, Horace Bénédict de Saussure, Claude Pouillet, Joseph Alphonse Adhémar, William Herschel* ……

et appartenant à des disciplines scientifiques parfois très éloignées les unes des autres, on peut extraire quelques « figures » marquantes. Ces savants, parfois renommés, explorèrent et défrichèrent plusieurs domaines de connaissance de la Terre, posant parfois les fondations sur lesquelles allaient être construites plusieurs disciplines scientifiques qui allaient se rassembler et faire passer la climatologie d'une simple description géographique à une étude de sa dynamique comme on le verra dans ce qui suit.

Joseph Fourier (1768 - 1830)

pose-t-il la bonne question ?

Les premières questions concernant la Terre entière et rejoignant le climat furent probablement celles que formula, au début du XIXème siècle, un mathématicien français, *Joseph Fourier*, connu surtout pour le concept mathématique des « séries » qui portent son nom et ses travaux sur la chaleur. Qu'est-ce qui détermine la température moyenne de la Terre ? et pourquoi les rayons du Soleil n'échauffent-ils pas la Terre indéfiniment jusqu'à ce qu'elle atteigne la température même du Soleil ? Dans son ouvrage le plus connu : « *Théorie analytique de la chaleur* », paru en 1822, et dans un article de synthèse publié dans les Annales de Chimie et de Physique des Mémoires de l'Académie Royale des Sciences de l'Institut de France : « *Remarques générales sur les températures du globe terrestre et des espaces planétaires* » paru en 1824, *Fourier* tente de faire le bilan des sources de chaleur chauffant la Terre. Il montre que la « chaleur rayonnante » du soleil traverse facilement l'atmosphère et se transforme alors en « chaleur radiative obscure » qui chauffe la Terre. Il écrit : « *La transparence des eaux et celle de l'air paraissent concourir à augmenter le degré de chaleur acquise,*

Joseph Fourier

parce que la chaleur lumineuse affluente pénètre assez facilement dans l'intérieur de la masse, et que la chaleur obscure sort plus difficilement suivant une route contraire ». C'est cette transformation de la chaleur rayonnante du soleil donc visible qui traverse facilement l'atmosphère en chaleur rayonnante obscure qui la retraverse difficilement qui constitue l'effet de serre, terme que *Fourier* n'emploie pas et qu'il sous-estime largement puisque pour boucler le bilan thermique de la Terre il fait appel aux étoiles[9].

Il écrit[10] : « *La Terre reçoit les rayons du Soleil, qui pénètrent sa masse et s'y convertissent en chaleur obscure ; elle possède aussi une chaleur propre qu'elle tient de son origine et qu'elle dissipe continuellement à la superficie ; enfin, cette planète reçoit des rayons de lumière et de chaleur des astres innombrables parmi lesquels le système solaire est placé. Voilà les trois causes générales qui déterminent les températures terrestres* ».

Fourier a tenté d'évaluer expérimentalement ces trois composantes. Avec les deux premières, chaleur solaire incidente et chaleur interne (géothermie), il aboutit à une température moyenne de la Terre très inférieure à celle observée (inférieure à 0 °C) ; il en conclut qu'il faut ajouter à ce bilan un troisième terme qui est cette étrange influence des astres. On est encore assez loin de l'effet de serre, mais *Fourier* est passé très près de sa conceptualisation lorsqu'il prit en compte les expériences de *De Saussure* qui, expérimentalement, avait montré que la température à l'intérieur d'un vase couvert par des lames de verre et exposé au soleil de midi, pouvait atteindre des valeurs très élevées, bien supérieures à celles de la température ambiante extérieure. *Fourier* conclut de l'expérience de *De Saussure* que : « *La chaleur*

---

[9] Un historien des sciences américain : *J.R Fleming*, prétend, dans « *Historical perspectives on climate change », Oxford University Press, 1998*, que *Fourier* aurait seulement tenté de faire un bilan des sources de chaleur chauffant la Terre, incluant le rayonnement solaire, l'apport géothermique et une mystérieuse radiation venant de l'espace et des étoiles qui pour lui contribuait significativement au bilan thermique de la Terre. *J.R. Fleming* pense que *Fourier* est injustement crédité, par de nombreux auteurs qui se répètent sans vérifier leurs sources, de la découverte de « l'effet de serre » !

[10] Article publié dans « Les mémoires de l'Académie Royale des Sciences de l'Institut de France » sous le titre : « Remarques générales sur les températures du globe terrestre et des espaces planétaires »

acquise se concentre, parce qu'elle n'est point dissipée immédiatement par le renouvellement de l'air et que la chaleur émanée du Soleil a des propriétés différentes de celles de la chaleur obscure ». Il y était presque, bien qu'il ne distinguât encore pas clairement chaleur et rayonnement !

On doit cependant reconnaître à *Fourier* des intuitions remarquables lorsqu'il évoque l'importance pour le climat de phénomènes physiques comme la convexion dans l'atmosphère et dans l'océan : « *La présence de l'atmosphère et des eaux a pour effet général de rendre la distribution de la chaleur plus uniforme. Dans l'océan et les lacs, les molécules les plus froides, ou plutôt celles dont la densité est la plus grande, se dirigent continuellement vers les régions inférieures, et les mouvements de la chaleur dus à cette cause sont beaucoup plus rapides que ceux qui s'accomplissent dans les masses solides en vertu de la faculté conductrice* ». Enfin on doit rappeler que dans son ouvrage : *Théorie analytique de la chaleur*, paru en 1822, il présente, pour la première fois, une théorie mathématique, se référant aux équations différentielles, décrivant la propagation de la chaleur dans les corps solides.

Fourier fut ainsi le premier à poser la question de l'équilibre thermique de la planète et de ses conséquences sur le climat. À ce titre il est un incontestable précurseur de la question climatique, car il a posé précisément la question qui conduira plus tard à un questionnement pertinent sur le bilan énergétique de la Terre et sur ce que ses successeurs appelleront « effet de serre » : « *pourquoi les gaz atmosphériques sont-ils presque parfaitement transparents pour la chaleur rayonnante incidente du Soleil, mais au contraire en retour freinent le passage de la chaleur obscure ?* ».

Malgré tout et en dépit de ses considérations novatrices sur le bilan de chaleur de la Terre, ses recherches et ses résultats tombèrent dans un oubli prolongé car, à l'époque, la communauté scientifique n'était pas prête à s'intéresser à des questions jugées marginales et de peu d'intérêt, comme le climat et son changement éventuel.

John Tyndall (1820 -1893)

démontre que la vapeur d'eau est un puissant gaz à effet de serre.

C'est en1859, soit 35 ans après *Fourier* et d'autres savants, comme *Claude Pouillet* (1790-1868)[11], qu'un savant britannique, *John Tyndall* (1820-1893), reprenant les développements contestés et oubliés de *Fourier*, tenta de montrer en laboratoire que les principaux gaz atmosphériques, l'oxygène et l'azote, pouvaient retenir le rayonnement infrarouge émis par la Terre. Son expérience échoua ; ces deux gaz étaient transparents aux rayonnements terrestres de grande longueur d'onde.

John Tyndall

Cependant, un peu par hasard et en dernier recours, il testa un gaz industriel très commun qu'il avait sous la main dans son laboratoire. Ce gaz, issu du chauffage du charbon, était en fait du méthane presque pur ; et, renouvelant son expérience, miracle, le gaz était presque totalement opaque pour le rayonnement infrarouge. *Tyndall* testa aussi le dioxyde de carbone (CO_2) et obtint le même résultat. Il existait donc bien dans l'atmosphère des gaz susceptibles de retenir le rayonnement infrarouge et d'induire ainsi un « effet de serre », susceptible d'expliquer la température moyenne de la Terre relativement élevée et voisine de 15 °C[12]. L'effet de serre était démontré mais on ne l'appelait toujours pas ainsi.

---

[11] *Pouillet* avait déjà tenté de clarifier la question du bilan radiatif de la Terre en donnant des valeurs à ses différents termes.

[12] *Tyndall* présenta ses principaux résultats en 1861dans un article intitulé: « *On the Absorption and Radiation of Heat by Gases and Vapours, and on the Physical Connexion of Radiation, Absorption and Conduction* » publié dans « *The London, Edinburg and Dublin Philosophical Magazine and Journal of Sciences* ». Deux ans plus tard, en 1863, dans un article publié dans le même journal, intitulé « *On Radiation through the Earth's Atmosphere* » il développa des considérations

Mais *Tyndall* alla plus loin. Toujours dans son laboratoire, il s'intéressa à l'ozone et surtout à la vapeur d'eau, seulement partiellement transparente au rayonnement infrarouge mais un peu plus abondante en masse (0,5 %) dans l'atmosphère que le dioxyde de carbone (0,4 %) et beaucoup plus que le méthane (0, 02 %). Il montra clairement, en comparant les effets produits par de l'air sec et de l'air de plus en plus humide, que cette vapeur d'eau était un composant atmosphérique clé qui, comme une couverture, retenait la chaleur et garantissait à la Terre la température agréable que nous connaissons. *Tyndall* écrit : « *Il est extrêmement probable que l'absorption des rayons solaires par l'atmosphère, comme elle a été déterminée par Mr Pouillet, est due pour l'essentiel à la vapeur d'eau contenue dans l'air* » et plus loin : « *....cette vapeur d'eau, si destructrice pour les rayons obscurs, est en comparaison assez transparente pour les rayons de lumière. La différence entre la chaleur en provenance du Soleil vers la Terre d'une part et la chaleur rayonnée par la Terre vers l'espace de l'autre est donc grandement augmentée par la vapeur d'eau atmosphérique* ». Et il conclut en invoquant ses prédécesseurs : *De Saussure, Fourier, Pouillet et Hopkins* : « *...(je) considère cette interception du rayonnement de la Terre comme ayant la plus grande influence sur le climat. Si la majeure partie de cette influence est due à la vapeur d'eau, comme l'indiquent les expériences ci-dessus, chaque variation de cet élément atmosphérique doit causer un changement du climat* ».

Tyndall n'en négligeait pas pour autant le rôle du gaz carbonique et de l'atmosphère réelle, mais pour lui l'essentiel était de démontrer que le flux thermique radiatif émis par la Terre était en partie arrêté par certains gaz atmosphériques, même s'ils étaient transparents à la lumière visible ; et le principal de ces gaz était la vapeur d'eau dont la teneur dans l'atmosphère était susceptible de varier dans de grandes proportions et était donc très importante pour le climat. C'était une avancée considérable dans la connaissance des mécanismes générateurs de la variabilité du climat et l'on peut dire

---

physico-chimiques sur les propriétés des molécules chimiques de l'atmosphère susceptibles d'absorber le rayonnement terrestre.

que *Tyndall*, plus que *Fourier*, est le véritable découvreur de l'effet de serre et de son rôle sur le climat.

Mais à côté de ces approches « physiciennes » de la question climatique au XIXème siècle, d'autres considérations, toujours autour du climat, agitaient aussi une catégorie de scientifiques plus naturalistes. Ce sont les géologues qui découvrirent que la température moyenne de la Terre avait pu varier à l'échelle des temps géologiques. Ils étaient, en particulier, très intrigués par l'ère glaciaire des temps préhistoriques qu'avaient dû connaître nos ancêtres il y a quelques milliers d'années et qui avaient laissé d'importantes traces sur les continents en Europe et en Amérique du Nord.

Louis Agassiz (1807 - 1873)

documente l'existence d'une calotte glaciaire
ayant recouvert l'hémisphère Nord

Parmi ces naturalistes du début du XIXème siècle, où dominaient les géologues, toujours étonnés par les blocs erratiques striés, les moraines et les restes détritiques divers qu'ils trouvaient au cours de leurs promenades dans les vallées des massifs alpins, et qui semblaient témoigner d'une grande extension passée de glaciers imposants, la figure scientifique la plus renommée est incontestablement celle de *Louis Agassiz*. Cet étonnant scientifique cumulait la maîtrise de presque toutes les sciences naturelles. Outre la médecine qui fut sa première profession, il mena des recherches, accompagnées de publications multiples, en géologie, paléontologie, ichtyologie, glaciologie, botanique, zoologie, et d'autres encore comme l'ethnologie et l'anthropologie, sans trop parler de ses théories sur le polygénisme,

Louis Agassiz

proche du racisme scientifique, qui l'opposèrent vivement à *Charles Darwin* à la fin de sa vie[13]. Sa carrière se déroula entre l'université de *Neuchâtel* en *Suisse* dans la première partie de son existence et son expatriation à *Boston* à l'université de *Harvard* aux *États-Unis* à partir de 1846.

Louis Agassiz est surtout connu aujourd'hui pour son opposition à *Charles Darwin* et à sa théorie de l'évolution mais son nom a été longtemps attaché à la première identification précise, avec des arguments issus d'observations soigneusement analysées, d'un état glaciaire qui aurait affecté le passé de la Terre. Certes d'autres scientifiques de son époque, *de Saussure*, *Jean de Charpentier*, *Ignace Venetz* et certains de ses amis, *George Cuvier* et *Alexander Von Humboldt*, fameux sociétaires du « *Jardin du roi* »[14] à Paris, avaient aussi cette idée en tête et en discutaient fréquemment. Mais c'est *Louis Agassiz* qui le premier en fit une théorie complète et très argumentée, presque immédiatement admise par tous ses contemporains. Ce qui expliquait ce succès c'est l'association qu'il faisait des observations de l'extension des glaciers incluant leurs actions sur les paysages, à une étude approfondie de la dynamique de la glace elle-même. Dans un ouvrage en français : *Études sur les glaciers*, il décrivit les mouvements des glaciers, leur croissance, la façon dont ils roulaient et polissaient les rochers en les striant. En parcourant les *Alpes suisses*, avec ces considérations à l'esprit, il fut convaincu que la *Suisse* toute entière avait été entièrement recouverte de glace dans le passé, comme un autre *Groenland*.

---

[13] *Louis Agassiz* était religieusement un créationniste et un raciste au sens étymologique du terme. Il niait que les différentes ethnies humaines qu'il avait pu rencontrer au cours de ses voyages et qu'il côtoyait en Amérique du Nord (Indiens, Afro-Américains…) puissent descendre d'une souche humaine unique. De plus il prétendait que les individus à l'origine de chacune de ces races avaient été créés instantanément en plusieurs exemplaires (théorie du polygénisme) ! Pour les générations actuelles des XXème et XXIème siècles, ces affirmations ont terni sa réputation et la perception qu'elles avaient de son œuvre, à tel point que nombre d'institutions, écoles, lieux géographiques divers qui portaient son nom, principalement aux *États Unis*, furent débaptisés ces dernières années !

[14] Le « Jardin du Roi » est devenu plus tard sous la révolution, en 1793, le « Muséum National d'Histoire Naturelle »

Mais la découverte la plus décisive qu'il fit, avec un certain *William Buckland*, lors d'un voyage en *Écosse* en 1840, prolongé en *Irlande* et au *Pays de Galles*, fut de retrouver les mêmes indices de glaciations passées sur la presque totalité des *iles britanniques*. Ainsi il devenait de plus en plus évident que les extensions passées des aires glaciaires avaient une dimension régionale, à l'échelle de l'Europe du nord au moins, voire incluait également l'Amérique du nord. *Louis Agassiz* annonça sa découverte dans des communications qu'il présenta devant la « *Royal Geological Society* » de *Londres,* affirmant qu'une immense calotte glaciaire, semblable à celle du *Groenland* actuel, avait dû recouvrir les régions d'altitudes élevées des *Iles britanniques* et les autres pays de l'*Europe* du nord, incluant la *Suisse*. Dès lors, l'hypothèse d'un âge glaciaire était confirmée ; il y avait bien eu une période, dans un passé encore mal défini, au cours de laquelle une partie de l'hémisphère nord avait été recouverte de glace comme l'était encore aujourd'hui le *Groenland.*

Mais quelles étaient les caractéristiques de cet âge glaciaire ? Et comment l'expliquer ? Des changements de la composition chimique de l'atmosphère et notamment de sa teneur en vapeur d'eau pouvaient en être la cause, car, comme l'avait montré *Tyndall,* cette molécule par son abondance était le principal acteur de l' « l'effet de serre ». Mais qu'est-ce qui pouvait expliquer ces variations de la teneur en vapeur d'eau de l'atmosphère ? Et n'y avait-il pas d'autres corps chimiques dont la concentration était susceptible de changer aussi au cours du temps et ainsi de faire varier l'effet de serre, le gaz carbonique par exemple ?

Svante Arrhenius (1859 - 1927)

lie la teneur en CO_2 de l'atmosphère à sa température

À la fin du XIXème siècle, un savant suédois tenta de répondre à ces questions. Il s'attaqua au problème de la cause des glaciations et formula une hypothèse hardie qui laissa ses pairs dubitatifs qualifiant ses affirmations d'élucubrations théoriques ne correspondant à aucune réalité. Ce savant solitaire, mais connu dans d'autres domaines scientifiques, s'appelait *Svante Arrhenius.* Il est vrai qu'il n'était pas un spécialiste des sciences de la Terre, ni un observateur, ni un expérimentateur dans ce domaine. C'était à l'origine un électrochimiste qui obtint le prix Nobel de chimie en 1903 pour sa théorie de la dissociation électrolytique. Il était attiré par les applications des principes fondamentaux de la physique et de la chimie. C'est à ce titre que, dans la deuxième partie de sa vie, il s'intéressa à la géophysique et à la grande question qui agitait les géologues de son époque : Pourquoi y avait-il eu dans le passé des épisodes climatiques glaciaires ? En 1895, il présenta une conférence devant la Société de Physique de *Stockholm* dans laquelle il affirma qu'une réduction ou une augmentation de 50% de la teneur en gaz carbonique de l'atmosphère pouvait induire des mécanismes de rétroaction (*Feed Back*) conduisant à des épisodes glaciaires ou interglaciaires chauds. L'année suivante, il présenta un mémoire sur ce même sujet intitulé : « *On the influence of carbonic acid in the air upon temperature of the ground* » dans lequel il présenta un modèle du bilan énergétique de la planète prenant en compte les effets du gaz carbonique et de la vapeur d'eau. Il était le premier à impliquer la teneur en gaz carbonique de l'atmosphère dans les variations de la température moyenne de la Terre pour expliquer l'âge glaciaire.

Svante Arrhenius

Arrhenius montrait que si subitement toutes les éruptions volcaniques cessaient ou diminuaient fortement, la teneur en gaz carbonique de l'atmosphère baisserait, « l'effet de serre » également entraînant la température. Cette atmosphère plus froide retiendrait moins de vapeur d'eau et donc l'« effet de serre » diminuerait encore plus entraînant une nouvelle baisse de température … et ainsi de suite. Il expliquait l'âge glaciaire par un phénomène de rétroaction dans les deux sens. En sens inverse, une élévation du taux de gaz carbonique dans l'atmosphère, suite à une activité volcanique accrue par exemple, pouvait induire, par effet de serre, une faible augmentation de la température, néanmoins suffisante pour accroître l'évaporation et le contenu de l'atmosphère en vapeur d'eau qui à son tour augmenterait l'effet de serre et la température. On entrait ainsi par cette boucle d'interactions dans un épisode interglaciaire chaud. Même s'il se trompait sur l'origine profonde des périodes glaciaires en imaginant que l'impulsion initiale venait de l'activité volcanique, *Arrhenius* avait mis à jour le processus de rétroactions qui tend à intensifier (ou à réduire) un phénomène dans un enchaînement de « cause à effets » démultiplicateur (ou réducteur). Par ailleurs le modèle qu'il avait mis au point en y incluant seulement des formules analytiques résolubles « à la main » permettait déjà de calculer la réponse thermique du globe à toutes les variations possibles de la teneur en gaz carbonique de l'atmosphère.

Il fut ainsi le premier à prévoir la possibilité d'un réchauffement planétaire global consécutif à une augmentation de la teneur en gaz carbonique de l'atmosphère par l'humanité. Il calcula qu'un doublement de la teneur en gaz carbonique atmosphérique entraînerait un réchauffement de 5 à 6 °C. Ce chiffre est proche de celui que donnent aujourd'hui les modèles les plus performants[15] !

Cependant, comme pour ses prédécesseurs, les prévisions d'*Arrhenius* furent peu prises au sérieux par les scientifiques de l'époque et rapidement oubliées par beaucoup, à l'exception de quelques géologues avec qui il avait débattu de ces hypothèses sur les causes des glaciations, comme *James Croll*, *Thomas Chamberlin* ou son ami *Gustaf Högbom*. Les géologues étaient les seuls scientifiques de l'époque à s'intéresser aux changements climatiques. Certes ils considéraient surtout ceux qui s'étaient manifestés aux grandes échelles temporelles allant des millénaires aux millions d'années, mais ils restaient attentifs à tout ce qui touchait à ces changements

---

[15] Ce qui n'est plus d'actualité dans les prévisions d'*Arrhenius*, ce sont les conséquences de ce réchauffement futur. Pour lui un réchauffement climatique serait une bénédiction pour l'humanité. Il écrivait en 1906 (traduction libre) : « *Sous l'influence de l'accroissement de la teneur en gaz carbonique de l'atmosphère, on peut espérer se réjouir dans le futur d'un climat meilleur et plus stable, principalement dans les régions les plus froides du globe. Ce sera un âge où la Terre pourra produire, plus que maintenant, des récoltes en abondance au profit d'une humanité en rapide expansion* » !.

climatiques qui avaient affecté le passé et à leurs explications possibles.

James Croll (1821 - 1890)

consolide les hypothèses d'Adhémar
sur l'origine astronomique des alternances climatiques.

L'un des premiers géologues à s'être interrogé sérieusement sur l'origine des changements climatiques, et particulièrement sur l'alternance de périodes glaciaires - interglaciaires qui affectaient au moins l'hémisphère Nord, est un écossais, *James Croll.*

James Croll

Certes, dès 1842, un français *Joseph Alphonse Adhémar* (1797 - 1862) avait avancé l'idée que le climat pouvait être influencé par des petites variations de la position de la Terre par rapport au Soleil, mais ses arguments, seulement qualitatifs, n'avaient eu presque aucun écho dans la communauté scientifique. *Croll* était le contemporain de *Tyndall* et précédait d'une génération *Arrhenius* qui combattit ses thèses. Il passa en revue toutes les hypothèses avancées par les scientifiques de l'époque, particulièrement celles des géologues, pour expliquer ces alternances de périodes froides et chaudes relativement récentes ainsi que les plus anciennes comme celle supposée chaude du carbonifère. *Croll* avait une formation de physicien et connaissait les avancées récentes de la cosmologie, notamment les travaux de *Le Verrier* sur le système solaire. Celui-ci avait déterminé la trajectoire des planètes autour du Soleil et étudié plus particulièrement celle de la Terre, une ellipse dont l'excentricité peut varier sur des périodes de plusieurs dizaines de milliers d'années. *Croll* pensa que ces variations de la géométrie planétaire pouvaient induire des variations du flux solaire reçu par la Terre annonçant ainsi *Milanković* un siècle avant ce dernier.

Dans un article : « *On the Physical Cause of the Change of Climate during the Geological Epochs* », publié dans *The London, Edinburg and Dublin Philosophical Magazine and Journal of Sciences*, il avança l'idée, révolutionnaire pour l'époque, que les variations climatiques pouvaient avoir une origine cosmique, ce qui ne manqua pas de surprendre ses contemporains, notamment *Tyndall* et plus tard *Arrhénius* qui s'opposèrent immédiatement à cette hypothèse. *Croll* écrit : « *Il y a deux phénomènes qui affectent la position de la Terre par rapport au soleil, et qui doivent avoir une influence très grande sur le climat sur Terre : ce sont la précession des équinoxes et les variations de l'excentricité de l'orbite terrestre. Si l'on analyse l'effet combiné de ces deux phénomènes, on verra que les parties boréales et australes du globe sont soumises à une variation séculaire extrêmement lente de leur climat, qui se manifeste par une évolution périodique lente entre des cycles chauds et froids* »[16]. Plus loin il ajoute : « *Les variations de l'excentricité de l'orbite de la Terre peuvent influer sur le climat de deux manières : elles peuvent premièrement augmenter ou réduire la quantité annuelle moyenne de chaleur reçue du Soleil, et deuxièmement augmenter ou réduire la différence entre les températures estivales et hivernales* ». On ne peut être plus clair ! Ce qui est étonnant c'est que ces idées aient été occultées pendant 70 ans et reprises seulement au XXème siècle par *Milutin Milanković* (voir plus loin), considéré comme le premier « découvreur » de la théorie astronomique du climat.

Mais *Croll* va encore plus loin dans sa recherche des causes des épisodes glaciaires de l'hémisphère Nord. Faisant l'hypothèse que les variations du flux solaire reçu par la Terre modifient l'étendue de la couverture de glace et les schémas de circulations atmosphériques et océaniques, il invoque un possible ralentissement du Gulf Stream. Et il décrit avec une étonnante précision la circulation océanique durant les épisodes glaciaires qui devait, selon lui, être très différente de ce qu'elle est aujourd'hui : « *Les courants océaniques constants, dont le Gulf Stream fait partie, prennent apparemment tous leur départ dans*

---

[16] Traduction de *Bénédicte Bruley* et *Stéphane Hurler* dans « Sur les origines de l'effet de serre et du changement climatique » - Préface *Edouard Bard* et *Jérome Chappellaz* – La ville brûle Editeur.

trois grands courants d'eaux froides venant du pôle Sud...... Une partie du courant équatorial Pacifique traverse l'archipel asiatique et rejoint un deuxième courant froid arrivant dans l'océan Indien par le sud. Le courant se dirige alors vers l'ouest, contourne le cap de Bonne-Espérance, puis rejoint le troisième courant austral, qui longe la côte occidentale de l'Afrique pour se diriger ensuite vers l'ouest pour constituer ce que l'on appelle le courant équatorial de l'Atlantique. Ce courant se divise alors en deux parties, la partie principale pénètre dans le Golfe du Mexique et forme le courant que l'on connaît sous le nom de Gulf Stream, l'autre partie se dirige vers le sud en suivant la côte du Brésil. La diminution des courants aériens dans l'hémisphère sud tendrait tout d'abord à réduire les grands courants d'eau froide qui alimentent les courants équatoriaux, ce qui conduirait à son tour à une réduction du courant équatorial de l'Atlantique, qui alimente le Gulf Stream. Le courant équatorial étant réduit, le Gulf Stream serait lui aussi réduit. Le Gulf Stream est cependant affecté par cet état des choses d'une autre manière encore. Actuellement, les alizés sud-est de l'Atlantique sont plus puissants que les alizés de nord-est. La conséquence en est que les alizés sud-est atteignent occasionnellement 10 degrés voir 15 degrés de latitude nord, alors que les alizés nord-est ne franchissent que rarement l'équateur. Or pendant la période glaciaire, ce devait être l'inverse. Le grand courant équatorial de l'Atlantique était donc selon toute vraisemblance considérablement repoussé vers le sud par rapport à sa position actuelle[4] ».

Cette description de la circulation océanique et de son évolution au cours des épisodes glaciaires est surprenante pour un texte vieux de près de deux siècles ! Mais elle est corroborée par des données paléocéanographiques récentes, notamment celles obtenues par le groupe CLIMAP dans les années 1970.

Thomas Chamberlin (1843 - 1928)

considère l'atmosphère comme un milieu relevant de la géologie

Un autre géologue, américain, très connu dans le milieu des sciences de la Terre, *Thomas C. Chamberlin*, a joué aussi un rôle important dans la recherche des causes de la variabilité du climat, particulièrement des épisodes glaciaires. Il s'intéressait aux mécanismes fondamentaux susceptibles d'expliquer les très importants changements observés dans la faune, la flore et les dépôts sédimentaires au cours des ères géologiques. *Chamberlin* représente l'approche géologique par excellence des problèmes posés par l'environnement terrestre, en y incluant le climat. C'est la raison pour laquelle il a joué un rôle important dans ce domaine de recherche et a eu une grande influence sur ses contemporains parmi lesquels *Svante Arrhenius*. Il s'est inspiré des résultats de ce dernier concernant le rôle des gaz atmosphériques sur l'équilibre thermique de la Terre, mais il l'a aussi beaucoup critiqué, lui reprochant d'avoir une vision du problème climatique trop strictement physicienne, et pas assez globale et géologique. En 1922, à la fin de sa vie, il écrit : « *Ma vision des choses est très différente de celle d'Arrhenius, non seulement en ce qui concerne le modèle géologique, mais aussi vis-à-vis de l'interaction de l'atmosphère et de l'océan. Arrhenius n'a pas développé une théorie géologique mais il a seulement prolongé les suggestions de Tyndall en physicien* ». C'est un jugement sévère !

Thomas Chamberlin

La grande originalité et l'idée la plus novatrice de *Chamberlin* est d'avoir considéré que l'atmosphère relevait aussi de la géologie. Pour lui, si on voulait comprendre ce que les strates géologiques nous enseignaient, il fallait connaître l'atmosphère, comprendre les variations de sa composition et son interaction avec les dépôts sédimentaires. C'est la raison pour laquelle il s'est appuyé sur les avancées de *Tyndall* et *Arrhenius* en ce qui concerne le rôle des gaz atmosphériques sur la température de la Terre. Mais inversement, pour lui, les spécialistes de l'atmosphère, comme *Arrhenius*, devaient aussi prendre en compte toute la dimension géologique des problèmes qu'ils traitaient. C'est ainsi qu'il critiqua sévèrement le physicien pour avoir privilégié le volcanisme comme source principale de carbone dans l'atmosphère. Pour lui cela relevait d'une méconnaissance trop évidente de la Terre et de ses mécanismes fondamentaux.

Pour prendre en compte l'atmosphère dans les cycles géologiques de la Terre et ses climats, *Chamberlin* décida de centrer son attention sur le cycle du carbone. Il s'interrogeait depuis longtemps sur le rôle dominant du carbone dans l'évolution de la planète, et notamment sur le rôle de son réservoir atmosphérique dans les changements climatiques.

Très au fait des résultats de *Tyndall* et d'*Arrhenius*, il admit que les variations du contenu en gaz carbonique de l'atmosphère associées à la rétroaction *(Feed Back)* de la vapeur d'eau pouvaient expliquer l'alternance des périodes glaciaires et l'avancée ou le retrait des glaciers durant le quaternaire. Mais il alla plus loin ; dans son étude du cycle du carbone, il évalua le contenu en carbone des différents réservoirs du système terre. Il proposa des chiffres, notamment pour l'atmosphère (3.10^{12} tonnes), très voisins des estimations actuelles. Il mit en évidence la possibilité de variations importantes de ces concentrations de carbone dans les roches et dans l'atmosphère au cours des âges géologiques et leurs relations possibles avec les changements climatiques.

Mais la question du forçage initial à l'origine des oscillations glaciaires-interglaciaires restait toujours, pour lui, sans réponse claire. Il réfutait vigoureusement la théorie des crises volcaniques, proposée par *Arrhenius*, susceptibles d'apporter un excès de gaz carbonique à l'atmosphère et engendrant ainsi un réchauffement. Il n'ignorait pas les idées défendues par *Croll* sur le rôle possible des changements d'orbite terrestre qui exposaient ainsi la Terre à plus ou moins de flux radiatif solaire générant ces oscillations climatiques. Mais il considérait ce phénomène comme mineur et de trop faible amplitude pour expliquer l'ampleur des variations thermiques observées. Il s'en tenait à l'effet de serre généré par des variations couplées de la teneur de l'atmosphère en vapeur d'eau et en gaz carbonique comme proposé par *Tyndall* et *Arrhenius.* Cependant cette théorie des gaz à effet de serre elle-même allait être combattue au début du XXème siècle au grand désappointement de *Chamberlin* qui en rejeta la responsabilité sur *Arrhenius* et ses considérations purement physico-chimiques.

Il est curieux de constater que les deux approches qui sont maintenant sur le devant de la scène et constituent les piliers des théories du changement climatique, la théorie du forçage astronomique et celle de l'effet de serre, ont été au cours du temps combattues et oubliées par leurs auteurs successifs, eux-mêmes rejetés dans l'ombre. Mais les hypothèses cosmologiques de *Croll* resurgirent malgré tout au XXème siècle, toujours autour de la question de l'alternance régulière des périodes glaciaires et interglaciaires à un rythme principal de 100 000 ans environ. C'est un astronome et géophysicien Serbe, *Milutin Milanković,* qui proposa, dans les années 1930, une théorie originale fondée sur la position de la Terre par rapport au Soleil mais qui suscita également en son temps beaucoup de scepticisme.

Milutin Milanković (1879 - 1958)

calcule précisément l'insolation au sommet de l'atmosphère en fonction de la position de la Terre par rapport au Soleil.

Milanković, comme *Croll* 70 ans avant lui, fit l'hypothèse que ces oscillations climatiques avaient une origine astronomique. Comme il bénéficiait des solutions d'une meilleure précision apportée aux équations régissant le mouvement des planètes, il calcula l'insolation d'été au sommet de l'atmosphère pour différentes latitudes en prenant en compte les variations de l'excentricité, de la précession des équinoxes et de l'obliquité de la Terre. Il travailla seul pendant près de 30 ans sur cette question, élaborant une théorie complète du climat depuis le calcul des paramètres orbitaux terrestres jusqu'à la détermination des températures en passant par l'insolation. Il avait en tête que l'insolation d'été des hautes latitudes de l'hémisphère Nord était un paramètre critique pour expliquer la succession des cycles glaciaires-interglaciaires. Des hivers relativement doux et humides, provoquaient des précipitations neigeuses, et les étés frais qui s'ensuivaient favorisaient la persistance de ces neiges hivernales. L'albédo élevé de ces régions englacées accentuait encore plus le refroidissement et en conséquence favorisait l'accumulation de neige au cours des cycles saisonniers suivants.

Comme *Croll*, *Milanković* se heurta au scepticisme de ses contemporains notamment les géographes en place comme *Albrecht Penck*. Sa théorie était perçue par ses pairs comme une spéculation sans fondements réels ; un seul de ceux-ci, *Alfred Wegener*, lui aussi auteur d'une thèse hardie rejetée par ses contemporains : la dérive des continents, s'intéressait à ses travaux. *Wegener* prit en compte certains des résultats de *Milanković* et entretint avec lui une correspondance scientifique suivie sur son hypothèse astronomique.

Milutin Milanković

La thèse de *Milanković* fut rejetée pour deux raisons principales : d'une part les variations de flux solaire envisagées étaient très faibles (quelques %) et hors de proportion avec l'ampleur des changements thermiques observés. Mais surtout la faiblesse principale de cette théorie tenait à une simplification trop grossière de la réalité : *Milanković* ne prenait pas en compte la redistribution de l'énergie par les circulations atmosphériques et océaniques. Et de ce fait, l'évolution climatique de l'hémisphère sud devait être opposée à celle de l'hémisphère nord puisque les insolations d'été des deux hémisphères devaient être inversées ; celle du Sud devait être minimale lorsque l'autre au Nord était maximale. Or les observations géologiques disponibles à l'époque contredisaient ces conclusions.

Il fallut attendre les années 1970 pour que les améliorations apportées aux reconstitutions paléoclimatiques d'une part, et les progrès des calculs orbitaux d'autre part, puissent permettre des analyses plus fines des corrélations existant entre ces paramètres très différents, et remettre au goût du jour la théorie de *Milanković* . Ces analyses furent menées par plusieurs groupes de paléoclimatologues. L'une des difficultés qu'ils devaient surmonter était de caractériser quantitativement les glaciations. Pour cela ils utilisèrent un paramètre représentant le volume de la glace déduit de la mesure du rapport isotopique $^{18}O/^{16}O$ dans le calcaire des coquilles de foraminifères benthiques qu'ils extrayaient de leurs carottes de sédiment. On peut considérer que l'article qui fut décisif pour reconsidérer la thèse de *Milanković* fut celui signé par *Hays, Imbrie* et *Shackleton* publié dans le journal « *Science* », en 1976. Ces auteurs apportèrent définitivement des preuves de la validité de la théorie de *Milanković* par des données chiffrées. Au cours des derniers 900 000 ans, ils retrouvèrent la totalité des périodicités prédites par la théorie astronomique, celle de 100 000 ans liée aux variations de l'excentricité de l'écliptique, celle de 41 000 ans liée à l'inclinaison et celle du doublet 23 000 – 19 000 ans caractéristique de la précession. Le succès était total. Les paléoclimatologues en conclurent que les variations de l'insolation initiées par les mouvements de la Terre sur l'écliptique agissaient comme un stimulateur du système climatique (un *pacemaker*) en lui imposant son tempo, amplifié ensuite par un enchaînement de boucles d'actions-rétroactions, dans lesquelles entrait en jeu la biosphère, pour expliquer l'amplitude de ces oscillations glaciaires-interglaciaires. Hays et ses collègues démontraient que *Milanković* avait enfin raison mais il était mort depuis 20 ans !

Steward Callendar (1898 - 1964)

montre qu'il existe un réchauffement climatique en cours dont l'humanité est responsable.

Stewart Callendar

Plus près de nous, un autre pionnier original mérite notre attention parce qu'il brisa la chape de scepticisme sur le réchauffement climatique qui faisait toujours douter la communauté scientifique dans la première moitié du XXème siècle. Il s'agit de *Guy Steward Callendar*, un britannique, qui eut l'audace de se présenter devant la « *Royal Meteorological Society* » à *Londres* en 1938 pour parler du climat alors qu'il n'avait aucune qualification pour cela, n'étant pas un scientifique ! Il était ingénieur, mais passionné de météorologie et il tenait à jour un relevé d'observations météorologiques personnel. Il déclara, devant les météorologues britanniques un peu ébahis, que ses observations et celles qu'il avait soigneusement analysées indiquaient un incontestable réchauffement de la planète. Et il osa affirmer qu'il connaissait le coupable de ce réchauffement insolite : nous les hommes et notre industrie qui brûle des millions de tonnes de combustibles fossiles et injecte autant de gaz carbonique dans l'atmosphère, ce qui change le climat ! Cette ferme conviction, aussi audacieusement exprimée, impressionna son auditoire de la « *Royal Meteorological Society* » et, grâce à lui, dès les années 1930, l'hypothèse que le climat pouvait changer et se réchauffer sous l'effet des activités humaines, appelé par certains le « *Callendar effect* »[17], progressa et commença de s'installer dans l'opinion d'une fraction de plus en plus grandissante d'acteurs des sciences de la Terre, malgré des sceptiques encore majoritaires.

Pourquoi cet oubli des pionniers ?

On peut se poser des questions sur les raisons de cette absence de continuité de pensée et d'intérêt pour le climat entre des savants du XIXème, en avance sur leur temps, et ceux du XXème siècle, un peu en retard ! Ces travaux au caractère presque prémonitoire, proposés par des pionniers oubliés, furent seulement remis récemment dans l'actualité par des historiens des sciences[18]. Il fallut aussi que quelques chercheurs isolés, non spécialistes mais écoutés du monde scientifique comme l'historien *Emmanuel Le Roy Ladurie*, envisagent une véritable histoire du climat en tant que tel aux époques historiques récentes pour que l'on se pose la question de l'évolution future possible du climat et de son impact sur les sociétés humaines. Mais on

---

17 *James Rodger Fleming* dans « *The Callendar Effect* », American Meteorological Society éditeur, 2007.

18 Spencer R. Weart; dans « *The Discovery of Global Warming* », Harvard University Press, 2004 – *James Rodger Fleming*, dans « *Historical Perspectives on Climate Change* », Oxford University Press, 1998 – *Edouard Bard* et *Jérôme Chappelaz* dans « *Sur les origines de l'effet de serre et du changement climatique* », Edition La ville Brûle, 2010.

s'explique toujours assez mal pourquoi, jusque dans les années 1960, ces précurseurs furent ignorés et pourquoi l'ensemble de la communauté scientifique potentiellement concernée par le climat, météorologues, physiciens et chimistes de l'atmosphère, océanographes, géologues, géophysiciens se désintéressait de cette question. Une première réponse explicative de cet oubli tient au fait que si le climat était l'affaire de tous il n'était de la responsabilité de personne. Chaque discipline avait son compartiment : la Terre solide, l'atmosphère, l'océan, le milieu vivant et traçait son sillon sans se soucier des interactions avec les domaines voisins. La climatologie n'était qu'une sous-discipline de la géographie alors que la climatologie dynamique aurait exigé de prendre en compte la Terre dans son ensemble.

Une seconde explication de ce désintérêt vient de ce que les interprétations successives qu'avaient faites ces scientifiques du passé paraissaient incomplètes, voire erronées ou fantaisistes. Certains de ces pionniers tiraient de leurs spéculations des conclusions à l'opposé des préoccupations pessimistes qui se firent jour plus tard. Ces spéculations trop optimistes décrédibilisaient leurs travaux. Ainsi *Arrhenius* et *Tyndall*, puis plus tard *Callendar,* se félicitaient du réchauffement possible de la Terre que prévoyaient leurs théories de l'accroissement de l'effet de serre. Pour eux ce réchauffement serait bénéfique pour l'agriculture et la vie des populations des hautes latitudes et contrebalancerait le refroidissement à venir, atténuant ainsi la prochaine glaciation.

Enfin la complexité même de la question scientifique du climat avec ses innombrables boucles d'interactions, actions et rétroactions, liant les différents milieu terrestres et extra-terrestres (Soleil) impliqués, rebutait certains scientifiques et pouvait même les conduire, plus ou moins consciemment, à donner raison à *Newton* pour ses affirmations « déistes » excluant l'homme de la connaissance du temps et du climat. On comprend ainsi plus aisément que cette quête du climat par des voies rationnelles ait pu tarder à se mettre en place.

Chapitre III

-

L'émergence de la dynamique du climat

Dans ce chapitre on traitera de la transition entre l'« insouciance climatique », qui dura jusqu'au milieu du XXème siècle, et la prise de conscience progressive de l'importance scientifique, socio-économique et même géostratégique de l'évolution possible du climat. On présentera l'état des connaissances de ce climat stable qui n'intéressait jusqu'alors que des géographes et les services météorologiques nationaux si on considère à part des géologues s'interrogeant sur les traces de climats antérieurs très froids à l'échelle de dizaines de milliers, voire de millions d'années. On présentera ensuite le premier grand programme scientifique international dédié à l'étude de l'environnement planétaire : L'« Année Géophysique Internationale - AGI », qui, en 1957-58, a sensibilisé le monde scientifique à la globalité des problèmes posés par la Terre. Cette grande opération internationale a aussi montré que la science pouvait dépasser les clivages idéologiques et politiques des nations pour rassembler des milliers de chercheurs autour de l'étude de questions, comme le climat, impliquant la planète entière. Quelques années plus tard, au début des années 1960, la préoccupation climatique s'installera et s'organisera progressivement dans toutes les disciplines des sciences de la Terre, et même de l'univers, comme cela sera montré dans les chapitres qui suivent.

La climatologie « stable » des années 1950-60

Jusqu'aux années 1950, la « climatologie » était une science naturelle et descriptive, relevant de la géographie physique et enseignée dans les facultés des lettres. Il s'agissait de décrire en l'état le climat actuel de la Terre. Longtemps le climat et la météorologie gouvernés par des forces naturelles immuables qui nous dominent furent considérés comme hors de portée des connaissances humaines. La nature, pensait-on, est plus forte que l'homme, ses lois sont universelles et intemporelles. Elle contrôle donc la météorologie et le climat, et le mieux que l'on puisse faire est de scruter ses manifestations, les noter soigneusement pour en tirer des enseignements pratiques et adapter nos modes de vie : agriculture, santé, habitats, infrastructures etc. à ses caprices vus traditionnellement dans la plupart des cultures comme des caprices des dieux qu'il faut amadouer par des sacrifices et des prières.

La climatologie descriptive des services météorologiques et des géographes

C'est dans ce contexte que se perpétuaient depuis le XIXème siècle des activités de collectes et de traitements statistiques des observations du temps dans les bureaux météorologiques nationaux où était calculée, région par région, la moyenne des paramètres météorologiques usuels observés : température atmosphérique, humidité, luminosité, vent. etc. sur une période longue généralement de 30 ans. Ces statistiques, représentant les conditions météorologiques du passé, étaient sensées aussi représenter ce qui devait prévaloir à l'avenir et donc elles avaient un intérêt pratique immédiat pour de nombreuses activités courantes, comme on l'a vu. Mais elles se montrèrent ultérieurement encore plus utiles lorsque, la variabilité du climat devenant une évidence, elles purent servir de référence pour suivre son évolution au cours du temps.

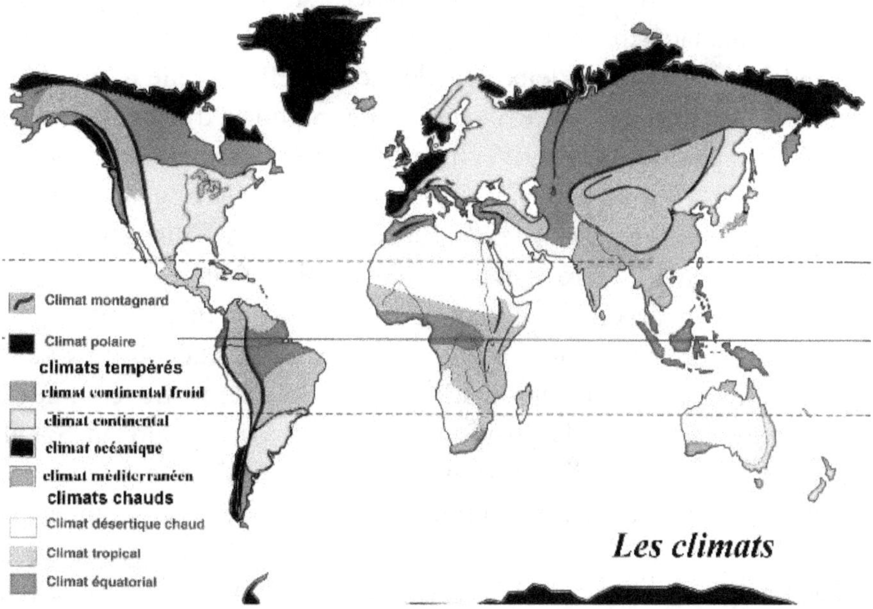

Les climats de la Terre

Mais ce rôle de référence demeurait marginal au sein des services météorologiques qui, conformément à leur mission, étaient plus soucieux de prévisions du temps que de climat. Ce sont les « climatologues » des départements de géographie des facultés des lettres qui s'en sont emparés. Les géographes étaient en effet les seuls universitaires à se préoccuper du climat, à en faire une description détaillée comme un élément permanent du paysage et à en décrire les caractéristiques spatiales en relation avec d'autres paramètres géographiques : latitude, altitude, proximité de l'océan etc. relevant des sciences de l'observation de notre environnement terrestre.

La climatologie évolutive des géologues

Ce désintérêt pour la recherche des causes d'une éventuelle variabilité du climat s'opposait en partie à la curiosité non satisfaite des géologues qui s'interrogeaient toujours sur les causes des alternances de périodes glaciaires et interglaciaires chaudes dont ils observaient avec minutie les traces laissées sur les continents et dans les sédiments lacustres et marins. Ces alternances de périodes chaudes et froides relevaient de deux échelles temporelles : celle à très long terme, de la dizaine, voire centaine, de millions d'années, qui se manifestait par des paysages climatiques très marqués et opposés, affectant la totalité de la planète. Ainsi à la fin de l'ère secondaire il y a environ 65 millions d'années, le jurassique avec ses dinosaures était une période où la Terre entière était soumise à un climat tropical humide. Les variations climatiques à cette échelle pouvaient s'expliquer par de nombreux facteurs : certains étaient de nature astronomique et externe au système climatique terrestre comme le rayonnement solaire et la position de la Terre par rapport au Soleil. Mais d'autres étaient d'origine interne à la sphère terrestre comme l'activité volcanique et l'évolution de la géométrie des continents et des océans incluant la surrection de chaînes montagneuses à partir d'une dorsale, comme cela s'est passé dans l'Atlantique avec les Andes et les Montagnes Rocheuses il y a quelques millions d'années. Ces événements géologiques majeurs pouvaient radicalement changer les circulations atmosphérique et océanique et donc le climat.

Une autre échelle de variabilité, à plus courte période, était aussi observée avec intérêt par les géologues ; c'était celle des oscillations du quaternaire avec des périodes de quelques dizaines de milliers d'années, affectant la presque totalité de l'hémisphère Nord. Les traces d'une glaciation ayant marqué les paysages des continents nord-américains et nord-européens avaient déjà intrigué les contemporains d'*Alexander Agassiz* au XIXème siècle (Chapitre II). Pour comprendre les causes de ces changements relativement rapides, d'autres explications que l'évolution de la géométrie des continents et des océans étaient nécessaires et plusieurs hypothèses furent avancées. L'explication volcanique, déjà suggérée à la fin du XIXème siècle par *Svante Arrhenius* (chapitre II) eut un moment quelque succès ; une crise volcanique, émettant dans l'atmosphère des milliards de tonnes de matériaux divers, cendres, gaz dont le gaz carbonique en particulier, était susceptible de modifier le climat. *Arrhenius* est surtout devenu un moment célèbre pour avoir découvert le rôle que pouvait avoir le gaz carbonique pour retenir la chaleur rayonnée par la Terre. Mais il a aussi émis l'hypothèse que les cendres volcaniques pouvaient couvrir la Terre d'une chape réfléchissant le rayonnement solaire incident vers l'espace, en refroidissant ainsi significativement la température moyenne de la Terre. Autour des années 1950, sans encore les lier à une « dynamique » du climat, les conséquences sur le climat de tels évènements volcaniques étaient souvent évoquées ; ainsi l'énorme éruption qui a frappé l'*Islande* en 1783 et tua le quart de sa population, abaissant la température moyenne de l'hémisphère nord de plusieurs degrés Celsius pendant plusieurs années, était l'exemple le plus couramment cité. Un autre exemple fut celui de l'année 1816 où, suite aux éruptions du *Tambora* (en *Indonésie*) une année plus tôt, les températures moyennes de l'hémisphère nord chutèrent d'environ 1 °C. En France, il gela plusieurs jours à basse altitude durant les mois de juillet et aout ; 1816 fut appelé « l'année sans été »[19].

Mais d'autres hypothèses expliquant les « accidents » climatiques observés à cette époque se firent jour, toujours sans que le concept de dynamique et de physique du climat soit explicité et pris en compte. Ainsi certains géologues, appuyés par des océanographes comme *Harald Sverdrup,* de la *« Scripps Institution of Oceanography »* aux *États-Unis,* suggérèrent que la circulation de l'océan, du fait de son énorme capacité thermique et de sa faculté de stocker le gaz carbonique, pouvait entraîner un processus de rétroaction qui pendant les périodes glaciaires aurait stoppé ou inversé le sens de la circulation méridienne, le fameux « tapis roulant » ; celui qui amène les calories accumulées dans les tropiques vers les régions polaires. C'était déjà l'hypothèse favorite du géologue *Thomas Chamberlin* un demi-siècle plus tôt qui récusait vigoureusement la théorie des crises volcaniques avancée par le physicien *Svante Arrhenius* pour expliquer ces glaciations (Chapitre II).

Après les années 1950, l'hypothèse astronomique reprit des couleurs. La théorie de *Milanković* fut remise au goût du jour par la grâce des ordinateurs, qui firent leur apparition dans les laboratoires dans les années 1960, en permettant de calculer plus précisément les paramètres astronomiques responsables des variations du flux solaire reçu par la planète. Une équipe se constitua autour d'*André Berger*,

---

[19] *Stommel , H., and E. Stommel, "Volcano Weather: The story of 1816, the Year Without a Summer"*,1983, Seven Sea Press, Newport, Rhode Island (USA).

mathématicien, astronome et météorologue belge, pour calculer avec précision l'impact des variations des paramètres de la rotation de la Terre autour du Soleil sur le flux radiatif reçu par celle-ci au sommet de l'atmosphère. Ces travaux avec ceux des paléocéanographes et des glaciologues, qui déterminèrent les variations des paléotempératures au cours des derniers 900 000 ans, validèrent définitivement la théorie de *Milanković*. La dynamique du climat était prête à prendre son essor !

La « climatologie dynamique » encore en gestation

On voit par ces considérations que, parmi la communauté scientifique, les géologues étaient presque les seuls à s'intéresser à l'évolution du climat dans les années 1950, mais à des échelles temporelles très longues qui ne prenaient pas, ou très peu, en compte les dynamiques de l'atmosphère et de l'océan presque totalement ignorées. Mais l'origine des périodes glaciaires les intriguait toujours autant et presque tous les ans une nouvelle hypothèse sur son origine était avancée, nous dit l'historien des sciences *James R. Fleming.* La situation était si confuse que des auteurs comme *Charles Brooks*, un des premiers « climatologues » américains qui se désignait comme tel, « s'amusaient » à collectionner ces hypothèses. *Brooks* a tenté de répertorier toutes les théories, plus ou moins spéculatives, susceptibles de rendre compte des changements climatiques passés et futurs possibles tels que la communauté scientifique les imaginait autour des années 1950. Sa longue liste « à la Prévert » publiée dans *Meteorological abstracts and bibliography* est précédée d'un préambule indiquant que : « *Ces théories sont à l'heure actuelle hautement hypothétiques avec très peu ou aucun élément permettant de les vérifier* ». *Brooks* résume bien l'ignorance et l'incertitude dans lesquelles on était à cette époque au milieu du XXème siècle : « *La dynamique du climat dépend du... changement des paramètres orbitaux de la Terre, changement de l'intensité du rayonnement solaire, influence des marées Soleil-Lune, élévation des continents et surrection des massifs montagneux, changements de la circulation atmosphérique, changements de la circulation océanique, changements de la répartition océan-continent, changements de la composition (chimique) de l'atmosphère, poussières volcaniques dans l'atmosphère, théorie des poussières cosmiques, théorie des taches solaires, théorie des migrations des pôles et de la dérive des continents* ! »[20] Rien que ça !

L'éveil de la communauté scientifique autour de la question du climat se situa peu après 1950 et prit corps dans les années 1960. Parmi les précurseurs, présentés au chapitre II, on peut retenir deux personnalités scientifiques contemporaines de la première moitié du XXème siècle qui ont contribué à la transition vers ce réveil. Il s'agit de *Milutin Milanković* (disparu en 1958) pour sa théorie astronomique comme on vient de le voir et de *Stewart Callendar* (disparu en 1964) pour sa mise en évidence de l'impact des activités humaines sur les teneurs en gaz carbonique de l'atmosphère et l'effet de serre.

La crainte de l'arrivée possible d'une prochaine glaciation fut paradoxalement le déclancheur de la préoccupation climatique. Cette crainte était suscitée par des événements météorologiques inhabituels qui frappèrent les pays occidentaux et ceux du bloc soviétique dans la période couvrant les années 1950-60. Il y eut des hivers particulièrement froids et les récoltes en souffrirent. Par ailleurs on était en pleine « guerre froide » et il était important à l'Est comme à l'Ouest de pouvoir prévoir, avec assez de précision, la production agricole du camp d'en face et d'évaluer ainsi sa dépendance et sa vulnérabilité à une possible pénurie alimentaire. L'intérêt pour le climat a donc eu à l'origine une composante géostratégique, liée à des espoirs de prévisions météorologiques à long terme que renforçait l'observation d'une décennie (les années 1950) particulièrement fraîche dans l'hémisphère Nord. C'est ce contexte qui amena les *États-Un*is à proposer ce grand programme international, pour mieux connaitre et comprendre notre environnement terrestre, qui fut appelé « l'Année Géophysique Internationale - AGI »

---

[20] *James R. Fleming* dans : « Historical perspectives on Climate Change », Oxford University Press, 1998.

Les débuts d'une ère nouvelle : L'Année Géophysique Internationale (1957-1958)

L'Année Géophysique Internationale (AGI) s'étendit de juillet 1957 à décembre 1958. Ce fut la première opération de coopération internationale et interdisciplinaire pour l'étude de la Terre et de ses enveloppes fluides. La préoccupation n'était pas climatique mais les disciplines et des outils relevant de son approche comme la glaciologie, l'océanographie, la chimie atmosphérique, la télédétection s'en trouvèrent renforcées...L'AGI prenait aussi en compte pour la première fois la Terre dans sa globalité. Le rassemblement pluridisciplinaire et international qui caractérisait l'esprit de ce grand programme scientifique fut certainement pour beaucoup dans les convergences qui s'opérèrent par la suite entre les différentes disciplines et sous-disciplines de la science du climat.

Les motivations et l'organisation de l'AGI

On pourrait être tenté de présenter l'AGI comme une entreprise scientifique planifiée rigoureusement et de longue date par un groupe de savants éminents, qui, pour des raisons purement scientifiques, auraient réussi à convaincre leurs gouvernements de mobiliser des moyens gigantesques : des bateaux par dizaines, des avions, et des fusées pour lancer les premiers satellites artificiels de la Terre. Ils auraient pu ainsi rassembler des milliers de scientifiques appartenant à des dizaines de pays. Ce serait donner une image trompeuse de la réalité des motivations de cette entreprise et de sa construction. L'AGI fut bien un vaste programme pluridisciplinaire d'étude de la Terre, mis en

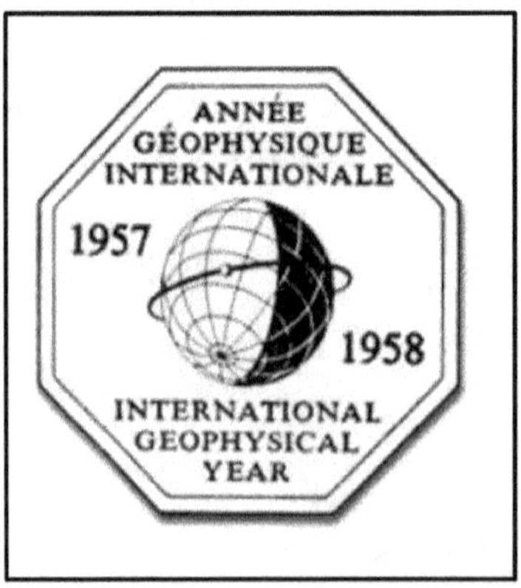

œuvre par 67 pays de l'Est et de l'Ouest, du Nord et du Sud, et qui a bénéficié de moyens considérables pour couvrir, pour la première fois, toutes les disciplines scientifiques des sciences de la Terre. Mais ce ne fut pas seulement pour la beauté de la science.

Ce programme est né des préoccupations géostratégiques des *États-Unis* qui voulaient mobiliser la science américaine au service de la sécurité nationale en tenant compte des avancées scientifiques et technologiques de la deuxième Guerre Mondiale, notamment en matière d'armement. L'objectif, non avoué, était de promouvoir des programmes de recherche et développement en support d'une stratégie adaptée au lourd contexte de la Guerre Froide. Les politiques et les militaires étaient préoccupés par des alternatives stratégiques qui dépendaient de développements technologiques non encore réalisés, de questions scientifiques non encore résolues et d'observations de régions du milieu terrestre encore inconnues. Dans ce but fut créé, sous l'égide du Secrétaire d'État à la Défense, l'« *US Research and Development Board* » comprenant des civils et des militaires pour définir des projets communs dans des domaines aussi variés que la physique, les sciences médicales et biologiques et les sciences géophysiques.

C'est du comité géophysique de ce « *Board* » que, compte tenu de l'importance stratégique de l'Arctique et de l'Antarctique, germa en avril 1950 le projet d'une troisième API : *Année Polaire Internationale* . La première s'était tenue en 1882-1883 et la seconde 50 ans plus tard en 1932 - 1933. Pour faire bon compte il parut raisonnable d'en proposer une troisième 25 ans après en 1957 - 1958, d'autant qu'elle coïnciderait avec une période de maximum d'activité solaire (notons qu'il y en eu une quatrième cinquante ans plus tard en 2007 – 2008). Le projet de cette troisième API fut soumis à l'ICSU, « *International Council of Scientific Unions »* qui est une organisation scientifique non gouvernementale de haut niveau (en français CIUS pour Conseil International des Unions Scientifique). L'ICSU l'adopta et créa en octobre 1951 un Comité Spécial pour sa mise en œuvre en invitant les nations membres de l'ICSU à constituer des comités nationaux. En octobre 1952, à la demande des organisations affiliées à l'ICSU qui souhaitaient que le programme ne se limitât pas aux régions polaires, proposèrent que cette troisième API devienne une

AGI : *Année Géophysique Internationale.* L'URSS, qui n'était pas membre de l'ICSU, fut invitée à participer à ses réunions en 1953 et, peut-être la mort de Staline aidant, les Soviétiques répondirent favorablement à cette invitation en 1954.

Les acquis de l'AGI dans la connaissance du climat

Le lancement de satellites de la Terre était au programme de l'AGI. En 1956 les USA avaient fait part de leur intention de lancer plusieurs mini-satellites et l'URSS projetait de lancer une plate-forme spatiale plus importante. Pourtant la surprise fut totale lorsque les Soviétiques lancèrent brusquement et sans préavis le premier satellite artificiel de la Terre, « *Spoutnik 1* », en octobre 1957. Les américains répondirent par le lancement de leur premier satellite « *Explorer* », en janvier 1958. Ce fut le point de départ d'une farouche compétition est-ouest pour la maîtrise de l'espace qui eut l'avantage de permettre plus tard aux chercheurs des sciences de l'environnement terrestre de « voir la Terre d'en haut », ce qui révolutionna les techniques d'observation (chapitre V) et les connaissances qui en découlaient.

Outre les débuts de la climatologie spatiale, d'autres objectifs importants pour les sciences du climat furent atteints au cours de cette année : la station de mesure de la teneur en gaz carbonique de l'atmosphère fut installée sur le volcan éteint *Mauna Loa* à *Hawaii* par *Richard Keeling*, on en reparlera. En océanographie, des campagnes pluri-navires furent organisées pour la première fois dans les trois océans, offrant une image plus synoptique de la réalité océanique que les campagnes nationales mono-navire antérieures avaient pu offrir. Cet effort de coordination fut particulièrement marqué dans l'Atlantique où cinq navires firent simultanément une vingtaine de sections transatlantiques de 48 ° N à 48 ° S. Cet effort d'observation concerna aussi le Pacifique Nord et le Pacifique intertropical. Un résultat particulièrement remarquable pour cette époque fut la découverte de l'ampleur du phénomène El Niño caractérisé par un réchauffement anormal des eaux superficielles tous les 3 ou 4 ans au large du *Pérou.* Jusque-là cet événement était perçu comme une curiosité locale affectant les côtes orientales du Pacifique Sud ; on découvrit que c'était une perturbation océanographique et climatique majeure à l'échelle de l'océan Pacifique tout entier. Enfin les régions polaires Arctiques et Antarctiques reçurent aussi beaucoup d'attention, ce qui aboutit notamment au « traité de l'Antarctique » préservant ce nouveau continent blanc de toute revendication territoriale et tentative d'exploitation de ses ressources. Les premiers forages dans les glaces Antarctique et du *Groenland* furent réalisés à cette époque, notamment par des Français qui analysèrent plus tard la composition chimique des bulles d'air enserrées permettant ainsi de mettre en évidence, pour la première fois, une relation entre la température et la teneur en gaz carbonique de l'atmosphère des climats passés. On en reparlera en détail (chapitre VIII).

Mais peut-être encore plus que pour ses résultats scientifiques, l'AGI fut bénéfique pour la cause climatique en contribuant à briser les frontières des blocs qui s'affrontaient idéologiquement depuis des décennies. L'AGI a ainsi favorisé et rendu possibles des rassemblements scientifiques organisés : création en 1957 par l'ICSU du SCOR : *Scientific Committee for Oceanic Research* et en 1960 celle de la COI : *Commission Océanographique Intergouvernementale* au sein de l'UNESCO, qui déboucheront sur la mise en œuvre à partir de 1980 du PRMC : *Programme Mondial de Recherche sur le Climat*, en anglais le WCRP : *World Climate Research Programme* que l'on évoquera fréquemment dans les chapitres qui suivent.

La naissance de la « dynamique du climat »

La « dynamique climatique » est un objet scientifique multifactoriel complexe impliquant de nombreuses disciplines. Son émergence n'est pas le résultat d'une planification rationnelle ; au contraire, elle est née de plusieurs histoires parallèles qui se sont rencontrées plus ou moins fortuitement au fil du temps, puis ont progressivement convergé et se sont agrégées. Ces histoires parallèles sont celles des disciplines et sous-disciplines scientifiques du domaine très général des sciences de la Terre rangées maintenant dans les sciences de l'univers, où même l'astronomie trouve y sa place, et auxquelles s'ajouteront plus tard des sciences plus « humaines » comme l'économie, la sociologie, la géopolitique. Dans les chapitres qui suivent, nous traiterons de la prise de conscience progressive de la question climatique par ces communautés scientifiques, au départ séparées, puis convergentes à la faveur des technologies nouvelles d'observations et surtout de la simulation numérique qui les ont bouleversées à partir des années 1970 avec l'arrivée des satellites et des ordinateurs (chapitre V). Mais nous n'oublierons pas pour autant les apports initiaux de l'histoire et de la géographie dont on verra l'importance dans la mise en évidence de la variabilité du climat.

Des personnages clé apparaîtront à l'intérieur de ces disciplines et à leurs frontières. Ce sont les acteurs principaux de l'assemblage du puzzle qui se construira progressivement à l'occasion de grandes conférences internationales pour la mise sur pied de programmes internationaux et de structures de coordination intergouvernementales. Cette phase de mobilisation intergouvernementale couvre la période qui s'étend grossièrement de l'AGI en 1957- 1958 jusqu'aux années 1980. Elle est marquée par la création du PMRC (WCRP en anglais). Ensuite, au cours de la décennie 1980-1990, le lancement des grands programmes scientifiques internationaux : TOGA, WOCE, JGOFS, GEWEX… marquera une première phase de l'assemblage des pièces du puzzle. Puis, avec la création du GIEC : *Groupe d'experts Intergouvernemental sur l'Evolution du Climat* et la publication de son premier rapport, en 1990, on entrera dans une nouvelle période, marquée par l'émergence d'une communauté scientifique dédiée à l'étude du climat dans un domaine scientifique intégré, dénommé dès lors : la « Climatologie dynamique ».

Chapitre IV

-

Les pièces du puzzle climatique

L'émergence de la question climatique dans les sciences de la Terre et leurs sous-disciplines, alors qu'elles étaient encore très indépendantes les unes des autres et seulement marginalement préoccupées par la question du climat, s'est faite progressivement. On vient de voir que la première phase de prise de conscience du sujet couvre la période qui s'étend de l'AGI (1957-58) jusqu'au début des

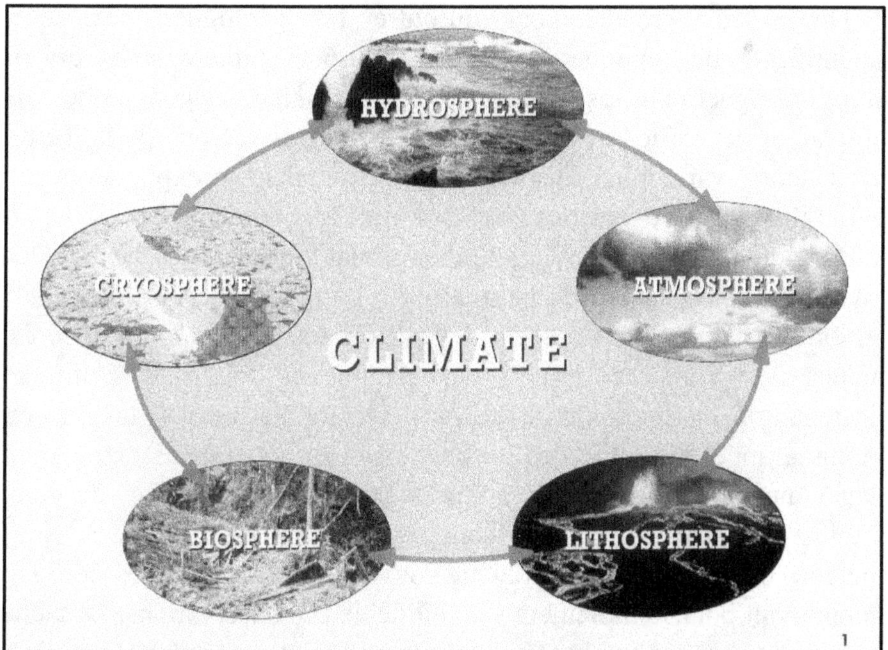

années 1980 où commencèrent à s'élaborer les premiers grands programmes internationaux dédiés à l'étude du climat. Cette période est caractérisée par ce que l'on peut appeler un « développement séparé » de la thématique climatique dans les différents domaines des sciences de l'environnement : atmosphère, océan, cryosphère, lithosphère, biosphère. Néanmoins des convergences commencèrent à se dessiner entre les disciplines les plus voisines et un questionnement plus précis sur le climat se fit jour progressivement permettant une meilleure visibilité de ces recherches et un meilleur soutien des agences de financement. C'est cette prise de conscience progressive de la question climatique dans les sciences de la Terre qui est présentée dans ce chapitre avant d'aborder les grands programmes intégrateurs des années 1980.

Tout commence par l'histoire et la géographie

On a vu précédemment qu'outre les géologues, les seuls scientifiques de l'époque des années 1950-60 à s'intéresser au climat et à l'enseigner dans les facultés des lettres, étaient les géographes. Ils dressaient des cartes des climats des différentes régions de la Terre, avec leurs variations saisonnières, et tentaient d'expliquer cette variabilité spatiale par les facteurs qui leur étaient familiers : la latitude en premier, d'où vient le mot climat (en grec : *inclinaison* des rayons du soleil suivant la latitude), qui permet de définir les grands ensembles climatiques : climats équatoriaux, tropicaux, tempérés, polaires…. Venaient ensuite des paramètres tels que l'altitude, l'orientation et la proximité de barrières montagneuses, la plus ou moins grande proximité des océans. etc. Les géographes extrayaient leur connaissance des observations accumulées depuis près de deux siècles et stockées dans des banques de données, par les services météorologiques ; ils travaillaient souvent de concert avec ceux-ci, notamment pour le traitement statistique de ces observations. La tâche spécifique des géographes était d'interpréter et de rendre accessible, dans un langage intelligible par tous, la connaissance, régions par régions, que l'on pouvait acquérir sur le climat à l'aide de ces données qui, sinon, serait restée enfouie dans les fichiers d'observations, qui intéressaient si peu les météorologues.

La géographie appelle l'histoire. Et l'histoire a joué aussi un rôle dans la prise de conscience de la variabilité du climat à l'échelle humaine. Ce sont les communautés scientifiques des sciences de l'environnement qui auraient dû, les premières et plus tôt, s'interroger sur la dynamique du climat et sa variabilité. Mais c'est un historien français, *Emmanuel Le Roy Ladurie*, qui sonna le réveil des « climatologues » à la fin des années 1960. À la différence des géologues, intéressés par les climats passés à des échelles de temps préhistoriques, *Le Roy Ladurie* a écrit la première véritable histoire du climat de la période historique récente : de l'an mil à nos jours, en compulsant les documents historiques conservés. Il en a extrait différents indicateurs climatiques, tels que la date des vendanges ou la morphologie et l'extension des glaciers. Il a ainsi montré que les variations climatiques étaient bien réelles à nos échelles de temps historiques. Il documenta ainsi le refroidissement qui marqua l'hémisphère Nord par une baisse de sa température moyenne de près de 1 °C pendant environ trois siècles, du milieu du XVIème siècle au milieu du XIXème siècle, appelant cette période le « petit âge glaciaire ».

Réalisant une analyse des variations climatiques indépendamment de l'histoire économique, sociale et politique, il a montré qu'il n'y avait pas forcément corrélation exclusive entre crise climatique et crise socio- économique comme cherchaient à le démontrer certains de ses pairs, mais qu'il y avait cependant au moins relation. Selon lui, les conditions météorologiques des années 1787-1788 ont créé, sans toutefois mettre le feu aux poudres, un terreau favorable à l'éclosion de la Révolution Française (qui avait bien d'autres origines : économiques, politiques, culturelles, sociales. etc.). *Le Roy Ladurie,* ajoutant une dimension climatique à l'histoire des hommes, démontrait ainsi l'existence de variations climatiques significatives mais encore inexpliquées à l'échelle de quelques générations. Si le climat avait changé naturellement dans le passé à ces courtes échelles temporelles, il pouvait encore changer dans un proche avenir. La question de l'avenir climatique était posée. L'ouvrage d'*Emmanuel Le*

Roy Ladurie, abondamment cité, resta de nombreuses années la première référence française du domaine de la climatologie.

La dynamique de l'atmosphère et de l'océan

Les deux enveloppes fluides qui entourent la Terre, l'atmosphère et l'océan, sont si semblables dans leur comportement géophysique et leur dynamique, qu'il est difficile de les dissocier et de les traiter séparément. Cependant la météorologie, qui est historiquement la science de l'atmosphère, est la première discipline scientifique constitutive de la « climatologie » ; c'est la science du temps qu'il fait, dont on a vu l'ambiguïté historique originelle, à la frontière de la science telle que conçue par ses fondateurs comme *Newton* et *Galilée*. Mais, dans la pratique, elle est plus proche d'un art et d'un savoir-faire nécessaire à l'exercice de sa prévision. Dès son origine elle a été fondée sur l'observation des paramètres définissant le temps, avec la nécessité contraignante de prévoir leurs évolutions. Ainsi la météorologie a longtemps été coincée entre les sciences naturelles, relevant plutôt de la géographie d'où son enseignement dans les facultés des lettres, et les sciences physiques. Elle a cependant été organisée et institutionnalisée très tôt, dès le milieu du XIXème siècle, dans de nombreux pays, qui se sont dotés de services météorologiques nationaux, pour assurer la prévision quotidienne du temps si importante pour la vie des populations.

Météorologues et océanographes s'organisent au plan international

L'atmosphère n'a pas de frontière et les météorologues, plus que tous autres scientifiques, se sont naturellement rassemblés pour mettre en commun leurs observations, leurs connaissances et quelques fois même leurs moyens propres dans des organisations internationales.

Après la fin de la Seconde Guerre Mondiale, et avec le succès de l'AGI, le sentiment général, en Occident au moins, était de reconstruire un monde plus solidaire en s'appuyant sur des organisations intergouvernementales. C'est ainsi que, pour la météorologie, fut créée, en 1951, l'OMM : *Organisation Météorologique Mondiale*, agence technique de l'ONU, dont le siège est à *Genève*. Cette organisation nouvelle faisait suite à une très ancienne OMI : *Organisation Météorologique Internationale,* datant de la fin du XIXème siècle et regroupant différentes instances de coordinations internationales en météorologie. Cette OMI avait été très active depuis que s'organisaient les services météorologiques nationaux de nombreux pays à partir du milieu du XIXème siècle. En *France* c'est l'ingénieur *Le Verrier* qui, en 1854, créa le service météorologique français. Ces services météorologiques se justifiaient par le besoin de prévoir quotidiennement le temps, ce qui nécessitait des observations à grandes échelles pour saisir les principaux paramètres atmosphériques ; d'où l'impérieuse nécessité de bien utiliser ces coordinations internationales pour mettre en commun les observations qui permettraient d'accéder à des images synoptiques de la totalité de la sphère gazeuse entourant la Terre.

Jusque dans les années 1960, la météorologie se préoccupait presque exclusivement de la prévision du temps. Son souci était de hausser la qualité de ses prévisions et surtout d'étendre leurs échéances. On passa d'une prévision à 24 heures dans la première moitié du XXème siècle à 48 heures dans les années 1960, puis 72 heures dans les années 1980, pour enfin atteindre la dizaine de jours actuellement. Pour obtenir ces résultats, il était nécessaire d'observer et de comprendre la circulation générale de l'atmosphère à l'échelle du globe, mais pas seulement.

Rapidement les météorologues comprirent que cette circulation générale de l'atmosphère ne pouvait être décrite si l'on avait pas d'informations sur les milieux connexes avec lesquels l'atmosphère interagit, avec une priorité pour l'océan qui représente 71 % de la surface de la Terre. De plus pour pouvoir prévoir, il était nécessaire de comprendre et donc d'accroître les connaissances par des recherches appropriées qui nécessitaient d'être organisées.

C'est cette préoccupation de comprendre qui conduisit la communauté météorologique, rassemblés dans l'OMM, à proposer en son sein, en 1967, avec l'appui de l'ICSU, la création d'un GARP : *Global Atmospheric Research Programme,* avec un comité de réflexion scientifique, le JOC : *Joint Organizing Committee.* Parallèlement à la volonté des services nationaux d'affiner leurs prévisions, la « science météorologique » se développait aussi dans les universités et les instituts de recherche et devenait progressivement une « météorologie dynamique ».[21] [22]Avec l'appui des premiers ordinateurs, qui faisaient leur apparition dans les laboratoires dès les années 1960, on a pu simuler cette dynamique à l'aide de modèles « numériques ». Ceux-ci étaient maintenant capables de résoudre numériquement les équations qui gouvernent cette dynamique fondée sur les fameuses équations de *Navier-Stokes*. Mais on n'oubliera pas aussi que la « météorologie dynamique » a beaucoup bénéficié, à cette époque, des moyens spatiaux dont elle fut une des premières utilisatrices dès les années 1970 comme on le verra au chapitre V.

Parallèlement, l'océanographie s'organisait aussi, mais avec retard par rapport à la météorologie. L'Année Géophysique Internationale fut la première action internationale coordonnée en océanographie physique. C'est à cette occasion que l'ICSU, en 1957, créa un comité scientifique international, déjà évoqué, le *SCOR* qui, à travers les nombreux groupes spécialisés qu'il créa, joua un rôle déterminant dans la définition des programmes internationaux de recherche océanographique qui suivront, notamment ceux concernant le climat. Conséquence directe de l'AGI, qui mit en évidence la nécessité d'une structure intergouvernementale pour la mise en œuvre des programmes océanographiques, l'UNESCO créa en 1960 la COI : *Commission Océanographique Intergouvernementale*. Bien

[21] *Jean Labrousse*, ancien directeur de la météorologie nationale, devenue « météo-France », a écrit : « lorsque je suis entré à la météorologie nationale, en 1952, je n'ai pas entendu un seul mot de ce qui s'est appelé, plus tard, la météorologie dynamique » (Communication personnelle).

[22] En France la « météorologie dynamique » entra à l'université et au CNRS avec la création du LMD : « Laboratoire de Météorologie Dynamique » à l'Ecole Normale Supérieure par le professeur *Pierre Morel*.

qu'étant un programme de l'UNESCO, la COI n'a pas pour l'océan, comme l'OMM pour la météorologie, le statut d'une agence technique de l'ONU.

C'est donc seulement à partir des années 1960 que la préoccupation climatique émergea aussi dans les milieu de l'océanographie. Les grands instituts océanographiques s'organisaient et allaient bénéficier, tout comme la météorologie, des évolutions technologiques qu'apportèrent les ordinateurs et les plates-formes satellitaires pour assurer la continuité spatio-temporelle des observations et offrir une vision globale et intégrée de l'océan mondial, au moins en ce qui concerne sa surface.

Premiers rapprochements entre météorologues et océanographes

Le GARP initia, à partir de 1974, une première ébauche de coopération entre météorologues et océanographes[23] pour mieux comprendre l'interaction des deux enveloppes fluides entourant la Terre dans le but d'accroître l'échéance des prévisions météorologiques et de suivre, pour s'en protéger, les dépressions tropicales et autres cyclones, qui affectaient les régions équatoriales occidentales atlantiques (*Amérique centrale*, *Mexique, Etats-Unis*). Ce fut le programme GATE : *GARP Atlantic Tropical Experiment* qui fut suivi, en 1979, par FGGE : *First GARP Global Experiment,* en français PEMG : *Première Expérience Mondiale du GARP*[24]. Mais la

---

[23] L'OMM, avec l'appui du CIUS, mit sur pied dans l'Atlantique tropical oriental (au large de Dakar), en 1974, l'opération GATE qui réunit des moyens considérables (40 navires, 10 avions, 3 satellites géostationnaires déplacés, plus de 1 000 scientifiques sur le terrain) dans le but d'observer les mécanismes de transfert d'énergie entre l'océan et l'atmosphère susceptibles de générer des dépressions tropicales et des cyclones dans la région des *Caraïbes*, du golfe du *Mexique* et du sud des *Etats-Unis*.

[24] La PEMG fut la suite de GATE. Cette deuxième expérience du GARP fut paradoxalement appelée « Première Expérience Mondiale du GARP » bien qu'il n'y en eu pas d'autre pour poursuivre la série. La PEMG était destinée à améliorer la précision des « conditions initiales » observées à l'interface océan-atmosphère pour

préoccupation climatique était encore absente de ces recherches conjointes et les océanographes n'y étaient souvent conviés que pour fournir des navires, plates-formes d'observation indispensables pour couvrir ces vastes espaces maritimes. Les météorologues eux-mêmes s'intéressaient encore très peu au climat, considéré comme stable aux échelles de temps auxquelles ils étaient confrontés. Ils se contentaient, comme indiqué précédemment, d'archiver les observations dont ils disposaient et d'en extraire des moyennes sur des périodes de trente ans, censées représenter ce climat moyen. Néanmoins l'idée que l'interaction des deux milieu fluides pouvait être un processus déterminant de notre environnement planétaire faisait lentement son chemin et rapprochait les deux communautés scientifiques. Cette convergence s'est naturellement renforcée à mesure que la question climatique a pris progressivement de l'importance dans l'esprit des scientifiques des deux domaines. Deux résultats furent cependant particulièrement marquants dans ce sens.

Le premier, déjà cité, fut suscité par l'observation de phénomènes d'interactions spectaculaires entre la basse atmosphère et les eaux superficielles chaudes de l'océan Pacifique équatorial. Des scientifiques américains, notamment le météorologue *Jacob Bjerknes* et l'océanographe *Klaus Wyrtki*, popularisèrent ce phénomène et une locution hispanique allait envahir le vocabulaire des milieu scientifiques et des médias, « El Niño », qui désignait un phénomène marqué par des déplacements rapides d'eaux chaudes d'ouest en est affectant l'océan Pacifique intertropical. Ce phénomène océanique était couplé à des anomalies climatiques se maintenant plus d'une année sur la totalité de la ceinture tropicale Pacifique et au-delà comme l'avait mis en évidence *Bjerknes* en 1969. Ce météorologue avait réactualisé l'observation d'une « Oscillation Australe » affectant la pression atmosphérique superficielle du Pacifique tropical, découverte par *Gilbert Walker* au début du XXème siècle. Plus tard, en 1975, *Wyrtki* proposa un schéma explicatif de l'enchaînement des phénomènes océaniques et atmosphériques qui fut désigné par ENSO : *El Niño and Southern Oscillation*. On verra plus loin (chapitre

---

allonger l'échéance de ces prévisions. Elle mobilisa de nombreux navires et parsema l'océan mondial de centaines de bouées dérivantes qui firent avancer la prévision météorologique mais eurent peu de retombées pour l'océan.

XIII) que l'étude de ce phénomène, conduite sous la caution d'un grand programme international, appelé TOGA : *Tropical Ocean and Global Atmosphere*, aboutit à des tentatives de prévision de ces bouleversements météo-océaniques qui affectaient l'ensemble de la région Pacifique et particulièrement les régions côtières de l'Amérique sud équatoriale : *Équateur, Pérou,* Nord-*Chili*.

ENSO était le premier signal climatique naturel résultant d'une interaction étroite entre l'océan et l'atmosphère, que la communauté scientifique découvrait. Il devint de ce fait abondamment cité et rapporté par les médias, d'autant que les perspectives de sa prévision avaient des conséquences économiques et humaines très importantes pour ces pays riverains du Pacifique ainsi que les nombreux petits États insulaires de l'intérieur qui en étaient également affectés comme on le verra chapitre XIII.

Le second résultat scientifique remarquable liant l'atmosphère et l'océan, date de la décennie 1970. Deux chercheurs américains, un météorologue, *Thomas Vonder Haar*, et un océanographe, *Abraham Oort*, compilèrent l'ensemble des observations réalisées dans l'océan et l'atmosphère depuis le XIXème siècle et maintenant stockées dans des banques de données informatisées. Ils montrèrent que l'océan transportait autant de chaleur que l'atmosphère des tropiques vers les hautes latitudes pour équilibrer le bilan énergétique de la planète (ce dont *Croll* avait déjà fait l'hypothèse - chapitre II) atténuant ainsi considérablement le contraste thermique en fonction de la latitude. Mais, d'après ces données, l'océan opérait ce transport beaucoup plus lentement que l'atmosphère, à des échelles temporelles compatibles avec celles de la variabilité du climat. C'était un résultat important qui montrait pour la première fois en le chiffrant que l'océan n'était pas seulement un accumulateur passif de l'énergie reçue du Soleil mais qu'il avait un rôle dynamique dans l'équilibre énergétique de la planète et de ce fait une influence déterminante dans l'établissement et la variabilité du climat.

Sur la base de ces résultats, les organisations internationales entérinèrent dans les années 1970 cette prise de conscience d'une possible variabilité du climat à toutes les échelles de temps sous l'effet des interactions subtiles liant les deux milieu fluides. Une conférence internationale du GARP, qui se tint à *Stockholm* en aout 1974, portait sur : *Les bases physiques du climat et les modèles de climat* (voir chapitre XI). Elle marqua le début de la réflexion sur l'étude de la dynamique du climat et la perspective de sa modélisation. Dès lors, les organisations internationales adaptèrent leurs structures et leurs programmes à l'objectif climatique. On a vu qu'en 1980 l'OMM et l'ICSU créèrent un nouveau programme international dédié explicitement à l'étude du climat, le PMRC, ou en anglais WCRP, qui prit la suite du GARP et dont le premier directeur fut un français : le professeur *Pierre Morel*. Cette structure de coordination internationale pour l'étude du climat, sa variabilité et son changement à long terme, était soutenue par deux instances de réflexion et de programmation, le JSC : *Joint Scientific Committee,* créé en avril 1980 qui prit la suite du JOC du GARP et rassembla des personnalités sensées couvrir tous les domaines scientifiques impliqués dans le climat : physique et chimie des enveloppes fluides, glaciologie, biologie, paléoclimatologie. etc.

Pour l'océanographie, un comité ad hoc, le CCCO : *Commitee on Climate Change and Oceans*, fut créé en 1979 conjointement par la COI, l'ICSU et le SCOR. On en reparlera plus en détail Chapitre VI. *Roger Revelle* qui fut l'initiateur du CCCO en devint le premier président. Ces organisations étaient indispensables pour mettre sur pied, dans le cadre du WCRP, les imposants programmes de recherche internationaux que furent TOGA, WOCE, JGOFS, GEWEX, CLIVAR,.....qui allaient voir le jour progressivement à partir des années 1980 mobilisant une majorité de chercheurs appartenant à ces communautés scientifiques, avec leurs moyens propres.

La chimie de l'atmosphère et de l'océan

Les interactions de l'atmosphère et de l'océan dans la genèse du climat ne se limitent pas aux échanges d'énergie et à leurs conséquences sur leurs dynamiques. Les deux milieu fluides entourant la Terre sont aussi le réceptacle de nombreux corps chimiques parmi lesquels le carbone, élément essentiel de la vie, joue un grand rôle. Le cycle du carbone est au cœur du changement climatique. La composition chimique de l'atmosphère terrestre, qui nous est familière, est très différente de celles des atmosphères des autres planètes du système solaire. Ses constituants majoritaires ne sont pas le dioxyde de carbone comme sur Mars et Vénus, ni l'hydrogène et l'hélium comme sur Jupiter et Saturne, mais l'azote et l'oxygène qui représentent 97 % du total en masse de l'atmosphère terrestre. L'oxygène a été créé par la photosynthèse des plantes et du phytoplancton marin au cours des premiers âges de la Terre, tandis que l'azote viendrait de l'activité des bactéries des sols. Les autres constituants, bien que minoritaires, mais nombreux, peuvent affecter le climat. Ce sont les trop fameux Gaz à Effet de Serre (GES) tels que la vapeur d'eau, le dioxyde de carbone (CO_2), le méthane (CH_4), l'oxyde d'azote, l'ozone et autres chlorofluorocarbones (CFC). La quantité de vapeur d'eau dans l'atmosphère dépend, en premier lieu, de la température moyenne à la surface de la Terre. La quantité de dioxyde de carbone croît rapidement du fait de l'usage intensif qui est fait par l'humanité du carbone fossile extrait des profondeurs sédimentaires ; c'est du gaz carbonique dont nous parlerons le plus. Quant aux autres GES, en quantité plus faible, mais dont l'effet sur le climat est loin d'être négligeable, les recherches sur leur rôle n'ont débuté que récemment, et il est trop tôt pour en faire un historique exhaustif.

Tous ces constituants chimiques de l'atmosphère sont solubles dans l'eau et tendent sans cesse à s'équilibrer avec ceux contenus dans l'océan via des échanges à l'interface des deux milieu. Cependant la composition chimique de l'eau de mer est évidemment très différente de celle de l'atmosphère. Elle est connue en ce qui concerne ses principaux constituants depuis le XIXème siècle et la campagne circumterrestre du célèbre navire océanographique anglais *Challenger*. Un des participants à cette campagne, *Wilhelm Dittmar*, analysa les 77 échantillons d'eau récoltés et montra que six ions seulement constituaient 99 % de la totalité des sels dissous[25]. Parmi

[25] Ces six constituants sont, par ordre d'importance décroissante, les ions chlorure, sodium, sulfate, magnésium, calcium et potassium. *Wilhelm Dittmar* montra aussi que les proportions des différents sels étaient constantes, ce qui l'amena à édicter une loi, portant aujourd'hui son nom, permettant de calculer la salinité totale d'un

ceux-ci, l'ion chlorure et l'ion sodium qu'on ne trouve pas sous forme gazeuse dans l'atmosphère constituent bien sûr l'écrasante majorité. Mais parmi les autres composés chimiques contenus dans l'eau de mer, les carbonates, en équilibre chimique avec le gaz carbonique dissous, ont une grande importance puisqu'ils déterminent la concentration en CO_2 dissous de l'eau de mer et, par là, commandent l'échange de ce gaz avec l'atmosphère où sa variation a un rôle dans le changement du climat. En outre, la photosynthèse, qui est au départ du cycle de la matière vivante, utilise le CO_2 comme matériau de base.

C'est cette question des rapports entre le cycle du carbone avec son dioxyde, le CO_2, dans la chimie et la biologie de l'océan en relation avec la chimie de l'atmosphère qui est au cœur du problème climatique. Des pionniers du XIXème siècle comme le géologue *Thomas Chamberlin* (chapitre II) s'étaient déjà souciés du cycle du carbone et de ses migrations entre les réservoirs océanique, atmosphérique et continentaux incluant les sédiments du fond des océans. Pour tenter d'expliquer les changements climatiques, il privilégiait, sans le démontrer, le rôle du réservoir de carbone atmosphérique, s'opposant ainsi aux thèses des « physiciens » qui au contraire mettaient en avant le volcanisme pour expliquer les climats glaciaires du passé. Plus tard dans la première moitié du XXème siècle, *Steward Callendar* a fait accepter par une majorité de scientifiques que la concentration du gaz carbonique dans l'atmosphère était susceptible de varier sous l'effet de l'activité humaine et que celle-ci était responsable du réchauffement climatique par l'effet de serre additionnel qu'elle provoquait et qui fut d'ailleurs appelé plus tard le « *Callendar effect* ». Une question alors s'est posée : l'atmosphère a-t-elle la capacité « d'encaisser » indéfiniment toutes les émissions de GES pour les transformer en chaleur ou existe-t-il un seuil de saturation des GES ?

échantillon d'eau de mer en mesurant la teneur d'un seul de ses sels, en l'occurrence le plus abondant, l'ion chlorure.

Il y a-t-il saturation des GES dans l'effet de serre ?

Si on acceptait, avec les pionniers du siècle précédent *Tyndall, Arrhenius* et *Callendar,* une relation directe entre l'augmentation de la teneur en GES de l'atmosphère et le réchauffement, il fallait cependant lever une objection importante soulevée par des opposants à cette théorie. Ils mettaient en avant des expériences qui avaient, semble-t-il, montré que la teneur actuelle en gaz carbonique de l'atmosphère était suffisante pour absorber toute l'énergie qui pouvait être émise par le rayonnement terrestre aux fréquences auxquelles le CO_2 absorbe le rayonnement infrarouge ; autrement dit, ajouter encore plus de gaz carbonique dans l'atmosphère ne pouvait augmenter la température, puisqu'on avait atteint un niveau de saturation de ce gaz dans sa capacité à produire de la chaleur. C'était une objection scientifique de taille à laquelle il fallait répondre.

Une réponse fut apportée, dans les années 1955-56, par un jeune chercheur américain, *Gilbert Plass*, financé par l'ONR : *Office of Naval Research*[26]. Tout en travaillant dans des compagnies privées comme *Lockheed* et *Ford* ; il s'intéressa marginalement et par curiosité personnelle à cette question de la relation entre le taux de GES dans l'atmosphère et le réchauffement. Il montra que, contrairement à ce qui avait été observé au niveau du sol, dans la haute atmosphère, où la pression est réduite et la température très basse, le spectre d'absorption du gaz carbonique dans l'infrarouge est plus complexe : plus on ajoute de gaz carbonique plus le rayonnement est absorbé et plus la température s'élève. L'hypothèse optimiste de la saturation possible de l'atmosphère en GES stoppant le réchauffement était donc invalidée, du moins provisoirement, car des progrès ultérieurs dans la compréhension du transfert radiatif permettront une démonstration plus rigoureuse. *Plass* s'enhardit même jusqu'à annoncer que l'activité humaine pourrait élever la température de la

[26] L'*Office of Naval Research* de la *Navy* américaine, créé en 1945, a joué un grand rôle dans la science américaine après la deuxième guerre mondiale et durant la « guerre froide ». C'était un organisme qui finançait des recherches fondamentales destinées à alimenter en idées nouvelles le gouvernement américain pour ses problèmes de défense et toutes les autres questions d'intérêt national.

Terre de 1,1 °C par siècle. Bien que ce calcul ait été jugé trop grossier pour convaincre complètement ses collègues, on reconnaissait à *Plass* le mérite d'avoir démontré scientifiquement qu'il y avait bien un réel danger de réchauffement de l'atmosphère par les émissions humaines de GES. Face à cette conclusion inquiétante de non-saturation de l'effet de serre, d'autres objections furent avancées par certains opposants à la théorie de l'effet de serre. Ils mirent en avant la vitesse, supposée lente, à laquelle ce réchauffement pouvait répondre à l'accumulation de GES. Ce retard au réchauffement aurait alors permis d'imaginer que l'océan pouvait avoir le temps d'absorber ce surplus de gaz carbonique injecté dans l'atmosphère avant qu'il ait produit de la chaleur dans l'atmosphère. On était ainsi conduit à répondre à une autre question fondamentale concernant l'océan qui cette fois touchait à sa capacité de réabsorber le gaz carbonique anthropique.

L'océan peut-il réabsorber le gaz carbonique émis par l'homme ?

Cette question prit progressivement de l'importance. C'est à son propos qu'un océanographe, *Roger Revelle,* déjà mentionné plus haut, entra dans le cercle, encore très restreint, de ces scientifiques de plus en plus inquiets du changement climatique. *Revelle* allait devenir une des personnalités parmi les plus marquantes de l'aventure scientifique de la question climatique. Il était géologue de formation mais fut très tôt (en 1936) rattaché à la SIO : *Scripps Institution of Oceanography*, en *Californie* dont il devint ultérieurement le directeur et s'orienta vers la géochimie océanique. Les conclusions de *Plass* et la polémique qui s'ensuivit avec ses détracteurs amena *Revelle* à se pencher sur cette question de l'effet de serre et du réchauffement climatique. Il était au courant des travaux d'un chimiste, *Hans Suess*, qui avait entrepris d'appliquer les techniques instrumentales développées pour la datation par le carbone 14 (^{14}C) à la datation du carbone atmosphérique. En 1955, *Suess* partit de l'hypothèse qu'il y avait dans l'atmosphère deux catégories de carbone : d'une part le carbone correspondant à un cycle non perturbé par les émissions humaines, contenant une proportion connue de ^{14}C radioactif, et d'autre part le « vieux » carbone dans le CO_2 issu de la combustion des composés carbonés fossiles (pétrole, charbon) par l'homme. Ce vieux carbone ne contient plus l'isotope 14, celui-ci s'étant détruit au cours du long stockage géologique. *Suess* fit l'hypothèse que l'océan pouvait rapidement absorber ce carbone anthropique rejeté dans l'atmosphère qui était « marqué » par ce « vieux » carbone totalement dépourvu de ^{14}C. Mais il fallait le démontrer et pour cela mesurer dans l'océan les teneurs en ^{14}C, ^{13}C et le carbone commun : ^{12}C. Mais de telles mesures dans le milieu marin, nécessitaient la collaboration d'un océanographe. *Hans Suess* confia ses espoirs au géochimiste marin *Roger Revelle*. Celui-ci comprit rapidement tout le potentiel scientifique qu'il pouvait tirer de sa collaboration avec *Suess* et il le recruta pour la SIO. Ils associèrent alors leurs compétences pour, ensemble, étudier le comportement du carbone et de son dioxyde dans l'océan.

Rapidement ils arrivèrent à la conclusion provisoire que l'océan pouvait absorber l'essentiel du carbone atmosphérique d'origine humaine, ils notaient dans un de leur rapport : « *Notre conclusion est que le temps d'échange ... défini comme le temps nécessaire en moyenne pour qu'une molécule de CO_2, faisant partie du réservoir de carbone atmosphérique, soit absorbée par la mer, est de l'ordre de 10 ans* ». Cette estimation était toutefois fragilisée par le manque de connaissances sur certaines sources de CO_2, notamment celles provenant de l'altération des roches, du volcanisme, ou de l'oxydation des sols, ainsi que sur le temps de diffusion de l'eau de mer de la surface vers les profondeurs. Des observations additionnelles étaient nécessaires pour s'assurer de la capacité de l'océan à réabsorber le CO_2 atmosphérique, et l'Année Géophysique Internationale (1957-1958) arrivait à point nommé pour cela. Si leur hypothèse optimiste était confirmée, la crainte d'un possible réchauffement climatique causé par l'accroissement des GES dans l'atmosphère se serait éloignée ; tout au plus aurait-on pu craindre quelques dégâts secondaires dans l'océan lui-même.

Mais cet espoir d'une régulation océanique possible de la totalité de la teneur additionnelle en gaz carbonique de l'atmosphère ne fut pas confirmé. L'océan ne pourrait pas absorber la totalité du CO_2 émis par l'homme dans l'atmosphère. La question dériva alors sur la capacité de l'océan à diffuser le gaz carbonique absorbé à sa surface dans sa masse liquide et au final à stocker ce carbone à l'état de sédiments sur son plancher. Subsidiairement se posa aussi la question des constantes de temps nécessaires pour assurer cette diffusion et de leur compatibilité avec les constantes de temps caractéristiques de l'évolution du climat. Les réponses à ces questions par les études menées par *Suess* et *Revelle* n'allaient pas toutes dans le sens d'une évolution très dommageable pour le climat. Cependant si l'océan était bien capable d'absorber et de stocker près de sa surface une grande quantité de gaz carbonique via les échanges induits par le différentiel de sa pression partielle avec celle de l'atmosphère, la diffusion dans les profondeurs océaniques du carbone ainsi absorbé n'allait pas de soi, une fraction importante retournant dans l'atmosphère. Par ailleurs, les équilibres chimiques subtils au sein de l'eau de mer généraient assez rapidement des seuils de saturation au-delà desquels la capacité d'absorption de l'océan s'effondrait.

Une conclusion s'imposait donc à *Revelle* et à *Suess* : oui l'océan pouvait absorber une partie du gaz carbonique d'origine humaine en excès dans l'atmosphère à des échelles de temps compatibles avec celles du climat ; mais cette capacité d'absorption était limitée et ne pouvait « tamponner » complètement le surplus de gaz carbonique injecté dans l'atmosphère par l'activité humaine. *Revelle* et *Suess* publièrent ces résultats en 1957 dans la revue *Tellus*, dans un article resté célèbre, où ils concluaient, après beaucoup d'hésitations et de corrections, comme le rappelle l'historien des sciences *Spence Weart,* que « *L'accumulation de CO_2 (dans l'atmosphère) peut atteindre des niveaux significatifs au cours des décennies prochaines si l'activité industrielle et la consommation de pétrole continuent d'augmenter exponentiellement ..... L'humanité est en train de vivre une expérience géophysique qui ne s'est jamais produite dans le passé et peut-être ne se reproduira pas dans le futur* ».

La question climatique prenait ainsi soudainement une autre dimension bien qu'elle ne soit toujours qu'un « hobby » pour quelques scientifiques qui s'adonnaient marginalement à des recherches fondamentales sur ce sujet mal classé parmi les priorités des agences de financement de la recherche aux *États-Unis* et ailleurs dans le monde. Mais pour quelques-uns, comme *Plass*, *Revelle* et *Suess*, l'affaire était sérieuse et il importait dorénavant de vérifier plus précisément les chiffres, notamment le premier d'entre eux, celui de l'accroissement de la teneur en gaz carbonique de l'atmosphère, autrement dit : l'émission anthropique de ce gaz carbonique.

La mesure de la teneur en gaz carbonique de l'atmosphère

C'est justement ce qu'avait entrepris un jeune chercheur, *Charles David Keeling* qui venait d'obtenir un post-doc à CALTECH, le fameux institut californien. *Keeling* aimait la géophysique, particulièrement la géochimie, son domaine, mais il adorait par-dessus tout le contact physique et direct avec la nature et son observation. Il cherchait constamment des activités qui pouvaient le sortir des murs de son laboratoire. La mesure du gaz carbonique atmosphérique pouvait être une activité lui garantissant un travail en plein air, bien que ce ne soit pas un sujet d'étude porteur pour un jeune chercheur ambitieux. Outre le fait que ces observations pouvaient avoir un rapport avec l'évolution du climat, elles n'intéressaient presque personne d'autre que *Plass*, *Revelle* et *Suess* et n'avaient pas d'intérêt pratique immédiat. Par ailleurs, ces mesures avaient la réputation d'être difficiles et hasardeuses. Un groupe de scientifiques suédois en avait fait l'expérience quelques années plus tôt. Ils avaient tenté la mesure de ce gaz indocile dans le voisinage de leur laboratoire et leurs expériences s'étaient soldées par un échec. La teneur en gaz carbonique variait considérablement d'un lieu à l'autre et d'un jour à l'autre au gré de la direction des vents portants et de la proximité des forêts ou des usines. Il était impossible de tirer de ces observations un chiffre significatif de la teneur en gaz carbonique de l'atmosphère de la Terre entière.

Qu'importe ! ce défi motiva encore plus *Keeling* qui décida de s'attaquer prioritairement au problème de la technique de mesure avec le secret espoir de pouvoir montrer plus tard, par des séries de mesures de longue durée, que les observations de la teneur en gaz carbonique de l'atmosphère étaient significatives de quelque chose qui avait un rapport avec le climat. Il commença par mener de multiples expériences en Californie autour de son laboratoire pour mettre au point sa propre méthode, et il réussit à obtenir assez rapidement des chiffres fiables car il était un expérimentateur habile et tenace. Ces mesures représentaient bien le taux moyen de concentration en gaz carbonique de l'atmosphère du lieu où elles étaient réalisées. Il était donc possible de réaliser cette mesure en différents points de la planète et de suivre son évolution au cours du temps à condition de choisir une bonne méthode d'analyse et d'être très soigneux.

Mais quelles agences, dispensatrices de moyens, allaient soutenir financièrement de telles recherches, jugées encore très marginales par beaucoup ? C'est ici que le hasard intervint encore dans un sens favorable. *Keeling* rencontra *Revelle*, ou plutôt *Revelle* approcha *Keeling*. Il surveillait du coin de l'œil ce jeune géochimiste de CALTECH qui s'acharnait à affiner une méthode de mesure du gaz carbonique en quête d'une précision supérieure à celle qui lui paraissait nécessaire pour un usage commun. Il comprit cependant la valeur du travail de cet expérimentateur obstiné, l'invita à travailler avec lui à la *Scripps* et lui trouva les financements nécessaires par l'intermédiaire de l'ONR, bien doté ces années-là dans la perspective de l'Année Géophysique Internationale : on était en 1957. Et, en 1958, *Keeling*, grâce aux financements de cette fameuse campagne internationale, put installer son dispositif de mesure en un lieu très exotique, au sommet d'un volcan éteint des îles *Hawaii*, le *Mauna Loa*, au cœur de l'océan Pacifique où tout était réuni pour trouver une atmosphère exempte de toute contamination industrielle locale et très représentative de la « vraie » teneur moyenne en gaz carbonique. Il trouva une concentration voisine de 315 ppm[27].

Ce fut le point de départ de la très célèbre et étonnante « courbe de *Keeling* » qui montre la croissance inexorable de la teneur en gaz carbonique de l'atmosphère, seulement modulée par le cycle saisonnier et qui est passé de 315 ppm en 1958 à 400 ppm 56 ans plus tard, en 2014, soit un taux d'accroissement annuel moyen de 1,4 ppm (0,4 %). En quelques années *Keeling* avait démontré sans équivoque

[27] ppm : Partie Pour Million en nombre de molécules.

que la teneur moyenne en dioxyde de carbone de l'atmosphère croissait de plus en plus rapidement pour atteindre maintenant, au début du XXIème siècle, des valeurs sans précédent depuis 900 000 ans.

L'hypothèse d'un changement climatique d'origine humaine enfin accréditée

Comme déjà indiqué plus haut, *Roger Revelle* devint, en 1979, le président de ce comité d'océanographie qu'il avait contribué à créer : le CCCO « *Committee on Climate Change and Oceans* » rassemblant 12 experts océanographes couvrant toutes les sous-disciplines de l'océanographie. Ce comité d'océanographes était chargé de promouvoir et d'organiser les programmes internationaux de recherche sur le climat dans lesquels l'océan était impliqué. Il rendait compte de ses débats et transmettait ses propositions au WCRP, avec son comité scientifique le JSC, sous l'égide de l'OMM et de l'ICSU. À la 6ème session du CCCO, à *Washington* en février 1984, *Roger Revelle* invita *David Keeling* à faire une présentation de ses observations du taux de gaz carbonique contenu dans l'atmosphère au sommet du *Mauna Loa* et de sa fameuse courbe qui prenait déjà une trajectoire presque exponentielle. Le CCCO, impressionné, recommanda fortement au WCRP d'encourager la poursuite de ces observations jugées d'une importance capitale pour déterminer avec plus de précision les flux d'échanges de gaz carbonique entre l'atmosphère et l'océan et aussi pour comprendre les mécanismes de ces échanges. Un groupe de travail consacré au cycle du carbone dans l'océan fut créé sous la présidence de *Roger Revelle* ; ce groupe s'associa ultérieurement au programme JGOFS : *Joint Global Ocean Flux*, rattaché à IGBP : *International Geosphere Biosphere Program,* dont on reparlera plus en détail plus loin.

L'initiative, à l'origine très personnelle et individuelle de *Keeling*, soutenue financièrement avec réticence par les agences de financement américaines mais fortement encouragée par *Revelle*, était maintenant, plus de 20 ans plus tard, officiellement reconnue comme une pièce maîtresse de la question climatique par la communauté scientifique internationale qui lui accordait une haute priorité. Ces observations de *Keeling* couronnaient les travaux de ses prédécesseurs, *Tyndall, Arrhenius, Callendar, Plass, Suess* et *Revelle* qui avaient annoncé l'éventualité d'un réchauffement global de la planète dans une relative indifférence de leurs pairs. *Keeling* n'avait pas encore démontré que ce réchauffement était certain, mais en levant une partie des objections faites aux conclusions antérieures, grâce à des observations précises et incontestables, il avait montré qu'il était possible qu'un changement climatique majeur soit en cours sous l'action de l'homme qui modifiait sans précaution la composition chimique de son atmosphère.

La biosphère s'invite dans le débat

Aussi complexes que soient les dynamiques de l'atmosphère et des océans, ainsi que la chimie du carbone avec ses échanges entre les deux fluides, ces phénomènes étaient encore considérés dans les années 1970 comme mieux cernés et plus accessibles que le rôle de la biosphère dans le changement climatique. Pourtant, la photosynthèse par les algues marines et les plantes terrestres fixe du CO_2 sous forme de matière vivante, et le restitue à l'océan ou à l'atmosphère, en totalité ou en partie, après respiration ou pourrissement. C'est seulement au cours de cette décennie 1970 que certains scientifiques commencèrent à prendre conscience que des domaines scientifiques entiers, jusqu'ici considérés comme étrangers au climat, pouvaient aussi interagir avec l'océan et l'atmosphère et participer ainsi à l'évolution de notre environnement. Les milieu vivants continentaux et océaniques sont des domaines scientifiques un temps oubliés, due à la prise en considération seulement tardive de leur influence sur notre environnement climatique. Après la reconnaissance du comportement « dynamique » d'un climat changeant à toutes fréquences, il devenait progressivement évident que les forêts africaines et brésiliennes, ou la toundra sibérienne, ou encore les vastes aires océaniques où proliférait le plancton, pouvaient avoir une forte interaction avec des perturbations climatiques régionales et même globales.

La biosphère acteur de rétroactions climatiques positives

En 1975, un météorologue américain très connu au MIT, *Jule Charney,* formula l'hypothèse que les activités humaines contribuaient à changer le couvert végétal et pouvaient induire des changements climatiques au moins locaux. Il appliqua ce concept en Afrique à la sécheresse du *Sahel* qui, depuis les années 1950, s'intensifiait et s'étendait au sud à la lisière de la savane et de la forêt tropicale. Dans un article resté célèbre et longtemps cité[28], il montra, à l'aide d'un modèle simple, qu'un processus de rétroaction positif entre l'exploitation excessive de la savane sous la pression d'une démographie en croissance rapide, et les modifications de l'albédo d'un sol devenu nu, pouvait expliquer l'extension de la sécheresse et l'avancée de la désertification. C'était la première fois qu'un phénomène climatique précis, d'extension cependant locale, était expliqué par une implication majeure de la biosphère et de l'homme.

En effet longtemps on considéra que la biosphère réagissait seulement passivement aux changements environnementaux et climatiques. Pourtant, à l'inverse, le monde vivant joue un rôle dans la composition chimique de l'atmosphère et le climat et il en est l'origine même. La vie sur Terre a façonné la composition chimique de son atmosphère qui demeure très différente de celles des autres planètes du système solaire. L'azote est le résultat de l'activité bactérienne des sols. L'oxygène est produit par la photosynthèse des plantes et du phytoplancton marin. Les milieu terrestres : forêts, océans, et les êtres vivants qui les peuplent, ont absorbé le gaz carbonique originel qui encombrait la quasi-totalité de l'atmosphère de la planète primitive, soumise à un intense effet de serre. Actuellement on sait que ces enveloppes vivantes continentales et océaniques continuent de participer à la régulation du cycle du carbone soumis à un nouvel acteur appartenant aussi à la biosphère : l'homme lui-même. Mais jusqu'aux années 1960-70, le rôle possible des milieu vivants planétaires sur le climat était presque totalement ignoré à l'exception des suggestions de quelques océanographes géochimistes comme

[28] *Charney J.G.* "*Dynamics of deserts and drought in the Sahel",* Quaternary Journal of the Royal Meteorological Society, 1975.

Revelle et *Suess*. Ces derniers considéraient la photosynthèse opérée par le phytoplancton marin comme un mécanisme de réabsorption du gaz carbonique susceptible de jouer un rôle dans la régulation des émissions humaines atmosphériques, mais ils manquaient de données chiffrées pour en apprécier l'importance.

Ce sont donc des communautés scientifiques distinctes, appartenant aux sciences de l'océan, à la géologie et aux sciences agro-forestières, qui s'intéressèrent, bien que marginalement au début, au rôle possible des milieu vivants sur le maintien du climat et son éventuel changement. On n'oublie pas les géologues qui cherchaient toujours désespérément des explications aux oscillations régulières glaciaires-interglaciaires et toutes les hypothèses étaient passées en revue. On a vu précédemment que si l'incidence de phénomènes astronomiques modifiant la quantité d'énergie solaire reçue par la Terre, avec une période principale voisine de 100 000 ans, comme l'avait suggéré *Milanković,* et aussi avant lui *Croll,* commençait à être admise, la façon dont cette faible impulsion (quelques %) pouvait générer un phénomène climatique d'une telle amplitude n'était toujours pas comprise. Parmi les « rétroactions » explicatives possibles, celle passant par le changement d'albédo des surfaces englacées réduisant la quantité d'énergie reçue du Soleil et accentuant le refroidissement, était la plus fréquemment avancée.

Mais la biosphère commença aussi à être invoquée pour expliquer cette amplification du signal climatique à la fréquence 100 000 ans. Des retraits ou des avancées de la forêt boréale, consécutifs aux englacements ou aux déglacements des régions arctiques modifieraient les flux d'échanges de gaz carbonique entre le réservoir biologique (forestier) et l'atmosphère, ce qui influerait sur l'effet de serre et amplifierait le signal astronomique à l'origine de ces alternances climatiques. Ces idées audacieuses, en avance sur l'époque et confirmées plus tard, émergèrent dès la fin des années 1960.

La biosphère pilote le cycle du carbone dans le climat

Ces scénarios demeurèrent cependant hautement spéculatifs jusqu'à ce que, dans les années 1970, la question du cycle du carbone et de son rôle dans l'environnement planétaire attira l'attention de scientifiques appartenant à plusieurs domaines des sciences de l'environnement : géologie, météorologie, océanographie, glaciologie, paléoclimatologie, favorisant ainsi une convergence de disciplines, originellement assez éloignées les unes des autres, mais qui bientôt débouchèrent conjointement sur la question climatique.

Le principal artisan de cette convergence d'intérêts scientifiques autour du cycle du carbone est un météorologue suédois, *Bert Bolin*, figure de proue la plus représentative de ce centre d'intérêt. Il reprit certaines idées exprimées à la fin du XIXème siècle par le géologue américain *Thomas Chamberlin* et opéra autour de lui un rassemblement de compétences pour l'étude quantitative du cycle du carbone sur Terre. Il devint par la suite l'un des principaux acteurs de la prise de conscience de la question climatique et un pionnier dans l'organisation internationale de son étude. Il fut entre autres l'un des fondateurs et le premier président du GIEC, après avoir été le président du GARP. *Bolin* donna des estimations précises des différents réservoirs de carbone de la planète et des flux existant entre ceux-ci. S'appuyant sur les observations de *Keeling,* montrant la croissance inexorable de la teneur en gaz carbonique de l'atmosphère, il remarqua que près de la moitié des émissions humaines de $CO^{2,}$ que l'on pouvait estimer avec précision ne se retrouvaient pas dans l'accroissement du réservoir atmosphérique observé par *Keeling*. L'océan et la biosphère continentale devaient donc ajuster leurs flux d'échange avec l'atmosphère pour réabsorber cette partie manquante dans le bilan de carbone de l'atmosphère. Au cours de la conférence de *Stockholm* sur les bases physiques du climat en 1974, évoquée antérieurement et présentée chapitre XI, il suggéra de mettre sur pied rapidement un modèle numérique du cycle du carbone avec l'objectif d'une formulation quantitative de la chimie à mettre en relation avec la circulation océanique telle qu'on la connaît aujourd'hui et telle qu'elle a pu exister dans le passé. Cette chimie quantitative de l'océan passant par le carbone était bien évidement considérée comme largement tributaire du milieu vivant qui l'habitait.

Mais *Bolin* ne négligeait pas pour autant le rôle de la biosphère continentale. Il fut l'inspirateur de programmes internationaux de recherche fondamentale sur les rapports entre la biosphère et la géosphère, tels que IGBP créé en 1987 et JGOFS créé en 1989, déjà évoqués mais présentés plus en détail chapitre VII.

La mémoire de la glace

Les immenses territoires englacés des hautes latitudes ont très tôt fasciné et attiré les hommes en dépit de l'hostilité des conditions météorologiques extrêmes qui les affectent. Il fallut cependant attendre le XIXème siècle pour que des expéditions cherchant à atteindre les pôles, souvent héroïques et parfois tragiques, apportent une certaine connaissance de ces régions. Mais les premières études scientifiques sérieuses orientées vers la connaissance du passé de ces territoires glacés datent seulement des années 1950. Les débuts pionniers de cette conquête scientifique sont à mettre au crédit de trois équipes au monde qui s'investirent sur trois sites différents : une association de Norvégiens, Britanniques et Suédois en Antarctique (1949-1952), des Américains dans l'*Alaska* (1949-1950) et des Français, rassemblés dans une institution : l'EPF, Expéditions Polaires Françaises, au centre du *Groenland* (1950-1951). Ces équipes de pionniers, autant explorateurs que savants, avaient, au début, des ambitions scientifiques modestes ; ils réussirent néanmoins à extraire des carottes de plusieurs dizaines de mètres pour prendre en compte quelques paramètres physiques simples comme le volume des précipitations annuelles, la densité de la glace ou la composition chimique de débris divers incluant des strates de cendres volcaniques.

(Le détail des conquêtes scientifiques des glaciologues est présenté plus loin, chapitre VIII)

Géologues et glaciologues découvrent les anciens climats glaciaires

Ces prémices scientifiques modestes ont cependant marqué le retour en force sur le devant de la scène de la glaciologie, discipline qui avait déjà un passé dans le domaine du climat. Appartenant à la fois à la géographie et à la géologie, la glaciologie avait, depuis le XVIIIème siècle, une histoire et des succès dans la description, la cartographie et les mouvements (la dynamique) des glaciers d'altitude. Des personnalités comme *Louis Agassiz,* qui avaient parcouru les glaciers alpins pendant des décennies, avaient émis des hypothèses hardies sur les phénomènes qui pouvaient expliquer le transport des énormes blocs détritiques parsemant les vallées loin du front actuel de la glace. Mais cette glaciologie descriptive était encore éloignée des évaluations quantitatives, nécessitant des mesures physico-chimiques de la glace elle-même, qui auraient pu permettre de faire le lien avec les climats passés. Il existait pourtant des géologues qui s'étaient intéressés de près à ces phénomènes d'extensions glaciaires aux échelles globales ou régionales et à leur relation possible avec le climat. Le modelé de certains paysages ainsi que les éléments détritiques trouvés en des lieux insolites suggéraient que, depuis des centaines de millions d'années, la Terre avait pu connaître plusieurs périodes où elle avait été partiellement, voire totalement, recouverte de glace. Mais ce sont le quaternaire et le dernier million d'années, marqués par les avancées et les retraits d'un immense inlandsis recouvrant une grande partie de l'hémisphère nord jusqu'à 45 - 50 degrés de latitude, Europe, Amérique et Atlantique-Nord compris, qui les passionnaient le plus.

Ces traces d'oscillations climatiques récentes, à l'échelle des centaines de millénaires, faisant alterner des périodes glaciaires froides et des interglaciaires plus chaudes, appelaient des explications. Les scientifiques en proposèrent beaucoup comme on l'a vu précédemment jusqu'à ce que *Milutin Milanković*, reprenant les intuitions du français *Joseph Adhémar,* exprimées en 1842 et reformulées ensuite en 1875 par un Ecossais, *James Croll*, avançât une explication qui suscita en son temps beaucoup de débats et aussi de scepticisme comme on l'a déjà évoqué. Dans les années 1940,

Milanković, après trente années de calcul laborieux à partir des données astronomiques les plus précises du moment sur les mouvements de la Terre par rapport au Soleil, émit l'hypothèse que les périodes glaciaires pouvaient être causées par un affaiblissement du flux radiatif solaire reçu par la Terre dans les hautes latitudes durant l'été, freinant ainsi la fonte saisonnière des surfaces enneigées de l'hémisphère Nord qui réfléchissaient alors une fraction plus importante de rayonnement. Cette réduction du flux radiatif absorbé par le sol diminuait sa température favorisant l'extension de l'englacement et engendrant ainsi une rétroaction positive qui favorisait le basculement vers l'épisode glaciaire. On avait donc une explication possible de ces oscillations climatiques en invoquant une cause astronomique. Mais ce n'était encore qu'une hypothèse, et les observations susceptibles de la confirmer manquaient. Elles vinrent en partie, dans les années 1970, de l'analyse de carottes de sédiments marins et de carottes de glace prélevées dans les profondeurs des calottes polaires (Chapitre VIII).

L'étude des glaces polaires confirme la relation entre composition chimique de l'atmosphère et climat

L'idée d'étudier les glaces du continent Antarctique et du *Groenland* fit son chemin à la fin des années 1950. L'AGI en 1957-1958, qui était une extension de la troisième année polaire internationale, fut une excellente occasion de poursuivre la conquête scientifique amorcée par les équipes pionnières, citées précédemment, qui s'étaient établies en Antarctique, dans l'*Alaska* et au *Groenland* au début des années 1950. L'AGI relança l'intérêt pour les régions polaires et suscita un immense effort amenant plus de douze nations à participer à cette aventure de conquête scientifique des pôles. L'ambition était maintenant de forer des carottes le plus profondément possible pour atteindre la glace la plus ancienne. Plusieurs stations furent implantées au *Groenland* et sur l'inlandsis Antarctique. Les Américains furent les premiers à fabriquer et à tester des carottiers de grands diamètres (10 cm) au *Groenland* avant d'ouvrir une station d'observation au pôle Sud. Les Soviétiques s'installèrent à *Vostock* près du pôle du froid, les Anglais sur la *Terre de la reine Maud* et les Français en *Terre Adélie*. Ce fut le début de l'étude des archives glaciaires (voir plus loin chapitre VIII) qui apportèrent une dimension nouvelle à la « théorie astronomique », comme on l'appelait, issue des calculs de *Milanković*. Ces observations permettaient d'établir un lien étroit entre la composition chimique de l'atmosphère et le climat de la Terre à l'échelle des dernières centaines de milliers d'années.

La petite histoire raconte que c'est *Claude Lorius*, un scientifique français, qui, en regardant fondre dans son whisky un morceau de glace prélevé dans les profondeurs de la calotte antarctique et observant le pétillement de bulles d'air vieilles de plusieurs dizaines de milliers d'années, eut l'intuition qu'analyser la composition chimique d'un air aussi vieux pouvait avoir un intérêt scientifique et peut-être renseigner sur le climat de l'époque où ces bulles avaient été emprisonnées. Mais avant de pouvoir faire ces analyses il fallait posséder de la « vieille » glace et donc la prélever le plus profondément possible, jusqu'au socle rocheux si possible. Pour avoir accès à ces archives lointaines dans le temps, plusieurs nations, au cours des années 1960-1980, organisèrent des campagnes et aménagèrent des sites favorables pour des forages au *Groenland* et en *Antarctique* dans le prolongement des implantations de l'Année Géophysique Internationale.

C'est donc à la suite de cette AGI que les américains du CRREL : *Cold Regional Research and Engeneering Laboratory,* dirigés par *Chester Langway* s'installèrent, au début des années 1960, dans une station militaire, « *Camp Century* », près de *Thulé* au *Groenland.* Associés à l'équipe danoise de *Willy Dansgaard*, ils réalisèrent en 1966 le premier carottage profond atteignant le socle rocheux à 1 390 mètres de profondeur. Les carottages de *Camp Century* restent célèbres car, pour la première fois, les analyses de la composition isotopique de l'oxygène de la glace près du socle rocheux, réalisées par l'équipe de *Willy Dansgaard* à *Copenhague*, apportaient un résultat sensationnel, à savoir qu'à partir de 1 300 mètres de profondeur les échantillons étaient plus pauvres en O^{18} ; ils correspondaient donc à des températures plus froides, ce qui indiquait qu'on avait atteint la dernière glaciation. On disposait donc désormais d'une série temporelle complète couvrant la phase de réchauffement du cycle actuel, les 15 000 à 18 000 ans de la dernière glaciation à nos jours.

Forts de ce succès, les américains du CRREL s'attaquèrent alors à l'Antarctique et mirent sur pied un site de carottage sur la calotte occidentale Antarctique, la « *station Byrd* », où, en 1968, ils forèrent aussi jusqu'au socle, atteignant des niveaux vieux de 80 000 ans. Ils durent cependant faire face à des problèmes techniques, perdirent un carottier et furent contraints d'attendre 1993 pour réaliser un nouveau forage profond.

Une équipe suisse de l'Université de *Berne*, sous la direction du physicien *Hans Oeschger*, participa aussi à plusieurs campagnes de carottage au *Groenland* et en *Antarctique* en coopération avec les américains. Mais cette équipe se signala surtout par la mise au point de méthodes d'analyse de faible radioactivité pour le tritium et le carbone 14 (C^{14}), permettant ainsi une datation précise des niveaux le long des carottes étudiées.

Enfin les Français, sous la bannière des « Expéditions Polaires Françaises-EPF » fondées par *Paul-Emile Victor* en 1947, portèrent leur effort sur l'*Antarctique* à partir de 1957, dans le cadre de l'AGI. Installés en *Terre Adélie,* dans la base côtière de *Dumont d'Urville*, ils mèneront des expéditions plus au sud et en altitude jusqu'à 2 400 mètres. À cette époque, dans les années 1950, ils se contentaient de mesurer les épaisseurs de la glace, indicateur du volume des précipitations. Ils regardaient aussi la composition chimique de cette glace près de la surface grâce à des sondages de faibles profondeurs. *Claude Lorius* participa à ces expéditions à caractère scientifique pour lesquelles le climat n'était encore qu'une préoccupation scientifique mineure parmi d'autres. C'est à cette époque que lui vint l'idée (toujours en regardant fondre des glaçons millénaires dans son whisky) que la mesure des isotopes de l'eau était peut-être un outil puissant pour reconstituer les climats, notamment les températures, en régions polaires. Il décida donc de devenir géochimiste et, pour étendre sa collection de « glaçons », il participa à tous les raids qui sillonnèrent la *Terre Adélie* et la *Terre Victoria*, collectant des masses d'échantillons jusqu'à ce que, à la fin des années 1960, deux forages d'une centaine de mètres de profondeur dans la zone côtière de la *Terre Adélie* soient enfin réalisés lui permettant de commencer à explorer la géochimie de la glace profonde témoin des climats anciens.

Des disciplines scientifiques convergent et s'associent pour étudier les oscillations climatiques du quaternaire

L'analyse des glaces extraites des carottes prélevées dans l'Antarctique avec les bulles d'air qu'elles contenaient ouvrait des perspectives enthousiasmantes permettant d'espérer connaître certaines caractéristiques des climats passés notamment ceux des dernières oscillations glaciaires. Mais ces travaux pour être couronnés de succès nécessitaient un rapprochement des glaciologues avec les géochimistes et divers autres spécialistes d'éléments traces comme ceux classés dans la catégorie des éléments à « faibles radioactivités » ou comportant des isotopes rares. Parmi les Français, une première convergence de disciplines et de personnalités scientifiques, entre « isotopistes » et glaciologues, se cristallisa autour de *Claude Lorius.*

Les « isotopistes » appartenaient au Laboratoire de Géochimie Isotopique (LGI) du CEA à *Saclay* qu'avaient rejoint *Jean Jouzel* et *Dominique Raynaud* pour y préparer leurs thèses sur des applications possibles de l'analyse isotopique à des paramètres climatologiques.

Mais il existait aussi un Centre des Faibles Radioactivités (CFR) à *Gif sur Yvette*, laboratoire commun du CEA et du CNRS, dirigé par un scientifique de renom, *Jacques Labeyrie*, un précurseur de la question climatique. La compétence de ce laboratoire dans l'analyse des éléments à faible radioactivité pouvait servir à la reconstitution des climats passés.

Les glaciologues, de leur côté, étaient issus du Laboratoire de Glaciologie de Grenoble (LGG) du CNRS auquel *Claude Lorius* restait fidèle tout en étant très proche des géochimistes et des « isotopistes » du CEA de *Saclay*. Ce qui fut très bénéfique, c'est l'esprit d'ouverture et de coopération qui animait les directeurs de ces trois laboratoires. Ils appartenaient à des organismes différents, mais ils s'unirent spontanément sur un objectif scientifique commun convaincus que la piste scientifique ouverte par l'analyse chimique et isotopique d'échantillons de glaces anciennes (fournies par les glaciologues) était porteuse d'avenir. Ils décidèrent donc de s'associer pour réaliser un forage profond au site dit du « Dôme C » au cœur du continent Antarctique à plus de 1 000 kms de la base côtière de *Dumont d'Urville*. C'était une convergence remarquable de disciplines et de personnalités scientifiques qui s'assemblaient comme autant de pièces nouvelles dans le puzzle climatique.

Le premier forage réalisé au Dôme C, en 1978, fut un succès grâce à la volonté tenace des équipes françaises qui ne disposaient pourtant que de moyens relativement limités. Mais elles bénéficièrent d'un soutien international sans faille de la part des équipes américaines et de leurs associés suisses de la station « Byrd » sous la conduite de *Hans Oeschger*. Bien que concurrentes sur le plan scientifique, les équipes américaines assurèrent un soutien logistique indispensable, avec leurs avions militaires C 130, pour mettre au point un système de carottage thermique nécessitant le transport d'équipements lourds de plusieurs dizaines de tonnes. En 1978, en moins de deux mois, le forage atteignit une profondeur de 900 m, ce qui représentait déjà 40 000 ans d'archives climatiques et l'accession au cœur de la dernière glaciation. Les français entraient ainsi dans le cercle fermé des nations ayant réussi un forage profond dans les régions polaires. La glace fut ramenée dans les laboratoires de *Saclay* et d'*Orsay*, tandis que *Dominique Raynaud*, avec d'autres, mettait au point une méthode d'extraction des bulles d'air contenues dans cette glace permettant de les analyser et de déterminer avec une grande précision leur concentration en gaz carbonique.

Ces travaux offrirent aux Français, associés aux suisses et aux américains de « Byrd », une découverte d'une grande portée : les concentrations en gaz carbonique des échantillons du fond, correspondant à la dernière période glaciaire, étaient inférieures de 30 % aux concentrations de la période préindustrielle enregistrées dans les couches supérieures. Par ailleurs les rapports isotopiques indiquaient des températures plus basses d'une dizaine de degrés. Pour la première fois, on mettait en évidence sur un cycle glaciaire-interglaciaire complet une corrélation entre la température et le contenu en gaz carbonique de l'atmosphère de l'époque, ce qui confirmait les géniales hypothèses de *Svante Arrhenius* (chapitre II) un siècle plus tôt ! Ce résultat fut un grand moment pour la recherche française !

Mais d'autres climatologues, qui s'appellent maintenant des « paléoclimatologues », étaient aussi impliqués dans la reconstitution des climats passés en pratiquant des carottages, non pas dans la glace cette fois, mais dans des sédiments marins, ou continentaux comme ceux des lacs. Pour les sédiments des profondeurs marines, les sédimentologues marins qui tentent de reconstituer les caractéristiques des océans passés s'appellent maintenant des « paléocéanographes ». Il existe encore aussi des géologues du quaternaire également engagés dans la reconstitution des climats anciens. Ces paléoclimatologues et paléocéanographes possédaient, dans les années 1960-70, un avantage décisif sur les glaciologues, celui de pouvoir remonter le temps sur des périodes beaucoup plus longues, permettant ainsi de couvrir plusieurs cycles climatiques glaciaires. C'est ce que les glaciologues ne pourront faire que plus tard, au cours des années 1980, comme nous le verrons plus loin. Les paléocéanographes apportaient des observations et des idées nouvelles de grande valeur sur les climats passés que les glaciologues ne pouvaient que confirmer.

Paléoclimatologie marine et continentale[29]

On a déjà mentionné plusieurs fois l'intérêt passionné des géologues pour les observations suggérant l'existence passée de glaciations ayant affecté la surface de la Terre. Mais les observations de surface ne permettent pas d'établir une chronologie de l'état thermique de la planète et des climats qui y ont régné. En effet, les avancées des glaciers effacent les traces de ce qui s'est passé auparavant. Comme pour les glaciologues, ce sont les nouvelles techniques de carottage des sédiments, du fond des océans cette fois,

[29] Ce chapitre est largement inspiré de l'ouvrage de *Jean-Claude Duplessy* : « Quand l'océan se fâche ». Edition Odile Jacob. 1996.

qui furent décisives dans la connaissance des climats passés de la Terre. Il y eut d'abord le navire foreur américain *Glomar Challenger*, initialement dédié à l'étude de la dérive des continents (tectonique des plaques), qui remplaça son système de forage rotatif par un système hydraulique permettant d'enfoncer le tube de carottage en force sans mélanger les sédiments. Puis d'autres navires de recherche océanographiques furent équipés de systèmes de carottage similaires, initialement inspirés d'une technique mise au point par un danois, et qui hérita de son nom, le *carottier Kullenberg*. Un navire français : le « *Marion Dufresne* », fut équipé de ce type de carottier et le perfectionna, sous la conduite d'*Yvon Balut,* pour obtenir des carottes d'une longueur de plus de 50 mètres représentant parfois des enregistrements de plusieurs millions d'années.

Bientôt les principaux bassins de l'océan mondial furent échantillonnés. Et, bien qu'il n'existât qu'une vingtaine de sites de plein océan, dans lesquels les sédiments avaient pu être conservés et analysés, une histoire de la Terre, de sa température et de son climat, a pu être dressée en remontant jusqu'à l'époque de leur enfouissement dans les zones de subduction, c'est-à-dire environ 80 millions d'années correspondant au début du crétacé. Cette reconstruction climatique à partir des sédiments concerne principalement la température qui, comme la glace, peut être déduite des observations du rapport isotopique de l'oxygène, $^{18}O/^{16}O$, mais aussi des changements de populations d'animaux benthiques, notamment les foraminifères.

La paléoclimatologie valide la théorie astronomique de *Milanković*

C'est la période récente du dernier million d'années qui a particulièrement intéressé les paléoclimatologues continentaux et les paléocéanographes pour expliquer l'alternance des périodes glaciaires et interglaciaires. Le résultat le plus remarquable, évoqué précédemment, est à attribuer à trois américains, *Hays, Imbrie* et *Shackleton,* qui en 1976 présentèrent l'analyse de deux carottes de l'océan Indien, recouvrant l'ensemble du dernier cycle glaciaire, dans lesquelles ils avaient mesuré plusieurs paramètres différents en relation avec la température et le climat, notamment les variations du rapport $^{18}O/^{16}O$ dans les foraminifères. Ils s'intéressèrent aussi aux teneurs en carbonates reflétant l'abondance des organismes à coquilles calcaires, et aux variations des populations de foraminifères elles-mêmes, qui avaient des affinités connues pour des intervalles de températures précis. L'évolution de ces paramètres était cohérente et en conformité avec la théorie astronomique de *Milanković,* disparu depuis près d'un quart de siècle.

Pour la valider définitivement, il restait cependant à vérifier qu'elle expliquait toutes les oscillations climatiques du quaternaire. Une carotte recouvrant presque six millions d'années et donc la totalité du quaternaire (900 000 à un million d'années) ainsi que la transition avec les périodes antérieures où commença la glaciation de l'hémisphère Nord, fut extraite d'une région stable de l'océan équatorial Pacifique. L'analyse isotopique permit à l'équipe de *Shakleton* de reconstituer les variations du volume des glaces continentales au cours de ces derniers six millions d'années. Plusieurs régimes climatiques furent mis en évidence, montrant les avancées et les reculs des glaciers de l'antarctique et de l'arctique. Le résultat le plus remarquable fut de montrer qu'à partir du moment où la calotte glaciaire s'installa au pôle Nord, les oscillations gagnèrent en amplitude pour atteindre, il y a environ 900 000 ans, le régime des alternances climatiques qu'a connu l'humanité avec des oscillations d'amplitudes voisines de 15 °C et selon des périodicités conformes aux calculs de *Milanković* dont la théorie se trouvait ainsi définitivement validée.

Astronomie et physique solaire

L'intensité du rayonnement solaire atteignant la Terre dépend de deux facteurs : (i) la position et l'orientation de la Terre par rapport au Soleil, ce qui constituait un facteur astronomique ; (ii) l'intensité de l'émission solaire, appelée improprement la constante solaire, qui est un facteur relèvant de la physique du Soleil. Ces deux facteurs sont variables dans le temps depuis les échelles géologiques jusqu'aux échelles beaucoup plus courtes du millier d'années à quelques années.

Les variations de la position de la Terre par rapport au Soleil font entrer l'astronomie dans le climat

On a déjà abondamment évoqué la théorie de *Milanković* qui relie l'alternance des épisodes glaciaires et interglaciaires chauds de la période quaternaire à des paramètres astronomiques faisant varier la distance et l'orientation de la Terre par rapport au Soleil. Mais regardons plus en détail ces paramètres. On distingue trois variables astronomiques principales qui font évoluer l'énergie solaire totale, reçue dans tous les points de la Terre :

(i) L'*excentricité* de l'ellipse que décrit la Terre dans sa rotation autour du Soleil qui passe d'un cercle (excentricité nulle) à une excentricité de 7% et qui fait varier ainsi la distance moyenne Terre Soleil et donc l'énergie solaire reçue selon une période voisine de 100 000 ans.

(ii) L'*inclinaison*, par rapport au plan de l'écliptique, de l'axe de rotation de la Terre sur elle-même (qui est actuellement de 23 ° 27') et qui peut varier de + ou – 1 ° 30' au cours du temps avec une périodicité de 41 000 ans. Cela modifie la répartition en latitude de l'énergie reçue du Soleil. Plus l'axe est incliné, plus les étés sont chauds, en particulier aux hautes latitudes où les jours sont longs. Inversement, moins il est incliné, plus les étés sont frais.

(iii) La *précession des équinoxes*, qui entraîne une rotation de l'axe de la Terre autour de la perpendiculaire au plan de l'écliptique, avec une périodicité de 22 000 ans. Il en résulte que le périhélie (point où la Terre est au plus près du soleil) et l'aphélie (point où elle en est le plus éloignée) se situent à des saisons variables. Actuellement le périhélie est proche du solstice d'hiver (2 janvier 2013) et l'aphélie du solstice d'été (5 juillet 2013). Ce sera l'inverse dans 11 000 ans. Ceci conduit, tous les 11 000 ans, soit à une situation favorable à la fusion de calottes glaciaires aux hautes latitudes de l'hémisphère Nord (été chaud) soit à une situation favorable à la croissance de ces calottes (été frais).

À partir des données fournies par les astronomes du début du XXème siècle, *Milanković* a calculé, à la main, les faibles variations (quelques %), du flux solaire reçu à 65 °N en été en fonction de ces paramètres astronomiques. C'est un travail gigantesque à l'issue duquel il a conclu que les glaciations de l'ère quaternaire pouvaient résulter de conjonctions astronomiques soumettant les hautes latitudes de l'hémisphère nord à des étés moins chauds, freinant ainsi la fonte saisonnière des surfaces englacées et générant, via l'augmentation de l'albédo de la Terre, une rétroaction positive favorisant l'extension des glaces. *Milanković* travailla 30 ans sur cette question et publia ses résultats et son hypothèse audacieuse en 1941. On sait ce qu'il en advint et le scepticisme qu'il suscita en l'absence d'observations factuelles permettant de vérifier ses calculs et ses dires. Il fallut attendre encore 30 années supplémentaires pour que les paléoclimatologues et les glaciologues extraient de leurs carottes de sédiments et de glaces des séries temporelles décrivant les climats passés sur de longues périodes, recouvrant plusieurs épisodes glaciaires. Ils apportèrent une éclatante confirmation expérimentale de sa théorie. On aboutissait donc à une nouvelle remarquable convergence de disciplines avec deux pièces maîtresses du puzzle climatique qui venaient s'associer : d'un côté des paléoclimatologues et des glaciologues, déjà réunis, apportant des données observées et de l'autre des physiciens-théoriciens, venant de l'astronomie, appartenant donc à un domaine d'un autre niveau dans la hiérarchie des sciences de l'Univers, apportant des fondements théoriques.

Les pièces du puzzle s'emboîtèrent encore mieux après qu'un autre astronome, *André Berger*, eut développé, à la fin des années 1980, un modèle couplant l'atmosphère, l'océan et la cryosphère. Il prit en compte les variations, calculées, d'insolation de la Terre, et put reproduire correctement l'évolution du climat au cours du dernier cycle glaciaire-interglaciaire. Il se livra même à une prévision pour un futur lointain. En l'absence de toute perturbation anthropique ou cataclysmique, comme des épisodes d'éruptions volcaniques massives ou des rencontres avec des astéroïdes, *Berger*[30] nous dit que : « *le modèle basé sur la théorie astronomique prévoit que le refroidissement commencé il y a 6 000 ans se poursuivra encore 5 000 ans avant que le climat ne se réchauffe légèrement pour plonger ensuite vers des conditions glaciaires d'ici 60 000 ans environ* ». C'est dire la confiance accordée à cette théorie qui semble régler définitivement la question des causes des alternances glaciaires-interglaciaires, au moins celles du quaternaire.

Les variations de la « constante solaire » entraînent aussi la physique solaire dans le climat

Mais la théorie astronomique n'épuise pas le sujet de l'influence possible du rayonnement solaire sur le climat. L'émission solaire atteignant actuellement la sphère terrestre, encore appelée « irradiance totale » pour tenir compte de toutes les fréquences du spectre électromagnétique émis, est actuellement de 1 368 W/m^2 (Watts par $m^{2)}$. C'est la « constante solaire », mal nommée puisqu'elle varie. La surface terrestre étant une demi-sphère offerte aux rayons solaires, il faut diviser ce chiffre par 4, rapport entre la surface de la sphère (4 πr^2) et celle du grand cercle (πr^2) terrestre, soit 342 Wm^{-2}, pour obtenir le flux solaire moyen frappant une unité de surface de la Terre au sommet de son atmosphère. La constante solaire est en fait variable de la seconde au milliard d'années, mais elle n'est mesurée, avec de grandes difficultés, que depuis les années 1970, époque où des radiomètres ont pu s'affranchir de l'atmosphère, en étant placés sur des plate-formes spatiales bien au-dessus de cette atmosphère.

Les variations du rayonnement solaire ont été très tôt suspectées d'avoir une influence sur le climat, avant même de pouvoir être mesurées directement. Des estimations indirectes de l'intensité du rayonnement solaire étaient fournies depuis longtemps par des observations du nombre et de l'étendue de taches visibles à la surface du Soleil, les fameuses « taches solaires ». Ces observations empiriques avaient montré que l'apparition de ces taches variait suivant des cycles de 11 ans et de 22 ans en rapport avec le

[30] *André Berger* : « Le climat de la Terre », De Boeck Université éditeur , 1992.

renversement du champ magnétique solaire associé ; mais des évolutions à plus long terme étaient également observées. On chercha à corréler ces variations du Soleil avec de nombreux événements de la vie humaine : abondance des récoltes, date des vendanges, données météorologiques diverses. etc. Ces recherches de corrélations n'ont pas totalement convaincu, notamment en ce qui concerne les relations supposées cycliques de la présence de taches avec des paramètres météorologiques comme la température de l'air, ce qui donna lieu à des débats scientifiques parfois animés.

Cependant des variations à plus long terme du nombre de ces taches solaires furent mises en relation avec des événements climatiques. C'est ainsi qu'en 1890 un astronome britannique, *Walter Maunder*, émit l'hypothèse que le refroidissement observé au XVIIème siècle au cœur du petit âge glaciaire était lié à l'absence de taches solaires pendant toute cette période. Son hypothèse ne fut pas prise au sérieux par ses pairs de l'époque, mais néanmoins il laissa son nom à cette longue période de quasi-absence de taches solaires, remarquée par les astronomes entre 1645 et 1715. Dans les années 1960, des experts de la datation au carbone 14, notamment *Minze Stuiver* et *Hans Suess*, avaient noté des anomalies dans leurs analyses de cernes d'arbres très anciens. Ils observaient des variations cycliques parasites inexpliquées du Carbone 14 sur de longues périodes qui brouillaient leurs datations. *Stuiver,* n'oubliant pas que le carbone 14 radioactif est généré par les rayons cosmiques et que l'abondance de ceux-ci au sol dépend du champ magnétique du Soleil, eut l'idée qu'il pouvait y avoir une relation entre les enregistrements de carbone 14 et des variations du flux solaire. En 1965, *Suess* chercha et trouva une corrélation entre la quasi-absence de taches solaires durant l'épisode de *Maunder* et une plus forte production de carbone radioactif par les rayons cosmiques, confirmant ainsi les intuitions de *Maunder*.

Mais des sceptiques objectaient que corrélation n'est pas relation causale et qu'il fallait expliquer pourquoi et comment les très faibles variations des rayons cosmiques et des taches solaires pouvaient avoir un effet sur le climat, notamment la température. Ce sujet agita de plus en plus les cerveaux des climatologues et, en 1975, une expertise fut demandée à un météorologue américain, *Robert Dickinson*, par l' *American Meteorological Society*. *Dickinson* conclut, sans masquer son scepticisme de fond, que peut-être les charges électriques des rayons cosmiques traversant l'atmosphère pouvaient affecter la formation de gouttelettes autour de noyaux de condensation et modifier ainsi la nébulosité. etc. Personne n'était vraiment convaincu que ce mécanisme particulier était le bon, mais il devenait scientifiquement plausible que les taches solaires pouvaient avoir une influence sur le climat. De ce fait le sujet restait vivant dans le monde de la recherche, tellement vivant qu'en 1976 un physicien américain spécialiste du Soleil, *John Eddy,* qui n'avait aucune culture dans les domaines de la climatologie ni dans celui de la mesure du carbone radioactif, et qui venait de perdre son poste de chercheur au NCAR[31], décida, pour s'occuper, de regarder avec des yeux neufs cette question des taches solaires et du climat avec l'opinion préconçue que tout ceci n'était pas sérieux et qu'il n'y avait aucune relation scientifique solide entre les taches solaires et le climat. Après avoir épluché toutes les données et les documents disponibles sur la question, incluant les plus anciens, il arriva, à sa grande surprise, à la conclusion inverse et il démontra, données à l'appui, qu'il y avait bien une corrélation et des relations de cause à effet entre les taches solaires, la teneur en carbone radioactif des cernes des arbres et la température. La rigueur de ses analyses statistiques convainquit une majorité de chercheurs de cette communauté scientifique que son travail avait de la valeur et …. *John Eddy* retrouva un job de chercheur ! Néanmoins, le sujet restait controversé et de grandes inconnues demeuraient, notamment dans le rôle possible de la partie haute fréquence (ultraviolette) du spectre de l'émission électromagnétique dont la variabilité temporelle peut atteindre plus de 100 %, poussant les physiciens du Soleil à orienter une partie de leurs recherches vers ces problèmes.

C'est ainsi que la physique stellaire a rejoint la climatologie. Une nouvelle pièce du puzzle, une des plus inattendues à l'origine, est venue prendre sa place sur le canevas de la question climatique. À noter également que des « climato-sceptiques » tentent toujours en 2015 de démontrer que ces variations de l'irradiance solaire expliquent les variations climatiques observées au cours des derniers siècles et notamment le réchauffement global actuel qui, d'après eux, ne serait pas dû à l'effet de serre engendré par les activités humaines, mais serait seulement la manifestation d'un cycle naturel d'évolution du Soleil.

---

[31] NCAR : *National Center for Atmospheric Research*, célèbre centre de recherches atmosphériques, dépendant de la NOAA, à *Boulder* au *Colorado*.

Chapitre V

-

De nouveaux outils bouleversent le paysage scientifique

Les technologies d'observation de la Terre firent des progrès spectaculaires au cours de la deuxième moitié du XXème siècle. Les sciences de la Terre, qui étaient encore jeunes, reposaient à la fois sur des observations relevant des sciences dites naturelles, proches de la géographie, et sur des conceptualisations théoriques issues de la physique. C'est le propre des « géophysiques » de s'appuyer sur cette dualité « géo » et « physique » avec cependant une limitation fondamentale par rapport à la physique : l'impossibilité de mener des expériences réelles sur le milieu naturel pour tester des hypothèses ou vérifier expérimentalement la validité de concepts théoriques comme on peut le faire en laboratoire ; d'où l'importance, on le verra plus loin, des simulations numériques par les calculateurs électroniques pour réaliser des expériences virtuelles. Ce sont donc les ordinateurs, qui entrèrent dans les laboratoires à partir des années 1960, qui contribuèrent rapidement à rattacher la question climatique à la physique et à la géophysique.

Parallèlement les observations ont également changé de nature avec les satellites d'observation de la Terre assurant une couverture globale et continue dans l'espace et le temps de l'observation de nombreux paramètres météorologiques et climatiques. L'avancée des connaissances dans les sciences de la Terre a donc été tributaire avant tout des progrès de l'instrumentation à la fois pour l'observation et pour le calcul.

C'est particulièrement vrai en ce qui concerne la dynamique des deux milieu fluides, l'atmosphère et l'océan, qui enveloppent la sphère terrestre. Pour l'atmosphère, les progrès vinrent principalement des capacités nouvelles de la modélisation numérique et des observations à partir des plate-formes spatiales alors que les moyens d'observations traditionnels *in situ* ne firent pas l'objet de révolutions technologiques majeures.

Pour l'océan, le choc technologique fut encore plus marqué tant le retard était grand à la fois dans les techniques d'observations de ce milieu difficile d'accès et dans les concepts fondamentaux qui gouvernaient sa dynamique. Pour prendre un exemple, on peut remarquer que jusque dans les années 1960, les marins et les océanographes faisaient encore le point sur leurs navires en visant les étoiles avec un sextant, un instrument mis au point au XVIIIème siècle et assez semblable à l'astrolabe qu'utilisaient les premiers explorateurs fondateurs de l'océanographie, partis du *Portugal* et d'*Espagne* cinq siècles plus tôt pour offrir à leur roi de nouvelles terres à coloniser, en vérifiant en passant que la Terre était bien ronde ! Aujourd'hui on localise très précisément un navire avec un système GPS « *Global Positioning System* » qui fait appel à une noria de satellites gravitant autour de la Terre. En 50 ans, on a changé de monde ; on observe la surface depuis l'espace et les profondeurs avec des flotteurs dérivant autonomes appelés ARGO. On imagine aisément que des évolutions technologiques aussi radicales et aussi rapides aient pu avoir un impact décisif sur l'avancée des connaissances de la Terre. On traitera séparément les deux domaines ayant le plus bénéficié de ces avancées technologiques : la modélisation et les observations spatiales pour l'atmosphère et l'océan, les deux milieu les plus impliqués dans le changement climatique en cours.

Les ordinateurs et la modélisation

Les sciences de l'atmosphère et de l'océan furent à l'avant-garde de ce qui a été appelé la « modélisation numérique » et ont servi de banc d'essais aux premiers développements de l'informatique. C'est une page de l'histoire du XXème siècle qui s'est écrite autour des premières tentatives d'utilisation de ces machines à calculer, applications directes de l'électronique et de son industrie naissante. Les calculateurs électroniques firent leur apparition opérationnelle dans les laboratoires et les centres de recherche au début des années 1960. Mais avant cela, la préhistoire de la modélisation numérique s'est déroulée aux États-Unis autour d'une machine électronique unique, l'ENIAC.

Tout commence à *Princeton* autours d'une étrange machine, l'ENIAC

Le plus célèbre et le premier des calculateurs électroniques, l'ENIAC, pour « *Electronic Numerical Integrator Analyser and Computer* », sorte de prototype d'ordinateur antédiluvien fonctionnant avec des lampes, croisa le parcours, à la fin des années 1940, d'un mathématicien génial, *John Von Neumann*, qui était accueilli à *Princeton* à l'IAS : *Institut for Advanced Study*, où travaillaient, entre autres, *Albert Einstein* et le mathématicien *Kurt Gödel*. L'ENIAC, assemblage d'une « quincaillerie » faite de plusieurs dizaines d'armoires bourrées de circuits électroniques et de lampes, avait été construit et installé par les militaires américains au sein de l'Université de *Pennsylvanie* avant d'être transféré, prêt à l'emploi dès 1947, à *Aberdeen, Maryland,* dans un laboratoire militaire de recherche balistique. *Neumann,* proche des militaires - Il était un des scientifiques clé du projet *Manhattan* à *Los Alamos* - suivait attentivement la construction et l'évolution de cette machine dans l'espoir de l'utiliser pour résoudre numériquement les équations gouvernant le fluide atmosphérique et prévoir le temps automatiquement. Pour aller dans le sens de ce rêve, il avait créé au sein de l'IAS un « *Meteorology Group* » qui devint en 1946 un « *Meteorological Research Project* » financé par la défense au sein de l'IAS. Dans ce contexte, il organisa, en 1946, une « *Conference on Meteorology* » qui fut un événement dans le milieu des sciences de l'atmosphère et séduisit un jeune physicien devenu récemment météorologue, *Jule Charney,* également passionné par les possibilités de cette machine. *Neumann* intégra *Charney* dans son groupe qui rejoignit ainsi l'IAS. *Charney,* à son tour, attira un jeune doctorant en mathématique, *Joseph Smagorinsky* et l'invita aussi à le rejoindre dans cet institut pour tenter, avec cette machine, de résoudre numériquement les équations simplifiées de la circulation atmosphérique, qu'il avait mises au point lui-même. Rien ne garantissait que ce soit possible, mais sous le leadership de *Neumann,* le groupe, avec *Smagorinsky* et *Charney,* se donna l'objectif de résoudre numériquement ces équations et de simuler l'atmosphère de façon suffisamment réaliste pour envisager de prévoir son évolution, substituant ainsi à la prévision météorologique empirique ce qu'ils appelèrent la « *Numerical Weather Prediction* », la prévision numérique.

Beaucoup de travail fut nécessaire et les équations de *Charney* durent être sauvagement simplifiées, mais les résultats furent à la hauteur des espoirs suscités. Le groupe de l'IAS autour de *Neumann, Charney* et *Smagorinsky,* renforcé par d'autres collaborateurs, décida de se déplacer en mission à *Aberdeen,* auprès de l'ENIAC, muni des autorisations de l'armée, pour enfin implanter le programme de *Charney* sur le calculateur. Ils partirent en mars 1950 et, après quelques jours de préparation et la perforation de milliers de cartes, ils lancèrent enfin le programme qui tourna pendant ... 33 jours, 24 heures sur 24, seulement interrompu par le remplacement des inévitables lampes grillées...Mais ils arrivèrent à simuler une évolution (prévision) durant 24 heures à partir de l'état de l'atmosphère dont ils étaient partis. Le résultat était donc concluant. Il était démontré qu'il était pratiquement possible de simuler et de prévoir l'évolution du temps en utilisant une machine, un calculateur électronique. C'était un événement considérable qui prit une dimension historique sur laquelle se construisit la modélisation numérique aux *États-Unis* et dans le monde avec l'essor d'un institut spécialisé de la NOAA, le « *Geophysical Fluid Dynamic Laboratory* – GFDL » dont l'origine et le développement mérite aussi d'être conté.

Encouragé par le retentissement de ce premiers succès avec l'ENIAC, le service national de météorologie américain : *US Weather Bureau »,* invita *Joseph Smagorinsky*, en 1953, à le rejoindre pour lui confier la tâche de créer une unité spéciale en son sein, le *Joint Numerical Weather Prediction Unit*, dédié au développement de la prévision numérique. Après des expériences plus ou moins réussies et réalistes de modèles régionaux, le groupe s'attaqua à la réalisation d'un modèle global de circulation de l'atmosphère, appelé *« Global Circulation Model - GCM»*. Le premier GCM connu date de 1955, très simplifié et ne comportant que deux couches sur la verticale, la paternité doit en être créditée à *Norman Phillips,* un météorologue qui avait aussi rejoint le groupe de *Smagorinsky*. Fort de ce succès, *Smagorinsky* créa une section particulière du *US weather Bureau*, la « *General Circulation Research Section* originellement située au *Maryland* et dont il devint naturellement le directeur. Cette section rejoignit *Washington*, changea de nom deux fois pour s'appeler successivement : *General Circulation Research Laboratory* en 1959 et enfin en 1963 le GFDL *Geophysical Fluid Dynamic Laboratory*, avant de rejoindre de nouveau l'Université de *Princeton* en 1968, toujours avec *Smagorinsky* comme directeur.

Le GFDL était définitivement installé à *Princeton*, et allait devenir, après son rattachement à la récente NOAA, le temple de la modélisation des fluides géophysiques sous la conduite de son directeur avisé, *Joseph Smagorinsky,* qui, entre autres qualités, savait détecter les talents ; c'est ainsi qu'il recruta en 1959 un jeune Japonais de l'Université de *Tokyo*, *Syukuro Manabe,* pour prendre en charge la modélisation climatique et un peu plus tard, en 1961, un océanographe venant de *Woods Hole*[32], *Kurk Bryan,* pour la modélisation de l'océan. Ils devinrent l'un et l'autre les figures de proue, mondialement reconnues, de la modélisation de l'atmosphère, de l'océan et du climat.

Les avancées décisives des pionniers de la modélisation au GFDL

Avec ce noyau de jeunes scientifiques de grands talents, le GFDL était lancé et allait devenir un institut de recherche prestigieux dédié à l'étude des fluides géophysiques, l'atmosphère et l'océan. Il devint rapidement la référence mondialement reconnue de la modélisation numérique. Et après que l'ancêtre des calculateurs, l'ENIAC, eut été

---

[32] *Woods Hole* : localité proche de *Boston* où se tient le plus grand centre océanographique américain de la côte Est : WHOI, *Woods Hole Oceanographic Institution.*

rangé dans un musée, le GFDL, grâce à ses résultats et à l'habileté de son directeur, réussit à demeurer à la pointe de la technologie du calcul électronique et à toujours posséder les ordinateurs les plus puissants issus des avancées de l'industrie des semi-conducteurs. Comment imaginer rencontre plus improbable et cependant plus fructueuse que celle de cette nouvelle technologie révolutionnaire croisant un objectif initialement aussi inaccessible, celui de comprendre et de simuler la dynamique des fluides entourant la planète pour prévoir leur évolution ? Le défi était immense, mais le talent et la chance étaient là et les promesses furent tenues ; c'est au GFDL que la modélisation de l'atmosphère, puis de l'océan, et ensuite de leur couplage, put être réalisée en premières mondiales, stimulant à sa suite d'autres institutions de par le monde.

La première étape de cette avancée commença en 1963 avec la modélisation de la circulation générale de l'atmosphère et la prévision numérique du temps qui firent des progrès décisifs avec un modèle hémisphérique de 9 couches sur la verticale. On avait fait un premier pas qui permit de franchir une nouvelle étape et de s'attaquer à la modélisation du climat. On a vu que cet objectif avait été confié à *Manabe* par *Smagorinsky*. Mais pour modéliser le climat il fallait passer par la modélisation de l'océan et c'était l'océanographe *Kirk Bryan* qui en était chargé.

Kirk Bryan, le premier océanographe du GFDL, recruta un informaticien de grand talent, *Michael Cox*, et ensemble ils tentèrent de développer un « code », programme susceptible de résoudre numériquement des équations[33], en l'occurrence celles décrivant les mouvements du fluide géophysique qu'est l'océan mondial, collé à une sphère tournante, la Terre, et bordé par des frontières continentales. Ils réalisèrent assez rapidement des avancées et en 1967 ils publièrent le premier modèle tridimensionnel de l'océan forcé par des vents et des flux thermodynamiques moyens, appelés encore « climatologiques » pour indiquer qu'ils résultaient de la moyenne des champs de « forçage » observés au cours d'une période (en général 30 ans) définissant le climat. Ces « forçages » atmosphériques n'étaient

[33] Ce sont des équations aux dérivées partielles du second ordre appelées « Equations de Navier-Stokes » bien connues des mathématiciens et des hydrodynamiciens

pas encore réalistes car ils ne prenaient pas en compte la réalité des vents et des flux observés à l'interface ; mais malgré cela, la qualité de la simulation reproduisant les grands traits de la circulation océanique était telle que le schéma informatique du modèle devint une référence. À partir de ce moment, il fut largement disséminé et universellement utilisé aux *États-Unis* et dans le monde sous l'appellation de « *Bryan-Cox code* » par de nombreux groupes de recherche appartenant à des instituts impliqués dans la modélisation de l'océan et du climat.

Plus tard, *Bryan* travailla évidemment avec *Manabe* et ils réussirent, en 1969, à coupler un modèle de circulation générale atmosphérique (GCM) avec le modèle d'océan *Bryan-Cox* simplifié sans représentation de la géographie des bassins océaniques. Ce fut un événement, il fallut plus de 1 000 heures de calcul pour que le modèle se stabilise au bout de 100 ans de simulations, ce qui constituait une première et ouvrait la voie à la modélisation « prognostique », c'est-à-dire permettant une prévision. Cependant le modèle représentait encore imparfaitement la réalité car la circulation au fond de l'océan n'était toujours pas stabilisée et l'équilibre climatique atteint encore mal défini. Malgré ces imperfections, cette étape dans la modélisation fut considérée comme un succès retentissant qui marquera l'histoire car, pour la première fois, il était démontré qu'il était possible de simuler un équilibre climatique en couplant des modèles d'atmosphère et d'océan.

C'est en 1975 que *Manabe* et *Bryan* réalisèrent une simulation couplée océan-atmosphère prenant en compte cette fois la géographie des océans, certes encore grossièrement représentée. Le supercalculateur du GFDL de l'époque, toujours parmi les plus puissants et les plus rapides au monde, « moulina » sans arrêt pendant 50 jours pour simuler trois siècles d'interactions entre l'atmosphère et l'océan sans pour autant atteindre un équilibre climatique satisfaisant, la circulation océanique restant toujours partiellement irréaliste. Ces semi-échecs étaient imputés à la partie océanique du modèle et à la difficulté de représenter le milieu océanique avec ses différentes échelles de variabilité que l'on commençait seulement à découvrir[34].

[34] L'importance de la variabilité océanique à petites et moyennes échelles venait seulement d'être mise en évidence et étudiée dans plusieurs programmes, dont

Une autre difficulté majeure de la représentation du milieu océanique venait de sa très faible couverture en observations de qualité atteignant le fond, similaires et symétriques des observations météorologiques, beaucoup plus nombreuses, grâce aux radiosondages d'altitude. Ces modèles couplés océan-atmosphère, aussi imparfaits fussent-ils, ouvraient cependant une voie nouvelle et bientôt incontournable pour la recherche climatique en offrant des outils qui suppléaient l'impossibilité de réaliser des expériences dans le domaine géophysique comme on peut le faire dans un laboratoire.

Plusieurs équipes, laboratoires, instituts de recherche se lancèrent alors dans la modélisation climatique non seulement aux *États-Unis* mais aussi dans le monde entier. Beaucoup importèrent les modèles du GFDL ou en dérivèrent des clones, plus ou moins indépendamment. C'est ce que firent les météorologues du MIT, notamment *Edward Lorenz* proche de *Jule Charney.* Ce dernier, après ses travaux pionniers autour de l'ENIAC avec *Smagorinsky* et *Von Neumann,* était retourné au département de météorologie du MIT. *Lorenz* cherchait à résoudre numériquement les équations représentatives de la dynamique de l'atmosphère, que justement *Charney* avait mises au point. C'est alors qu'en 1961 un hasard heureux conduisit *Lorentz* à un résultat inattendu qui fit beaucoup de bruit comme cela se produit quelquefois en science. Une découverte surprenante s'est imposée d'elle-même et est devenue d'autant plus révolutionnaire qu'elle était peu prévisible à cette époque et qu'elle n'était pas apparemment contenue dans des résultats antérieurs. C'était la découverte du chaos en physique.

La découverte du chaos amène une question inquiétante: le climat est-il instable ?

On était en 1961 au MIT et *Lorenz* tentait de résoudre numériquement un système d'équations assez simple pour simuler un équilibre climatique, exigeant cependant un long temps de calcul sur

---

MODE et POLYMODE, dans l'Atlantique Nord, initié par *Henry Stommel* de *Woods Hole..*

l'ordinateur dont il disposait. La petite histoire raconte qu'un jour il décida d'arrêter le calcul de l'ordinateur le temps d'aller prendre un café et nota son résultat transitoire sur un bout de papier pour le reprendre quelques minutes plus tard à partir des chiffres notés. Mais il négligea la cinquième décimale pensant que cette précision était inutile pour arriver au résultat. Le café terminé, relançant sa machine à partir de ces chiffres tronqués, il pensait retrouver les caractéristiques de l'état climatique qu'il avait obtenu antérieurement et qu'il étudiait. Son étonnement fut proche de la stupéfaction lorsqu'il constata que le modèle ne convergeait plus vers l'équilibre antérieur mais vers un autre état climatique totalement différent. Répétant cette expérience plusieurs fois, il dut admettre que son système d'équations conduisait non pas à une solution unique mais à plusieurs solutions correspondant à autant d'équilibres climatiques possibles. Il constata également qu'il était impossible de prédire à l'avance vers quel état la simulation allait converger quelle que soit la précision des chiffres de départ, appelés les « conditions initiales ».

Lorenz venait de découvrir[35] le chaos en physique et l'impossibilité dans certaines circonstances de déterminer vers quel équilibre, appelé « attracteur », un système physique interactif non linéaire allait converger à partir de « conditions initiales » connues même avec une grande précision. Pour rendre compte de ce phénomène, *Lorenz* employa une image restée célèbre dans les médias : « Le battement d'aile d'un papillon au-dessus de la forêt brésilienne peut-il déclencher une tornade au Texas ? » ce qui fut appelé « l'effet papillon » et resta attaché à son nom. Mais cette découverte soulevait une question fondamentale pour le climat. Celui-ci, bien qu'étant par définition une moyenne de situations météorologiques sur une période assez longue et donc de ce fait à l'abri des fluctuations erratiques du temps, était-il cependant également chaotique ? La question fut longtemps débattue comme en 1985 au cours d'une conférence restée célèbre au NCAR à *Boulder* au *Colorado* intitulée : « *Cause of climate*

[35] On peut dire redécouvrir car un mathématicien français *Henry Poincaré* (1854 – 1912) avait déjà suggéré que des systèmes d'équation même très simples pouvaient donner lieu à plusieurs solutions sans qu'il soit possible de déterminer à l'avance vers quelle solution le calcul conduirait. Mais *Poincaré* n'avait pas d'ordinateur pour vérifier ce qu'il avançait.

changes », au cours de laquelle *Lorenz* conclut sa présentation par une phrase inquiétante : « *...il n'est pas possible d'affirmer que le climat est, ou n'est pas, déterministe et l'on ne saura jamais répondre à cette question* ». Cette affirmation empreinte de pessimisme jeta un grand trouble parmi les participants, météorologues et climatologues, qui durent admettre que, contrairement aux idées antérieures qui conduisaient à imaginer les changements climatiques comme des processus graduels et d'évolution très lente, le climat pouvait être fondamentalement instable et basculer très rapidement d'un état à un autre. Des géologues, comme *Broeker, Ewing* et d'autres, en avaient eu l'intuition ; ils rappelèrent alors à cette occasion qu'il y a 11 000 ans un basculement climatique brutal engendrant un refroidissement de 5 à 10 ° C s'était manifesté en moins d'un siècle ; c'était, pour les spécialistes, le fameux « *Younger Dryas* » dont on reparlera plus loin (chapitre VII).

Une variété de modèles pour comprendre

Mais à côté de ces « grands modèles » qualifiés quelquefois de « modèles aux équations primitives », prenant en compte toute la physique et donc les équations complètes des phénomènes simulés, utilisés principalement pour reproduire la réalité et prévoir son évolution et pour cela appelés quelquefois « modèles prognostiques » déjà évoqués, des modèles plus simples furent conçus par différents groupes de recherche. Ils visaient seulement la compréhension de phénomènes particuliers ; ils étaient alors souvent appelés « modèles diagnostiques ». Ce fut le cas, par exemple, pour l'étude du phénomène El Niño et d'une façon générale pour comprendre des phénomènes de grande échelle comme la réponse saisonnière et interannuelle des océans équatoriaux soumis à l'action mécanique des vents alizés. La structure en deux couches de ces océans intertropicaux - une couche superficielle homogène et chaude surmontant des eaux froides séparées par une transition thermique rapide appelée la thermocline - a encouragé certains théoriciens à concevoir des modèles très simples à deux couches pour simuler les perturbations de la profondeur de cette thermocline. L'objectif était comprendre les mécanismes expliquant les mouvements horizontaux de la couche superficielle chaude, entraînant des transports de chaleur importants caractéristiques d'El Niño. Ces transports affectent les bassins équatoriaux dans le sens zonal. Dans le Pacifique, ils s'étendent d'un bord à l'autre de ce vaste océan sur près de 20 000 kms de distance et s'accompagnent de perturbations climatiques générées par les interactions intenses entre l'océan et l'atmosphère embrasant toute la région (chapitre VI et XIII).

Le premier de ces modèles à deux couches, qui nécessitait seulement des ressources informatiques très limitées, fut conçu en 1974 par des jeunes chercheurs américains, *Jay Mac Creary (1983), Tonny Busalachi (1988),* autour de *James O'Brien (1978).* Ce modèle simple permit de comprendre que des coups de vent brutaux affectant les alizés pouvaient générer dans l'océan des ondes océaniques piégées à l'équateur, appelées « ondes de *Kelvi*n », qui affectaient à leur tour la thermocline. Ce mécanisme pouvait expliquer le déferlement d'eaux chaudes envahissant le bord est de l'océan Pacifique, caractéristique du phénomène El Niño. En *France* de tels modèles furent aussi développés sur l'Atlantique intertropical notamment par *Pascale Delecluse* et *Sabine Arnault* dans le cadre des programmes FOCAL et SEQUAL (décrits plus loin) soutenus par une coopération franco-américaine (chapitre VI). Par la suite des modèles plus complexes furent aussi développés par deux chercheurs américains, *Mark Cane* et *Stephan Zebiak (1986)*, couplant de façon simplifiée l'océan et l'atmosphère mais prenant en compte la température. Ils réussirent, avec un succès mitigé, une prévision partielle du phénomène El Niño et son inverse La Niña (chapitre XIII). Mais cette prévision ne dépassait pas les quelques mois qui précèdent le développement d'une de ces phases, El Niño ou La Niña, lorsqu'elle est amorcée, suggérant ainsi la nature peut-être chaotique du phénomène et les limitations théoriques de sa simulation et de sa prévision.

En 1971, le GFDL a été renforcé par le recrutement d'un océanographe tropicaliste, *Georges Philander.* Encouragé par le succès des modèles linéaires simples à deux couches dans les régions équatoriales, *Philander* utilisa les modèles océaniques complets du GFDL, notamment les versions OGCM, « *Oceanic General*

Circulation Model » de *Bryan-Cox*, pour apporter des réponses plus précises aux questions posées par les interactions océan-atmosphère aux basses latitudes. Il montra, entre autres, que les ajustements de l'océan intertropical dépendaient de la fréquence du forçage du vent auquel il était soumis et aussi de l'étendue en longitude du bassin océanique. De façon simplifiée, les modèles linéaires montraient que lorsqu'un vent varie brutalement et présente ainsi un caractère impulsionnel, il génère des ondes piégées à l'équateur, susceptibles de déclencher des « actions à distance » (*remote forcing* en anglais). On a vu plus haut que de telles ondes (appelées ondes de Kelvin) affectent le Pacifique équatorial oriental qui se réchauffe durant El Niño. Les modèles montraient que ces ondes avaient pu être générées par un coup de vent trois mois plus tôt à 10 000 kilomètres de là dans le Pacifique occidental. Ces ondes parcourent l'océan à une vitesse constante et le temps nécessaire à leur propagation pour traverser un océan dépend évidemment de sa taille en longitude. Le « petit » océan Atlantique sera traversé en un mois, le « grand » océan Pacifique en trois mois. *Philander* montra que ce scénario des « actions à distance » n'expliquait pas tout et que lorsque le vent varie graduellement, l'océan s'ajuste également graduellement à son action et il n'y a pas génération d'ondes. Il s'ensuivit une querelle scientifique entre les tenants du « tout ondulatoire » pour expliquer la dynamique équatoriale, qualifiés de « naïfs » par des « sceptiques » qui prônaient l'étude de la réponse globale de l'océan équatorial au forçage global, local et à distance, du vent. C'est ce qui motiva les programmes couplés franco-américains FOCAL et SEQUAL présentés plus loin.

Par la suite, *Philander* utilisa le modèle océanique du GFDL pour de multiples expériences qui l'amenèrent à comprendre de nombreux aspects de la dynamique océanique des basses latitudes et de ses interactions avec l'atmosphère. En fait il utilisa en « mode diagnostique », c'est-à-dire pour faire des expériences et comprendre des mécanismes, un « modèle prognostique » sophistiqué et réaliste, susceptible de bien représenter « la réalité » de l'océan pour pouvoir en faire une prévision, ce que les ordinateurs très puissants et les moyens en programmation incomparables du GFDL lui permettaient.

Le modèle multi-couches du GFDL fut relayé par ceux des Britanniques du *Hadley Center*, des Allemands du *Max Plank Institut* de *Hambourg*, et des Français du LODYC et du LMD à l'université *Paris VI*. C'est ainsi que la dynamique des océans équatoriaux et leur relation avec le climat firent des progrès considérables au cours de cette décennie des années 1980.

La modélisation et les simulations de la dynamique des enveloppes fluides, atmosphère et océans, à partir des avancées technologiques majeures que constituaient les calculateurs électroniques, venaient de bouleverser les fondements mêmes de la connaissance du climat que les scientifiques des années 1960 avaient pu construire à travers les seules observations dont ils disposaient à cette époque et en avançant, encore prudemment, quelques théories, comme la théorie astronomique, pour expliquer certaines variations climatiques. Les modèles allaient envahir les sciences de la Terre, contribuant à agréger les pièces du puzzle climatique. Les deux sphères fluides se rassemblèrent dans des modèles couplés océan-atmosphère, auxquels s'accrochèrent bientôt la chimie et le milieu vivant dans des modèles qui devinrent bio-géo-physico-chimiques et dont on reparlera plus loin.

Les observations spatiales

Après la deuxième guerre mondiale, la guerre froide qu'elle engendra fut le moteur de la conquête spatiale qui prit son essor dans le cadre scientifique de l'AGI en 1957-58. On a déjà mentionné les motivations géostratégiques de ce premier grand programme scientifique international dédié à l'étude de la Terre qui marqua, à partir de la fin des années 1950, les débuts d'une compétition acharnée dans le domaine spatial entre l'*URSS* et les *États-Unis* mais qui profita à la science. Ce fut peut-être, prétendent certains, ce qui évita le déclenchement d'une nouvelle « guerre chaude ». En octobre 1957, les premiers Bip-Bip de « SPOUTNIK-1 » se firent entendre de la Terre entière, suivis quelques mois plus tard, en janvier 1958, par « EXPLORER » le premier satellite américain. Après bien des péripéties, heureuses et malheureuses - on compta plusieurs dizaines de morts parmi les astronautes et les ingénieurs des deux camps - tendant à démontrer la capacité de l'homme à s'extraire de sa condition terrienne, on pensa à regarder la Terre « d'en haut ». À partir des années 1960, face à la nécessité d'ouvrir plus largement les voies de la conquête de l'espace, les agences spatiales et les instituts de recherche scientifiques s'associèrent pour s'intéresser enfin à la Terre elle-même. Notre planète, motivation première de l'AGI, revenait à l'ordre du jour 15 ans après et marquait les vrais débuts de l'aventure scientifique attachée à l'observation spatiale.

Les débuts de l'observation spatiale de la Terre : la radiométrie

En fait, très vite, dès 1958 et la fin de l'AGI, une organisation internationale, le COSPAR : *Committee on Space Research*, avait été créée par l'ICSU, avec pour objectif principal de promouvoir et de coordonner la recherche internationale sur l'espace et à partir de l'espace. Cette construction hâtive d'une instance internationale dédiée à l'usage scientifique de l'exploration spatiale traduisait bien les espoirs que la communauté scientifique internationale plaçait dans cette nouvelle façon d'observer le Terre « d'en haut » avant même que des projets avec des instruments d'observation concrets aient déjà matérialisé ce rêve. Le premier satellite d'observation de la Terre, TIROS, arriva deux années après l'AGI ; il fut lancé par les *États-Unis* en avril 1960. Doté d'une caméra de télévision en noir et blanc, il envoyait sur Terre des images de la couverture nuageuse pour aider les météorologues à suivre l'évolution des systèmes nuageux, facilitant ainsi la prévision météorologique. La série des TIROS fut progressivement améliorée dans les années 1960 par l'ajout de radiomètres dans le domaine des fréquences du rayonnement infrarouge de la Terre permettant ainsi une première estimation de la température au niveau du sol, notamment de la température de surface des océans.

Au-delà de leur intérêt pour la prévision météorologique et la cartographie, ces premiers satellites, armés de radiomètres braqués sur la Terre, apportèrent un premier paramètre ayant un lien direct avec le climat, il s'agit de l'extension de la couverture de glace. En effet l'albédo de la glace, réfléchissant 90 % de l'énergie solaire incidente, permet de la distinguer facilement des sols nus et de l'océan liquide où, au contraire, 70 % de cette énergie sont absorbé. Plus tard, à partir de 1984, ces radiomètres furent utilisés, dans le cadre d'un programme appelé : *Earth Radiation Budget Experiment* – ERBE, pour mesurer avec précision le flux radiatif solaire incident arrivant au sommet de l'atmosphère. Cette cartographie du flux radiatif solaire fut essentielle pour établir le bilan radiatif de la Terre et son suivi dans les différents compartiments du système climatique particulièrement ses deux enveloppes fluides, atmosphère et océan.

Parallèlement à cette exploration du bilan radiatif de la Terre à sa surface et au sommet de son atmosphère, des géodésiens, s'intéressaient à la sphère terrestre elle-même. « Savoir où l'on est » restait leur principale préoccupation. Les marins étaient évidemment les premiers à partager ce souci, las depuis des siècles de s'en remettre à la position du Soleil et des étoiles ce qui les contraignait à des observations parfois acrobatiques et à des calculs fastidieux sur les passerelles instables de leurs navires. La marine américaine développa un premier système de positionnement appelé TRANSIT qu'elle déclassifia au début des années 1970 pour le rendre accessible à l'ensemble des navigateurs civils. Ce système fut remplacé par le fameux GPS « *Global Positioning System* », toujours sous la responsabilité des militaires américains et au début à leur usage exclusif ; puis il fut aussi progressivement et partiellement déclassifié au fil du temps. Plus tard, dans les années 2000, les Européens décidèrent de mettre sur pied leur propre système de positionnement, appelé GALILEO, toujours en cours de réalisation en 2015.

Un tournant dans l'observation de la Terre : la conférence de *Williamstown* en 1969

Ces débuts prometteurs de l'observation de la Terre depuis l'espace conduisirent la communauté scientifique et les agences spatiales des pays impliqués, principalement les *États-Unis,* l'*URSS*, la *France*, l'*Europe* et le *Japon*, à réfléchir ensemble sur l'usage scientifique qui pouvait être fait des techniques d'observation de la Terre depuis l'espace. Une conférence, à l'initiative de la NASA, se tint sur ce sujet à *Williamstown* dans le *Massachussetts* en août 1969. Quatre Français y participèrent dont *François Barlier* de l'IGN. C'était peu de temps après que les *États-Unis* eurent repris le leadership de la conquête spatiale avec les premiers pas de *Neil Armstrong* sur la Lune. Cette conférence marqua un tournant important pour les agences spatiales en direction d'une utilisation de l'espace pour mieux connaître la Terre et les océans. Dorénavant, parallèlement à la conquête et à l'étude des objets extraterrestres : Lune, planètes, système solaire… qui se poursuivra dans un esprit de féroce compétition Est-Ouest auprès de l'opinion publique mondiale, une part importante des ressources sera allouée à l'observation de la Terre, mission probablement moins prestigieuse auprès du public mais peut-être plus directement utile à l'humanité actuelle. Le titre du rapport de conclusions de la conférence est significatif à cet égard : « *The terrestrial environnement : solid earth and oceans physics application of space and astronomical techniques* ». Ce document dresse un panorama complet des usages scientifiques possibles de l'observation spatiale et il contient en germe les prochaines missions d'observation de la Terre et des océans qui devaient être orientées vers[36] : « *L'étude des contributions possibles de mesures précises de position, de vitesse et d'accélération depuis l'espace à la solution de problèmes de géophysique et d'océanographie* ». Cette formulation annonce l'utilisation des radars actifs embarqués, les altimètres, qui inaugureront une nouvelle ère de l'observation de l'océan pour répondre à la grande question qui s'est de plus en plus imposée à partir des années 1970 : quel est le rôle de l'océan dans le climat, sa variabilité et son changement à long terme ?

[36] D'après *Jean François Minster* dans « La machine océan », Flammarion,1997

L'altimétrie, une révolution dans l'observation de l'océan

Un programme spatial expérimental, appelé SEASAT et dédié à l'observation de l'océan fut lancé par la NASA en 1978. Il eut une vie courte : 3 mois seulement, mais il démontra l'étendue des possibilités qu'offrait la technologie spatiale à l'observation d'un milieu aussi difficile d'accès que l'océan. Au-delà des mesures des propriétés usuelles de sa surface, telles que la température, à l'aide de radiomètres passifs calés sur plusieurs fréquences de la partie visible et infrarouge du spectre électromagnétique émis par le Soleil, SEASAT portait aussi des instruments, dits actifs, qui sont des radars émetteurs et récepteurs dans le domaine des micro-ondes. On en distingue deux catégories : les « diffusiomètres » et les « altimètres ». Les diffusiomètres permettent d'estimer la vitesse et la direction du vent en captant l'intensité du signal rétrodiffusé qui dépend de l'amplitude des micro-ondulations générées par le vent à la surface de l'océan. Les altimètres, pointés à la verticale du satellite, mesurent la distance entre celui-ci et la surface de l'océan.

Les observations altimètriques de SEASAT, bien qu'étant encore peu précises dans l'absolu (quelques dizaines de centimètres), démontrèrent cependant l'étendue des applications possibles de cet instrument à de nombreux paramètres océaniques en relation avec le climat. Un des plus importants de ces paramètres est le niveau moyen de la surface océanique, dont on peut mesurer l'élévation de quelques millimètres par an. Mais plus important encore : il est possible de retrouver la dynamique à toutes profondeurs (champ de courants) de l'océan à partir de ces mesures altimétriques de la surface à condition de connaitre par ailleurs sa densité qui peut résulter d'observations in situ telles que celle réalisées au cours du programme WOCE (chapitre VI).

SEASAT fut le banc d'essais des programmes altimétriques dont le plus emblématique est le programme franco-américain TOPEX-POSÉIDON. Le satellite, résultat d'une coopération réussie entre les *États-Unis* et la *France,* fut lancé en 1992. Cette entreprise commune fut exemplaire tant par ses performances techniques et scientifiques que par les liens qu'elle contribua à tisser entre deux agences spatiales, la NASA et le CNES, et deux communautés scientifiques, américaine et européenne à dominante française. Mais les projets initiaux, TOPEX pour les *États-Unis* et POSÉIDON pour la *France*, avant de converger, eurent une vie propre et connurent des difficultés pour exister individuellement chacun dans leur pays. C'est ce qui les conduisit à s'associer pour se légitimer et se renforcer mutuellement auprès de leurs bailleurs financiers respectifs pour partager et réduire les coûts. Ces difficultés, finalement surmontées, sont caractéristiques des étapes de la mise sur pied des grands projets multinationaux impliquant des communautés scientifiques et des agences nationales de haut niveau comme le sont le CNES en *France* et la NASA aux *États-Unis*. C'est pourquoi, eu égard à l'énorme impact que ces projets eurent sur la communauté scientifique mondiale engagée dans l'étude du climat, il peut être intéressant d'évoquer ici plus en détail les péripéties de cette coopération et ses résultats.

Le programme TOPEX-POSEIDON

Du côté français la mission POSÉIDON a été proposée au CNES pour la première fois en 1981, lors d'un de ses colloques de prospective, par deux de ses ingénieurs dont « le marin » *Michel Lefebvre*. Ils appartenaient à un groupement mixte d'une dizaine de laboratoires : Le « *Groupement de Recherche en Géodésie Spatiale – GRGS* ». Le projet fut sélectionné comme prioritaire, mais, premier avatar, le projet spatial européen concurrent, ERS-1, étant décidé, il ruinait presque complètement la justification d'un projet altimétrique spécifique auprès du gouvernement français de l'époque. Du côté américain, TOPEX fut également proposé à la NASA par des scientifiques, en 1981, à la suite de l'échec d'un projet appelé NOSS dont l'*US Navy* ne voulait pas. Mais la NASA resta longtemps silencieuse sur ce projet TOPEX dont le sigle même irritait par sa similitude avec un produit publicitaire vanté sur les écrans de TV américains !

Pour le versant positif, on s'en remettait à l'opiniâtreté de quelques océanographes, peu nombreux, qui des deux côtés de l'Atlantique se penchèrent sur les données altimétriques de SEASAT et celles d'un autre satellite portant un altimètre, GEOSAT, destinés principalement tous les deux à cartographier le géoïde. Ces océanographes furent rapidement convaincus de l'énorme potentiel de cette nouvelle façon d'observer l'océan depuis l'espace. Ils étaient représentés, en France, par *Michel Lefebvre* et *Jean-François Minster*, et, aux *États-Unis,* par *Carl Wunsch.* Ces personnalités scientifiques apparaissaient être les seules en mesure de soutenir les deux projets des deux côtés de l'Atlantique[37] car ils étaient les mieux placés pour démontrer, aux niveaux de décision des gouvernements, l'intérêt de s'engager dans les investissements nécessaires au développement de cette nouvelle technologie d'observation de la Terre et des mers. En *France* le projet était particulièrement sensible car il touchait à des intérêts stratégiques et technologiques, notamment en ce qui concerne les forces navales, et coûtait très cher, près de deux milliards de francs !

Des entretiens informels entre scientifiques français et américains se tinrent dès 1983 et conduisirent à un premier contact, cette même année, entre les responsables du CNES et de la NASA. La perspective d'un projet commun fut rapidement envisagée pour réduire la facture à présenter aux gouvernements des deux pays. Le but devint de lancer la plate-forme satellitaire américaine, équipée de son altimètre associé à l'altimètre français, avec une fusée française *Ariane* et d'améliorer le positionnement du satellite, qui doit être très précis, à l'aide d'un nouveau système de positionnement développé en France par le CNES et l'IGN, appelé DORIS. Ce projet commun fut cependant difficile à faire aboutir, et les premières réunions entre Français et Américains en 1983 furent délicates. Le système de positionnement DORIS proposé par les Français n'existait pas encore concrètement et était seulement à l'état de projet dans les cartons du CNES. De ce fait il était difficilement crédible pour les Américains, d'autant qu'ils disposaient eux-mêmes d'un système de positionnement, TRANSIT, qui avait fait ses preuves. En dépit de ces difficultés, un accord de coopération entre le CNES et la NASA fut cependant conclu sous la pression des

[37] *Carl Wunsch*, professeur au MIT, une des personnalités les plus en vue de l'océanographie américaine. Du côté français, *Jean-François Minster*, océanographe géochimiste, ancien directeur du LEGOS à Toulouse et par la suite président directeur général de l'IFREMER, *Michel Lefebvre* marin de formation devenu ingénieur au CNES et fondateur de la géodésie spatiale en France.

scientifiques. Mais cela ne signifiait pas pour autant un engagement contractuel définitif car le projet d'accord devait passer devant les gouvernements des deux pays pour être ratifié et financé.

Ainsi rien n'était encore définitivement gagné. Du côté français, des événements nouveaux survinrent qui jouèrent dans des sens opposés, défavorables et favorables. Le projet de satellite européen, ERS-1, toujours en vie, se voyait renforcé sous l'impulsion de certains océanographes allemands et britanniques qui proposaient qu'il embarque un altimètre compact et un système de positionnement précis tel que DORIS. Ces équipements nouveaux sur ERS-1 affaiblissaient le projet franco-américain qui pouvait, en première analyse, apparaître comme un « doublon » de ERS-1. Il fallut convaincre le gouvernement français que si ERS-1 pouvait satisfaire des objectifs pré-opérationnels et commerciaux européens, la faible précision de son altimètre ne pouvait satisfaire les intérêts de la recherche française, associée, mais aussi en compétition, avec la recherche américaine. Le second événement, favorable celui-là aux défenseurs de TOPEX-POSÉIDON, vint de l'intérêt que le ministère de la défense porta au projet, poussé par la Marine Nationale qui était convaincue que des observations altimétriques précises pouvaient aider à la détection des sous-marins. En 1986, le Ministère de la Défense décida donc de contribuer au financement du projet, ce qui suffit à convaincre le Premier Ministre de l'époque de donner son accord au projet franco-américain. De leur côté, les Américains, bien que confrontés eux-mêmes à des difficultés importantes à la suite de l'explosion tragique de la navette *Challenger* en 1986, acceptèrent le projet commun. Ainsi, finalement, la coopération franco-américaine autour de ce projet ambitieux fut scellée par un accord entre les gouvernements d'une part et les agences spatiales de l'autre, qui fut signé le 23 mars 1987.

Les conquêtes de l'observation spatiale de la Terre

Trois catégories de variables sont à prendre en compte dans l'observation de la Terre depuis l'espace : les orbites du satellite, les capteurs embarqués, les paramètres géophysiques visés.

Les lois de la mécanique céleste restreignent les points d'observations possibles de la Terre à partir d'une plate-forme satellisée autour d'elle. Des compromis sont à trouver dans l'échantillonnage spatio-temporel de la surface terrestre. Deux choix sont possibles :

(i) Des orbites dites « géostationnaires » ou en point fixe, qui doivent être circulaires dans un plan équatorial et qui sont contraintes d'être à une altitude haute de 36 000 kilomètres. Elles permettent l'observation permanente d'une zone cependant réduite à un cône de vision embrassant une seule région de la sphère terrestre et donc un seul satellite ne suffit pas pour voir toute la Terre. Les météorologues ont été les premiers utilisateurs de ces satellites géostationnaires.

(ii) Des orbites dites « à défilement », beaucoup plus basses que l'orbite géostationnaire : de 500 à 1 000 Kms d'altitude seulement, et qui tournent autour de la Terre dans des plans proches de la perpendiculaire à l'équateur. Les trajectoires se décalent régulièrement et repassent sur leurs traces après un tour complet de la Terre répétant les observations d'un lieu donné à cadence régulière. Mais généralement les zones couvertes n'atteignent pas les régions proches des pôles. Dans certains cas un réglage particulier conduit à ce que le plan de l'orbite croise une latitude donnée à la même heure du jour. On a alors affaire à une orbite dite « héliosynchrone », très pratique, car elle garantit une variation minimale des conditions d'observation du fait que la position du Soleil reste invariante à chaque passage du satellite en un point donné. Les orbites à défilement sont les plus communes dans l'artillerie spatiale et sont susceptibles de porter des instruments divers pour une grande variété de paramètres géophysiques.

On a déjà présenté plus haut les premiers satellites d'observation de la Terre équipés de radiomètres, au début des années 1960. Mais plus tard la panoplie des paramètres géophysiques offerts par l'observation spatiale de la Terre s'est accrue presque exponentiellement. Après les TIROS, à partir des années 1970, une nouvelle génération de satellites d'observations de la Terre fut lancée, les LANDSAT, visant à cartographier avec précision la surface terrestre, en particulier les zones peu accessibles et très mal connues comme les régions polaires. Puis vinrent, à partir de 1970, toujours aux *États-Unis,* les satellites spécifiquement météorologiques : la série des NOAA devenus par la suite POES : *« Polar Operational Environmental Satellite »* ; et à partir de 1975 celle des GOES : *« Geostationary Operational Environmental Satellite ». Le* premier de la série des METEOSAT européens fut lancé par l'ESA (Agence Spatiale Européenne) en 1977,.suivi par ceux du *Japon*, de l'*Inde*, de la *Russie* et de la *Chine*. Ces satellites météorologiques ont été à l'origine de progrès sans précédent dans l'acquisition des données météorologiques usuelles telles que la nébulosité et les systèmes nuageux, la température de surface, l'étendue des zones englacées. etc. Cette vision « d'en haut » de l'atmosphère a conduit à des prévisions météorologiques de plus en plus performantes.

La radiométrie fut aussi utilisée dans les fréquences de la partie visible du spectre pour estimer la couleur de l'océan qui dépend de son contenu en substances diverses absorbant la lumière :

chlorophylle, apports terrigènes. etc. Le premier instrument « couleur de la mer » « *Coastal Zone Color Scanner* – CZCS » fut embarqué sur la plate-forme NIMBUS-7 de la NASA en 1979. D'autres satellites couleur, comme SeaWiFS, suivirent (chapitre VII).

À côté des radiomètres, capteurs passifs, les instruments les plus utilisés furent les diffusiomètres et les altimètres, radars actifs émetteurs-récepteurs dans la gamme des micro-ondes du spectre électromagnétique. Comme on l'a déjà mentionné, les diffusiomètres sont utilisés pour mesurer la vitesse et la direction du vent à la surface de la mer en captant un signal rétrodiffusé vers le satellite. Les caractéristiques de ce signal dépendent de l'amplitude et de la direction des vagues capillaires générées par le frottement du vent à la surface de la mer. Le premier diffusiomètre a été embarqué sur le satellite SEASAT en 1978.

On a vu que SEASAT était équipé d'un altimètre, radar émetteur-récepteur pointé à la verticale du satellite pour mesurer la distance entre celui-ci et la surface de la mer. On a noté que cet altimètre de SEASAT n'était pas très précis et fonctionna seulement pendant 3 mois. Mais il permit de démontrer toute l'étendue des potentialités de cette nouvelle technologie d'observation de l'océan qui justifia ultérieurement le projet franco-américain TOPEX-POSÉIDON présenté précédemment. On a vu aussi que l'altitude absolue de la surface de l'océan, lorsqu'elle est connue avec une grande précision (de l'ordre de quelques centimètres) est riche d'informations, non seulement sur la surface de l'océan mais aussi sur ses couches profondes. En effet, cette « hauteur dynamique » de la surface de la mer, comme elle est appelée, reflète la densité moyenne de toute la colonne liquide en profondeur. Avec un altimètre on a ainsi accès, de la même façon que pour l'atmosphère avec ses zones de hautes et de basses pressions, à la topographie de la surface de l'océan, faite aussi de bosses et de creux qui traduisent des variations de la pression à l'intérieur du fluide. La connaissance des gradients de pression rend possible le calcul des courants à toutes les profondeurs comme le font tous les jours les météorologues pour calculer le vent dans l'atmosphère à partir de la cartographie des champs de pression atmosphérique.

Mais d'autres paramètres géophysiques furent aussi touchés par les observations spatiales et, sans entrer dans le détail, le catalogue actuel de ces conquêtes est étonnant et couvre tous les milieu qui constituent le système climatique : Atmosphère, hydrosphère, cryosphère, lithosphère et biosphère. Pour l'atmosphère, l'observation spatiale contribue à la détermination sur la verticale de sa température, de sa composition en vapeur d'eau, en ozone, en aérosols, de son bilan radiatif, de sa teneur en dioxyde de carbone et en méthane. Pour l'océan les satellites sont utilisés pour déterminer sa température de surface, sa couleur, son niveau moyen, les marées en plein océan, le vent en surface, l'état de la mer, les précipitations et l'évaporation, la salinité de surface, les courants à toutes les profondeurs à condition d'avoir des mesures de référence in situ. Pour l'hydrosphère continentale, il est possible de mesurer l'étendue des lacs, rivières et fleuves, leur altitude, leur volume et leur mouvement. Pour la cryosphère, on a accès à l'étendue et à l'épaisseur des glaces de mer, la topographie de la surface et le volume des glaciers continentaux. Pour la lithosphère et la biosphère, on peut cartographier la concentration de l'océan en phytoplancton, l'humidité des sols, la couverture végétale et forestière ainsi que son état hygrométrique, l'évapotranspiration. etc. D'autres paramètres, encore moins connus, ont aussi bénéficié de l'observation spatiale comme les variations de la vitesse de rotation de la Terre et donc la durée du jour, le champ de gravité de la Terre ou encore l'origine de l'énergie manquante dans le bilan énergétique de l'océan, attribuée au potentiel de marée dont on avait jusqu'alors sous-estimé le rôle dans les processus de mélanges verticaux de la masse océanique.

On peut ajouter encore que les satellites ont aussi permis de faciliter l'observation des océans dans ses couches profondes. Pour sonder l'atmosphère on dispose, avec les continents et les îles, de bases stables. Rien de tel pour l'océan que l'on ne put longtemps explorer qu'à partir de navires soumis à l'instabilité de la surface de la mer où il était impossible de maintenir des systèmes d'observations pérennes pour les couches profondes de l'océan. Les systèmes satellitaires de localisation et de transmission de données, comme le système ARGOS (Ne pas confondre avec ARGO), embarqués sur les satellites NOAA ont depuis radicalement changé la situation. La collecte des observations peut s'effectuer en permanence. Ainsi le programme ARGO a permis de déployer dans tout l'océan des flotteurs munis de capteurs qui dérivent en profondeur. Tous les dix jours ils remontent en surface et -mesurent, sur la colonne d'eau qui les surmonte de 2 000 ms jusqu'à la surface, la température, la salinité et le courant. Une fois en surface ils sont localisés et transmettent les données recueillies à un satellite. En 2015 il y avait plus de 4 000 flotteurs ARGO (120 000 sondages par an) opérationnels dans tout l'océan qui est maintenant aussi bien échantillonné que l'atmosphère. En combinant modèles océaniques, données satellitaires et mesures *in situ,* on résout l'océan que l'on peut maintenant prédire opérationnellement à l'échéance de trois semaines.

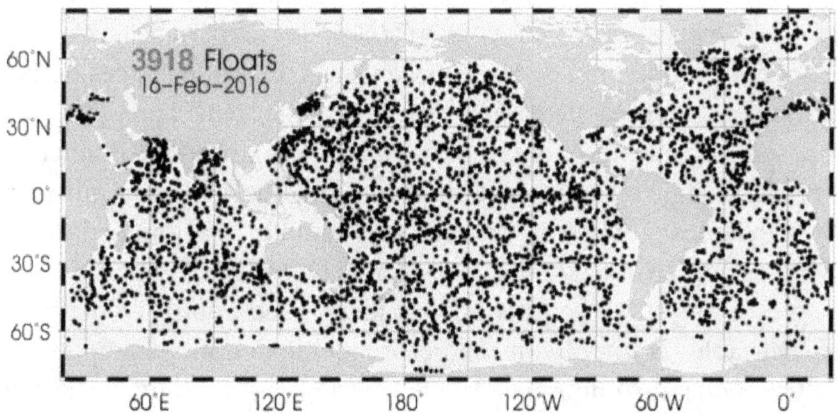

Les flotteurs ARGO en février 2016. La mer est couverte par des sondes mesurant la température, la salinité et le courant entre la surface et 2 000 mètres de profondeur

Les modèles et l'observation spatiale resserrent les pièces du puzzle climatique

On perçoit donc le bouleversement considérable que la modélisation numérique et l'observation spatiale ont apporté, à partir des années 1960, aux sciences du climat, principalement pour les deux enveloppes fluides qui entourent la planète, l'atmosphère et l'océan. Les simulations numériques des ordinateurs ont permis de s'abstraire d'une difficulté majeure inhérente à la géophysique, l'impossibilité de réaliser des expériences dans la réalité comme on le fait en physique dans les laboratoires. La puissance rapidement croissante de ces machines a permis d'atteindre un réalisme suffisamment significatif des phénomènes en jeux, pour réaliser des expériences virtuelles destinées à comprendre certains mécanismes. Par ailleurs, ces modèles numériques, au-delà de l'image de la réalité plus complète qu'ils proposent, et que les observations seules ne pouvaient donner, ont permis de simuler les interactions complexes de plusieurs milieu par des « modèles couplés » prenant en compte les interactions des différents milieu constituant le système climatique. À ce titre, ces modèles couplés apparaissent comme des outils intégrateurs indispensables pour pouvoir rendre compte de l'énorme complexité de la dynamique du climat. C'est ce qui fait qu'ils peuvent être vus comme une sorte de « ciment » assemblant plusieurs pièces du puzzle climatique, rapprochant et intégrant les concepts et les données de plusieurs disciplines environnementales. Ainsi on est passé, comme on l'a vu, de modèles purement atmosphériques et océaniques à des modèles couplés océan-atmosphère, puis plus récemment, en y ajoutant progressivement les autres milieu constitutifs du système climatique (glace, surfaces continentales, milieu vivant) à des constructions de plus en plus complexes comme les modèles « physico-bio-géo-chimiques ». Enfin le couplage peut s'étendre encore aux modèles économiques intégrant une dimension socio-économique, voire politique de la question climatique (Chapitres XII et XIII).

Mais les simulations doivent s'appuyer sur des observations. Longtemps ces observations *in situ* ont été la principale, sinon la seule, approche de la réalité géophysique et ont piloté l'évolution des sciences de l'environnement. Mais ces observations *in situ* sont restées insuffisantes, difficiles à réaliser, coûteuses et inégalement réparties dans l'espace et le temps, laissant des régions entières vides de données, notamment les océans dont les immensités profondes n'avaient été qu'entraperçues lors de l'AGI. Les nouvelles technologies d'observation de la Terre à partir des plate-formes spatiales opérèrent, à partir des années 1960, une véritable révolution dans la perception que l'on avait des milieu participant à la dynamique du climat. Cette approche par l'espace peut être vue comme une nouvelle pièce du puzzle climatique parallèle à celle offerte par les modèles. Ces deux nouveaux outils sont déterminants car ils croisent presque toutes les disciplines scientifiques impliquées dans le climat et contribuent ainsi à les agréger entre elles.

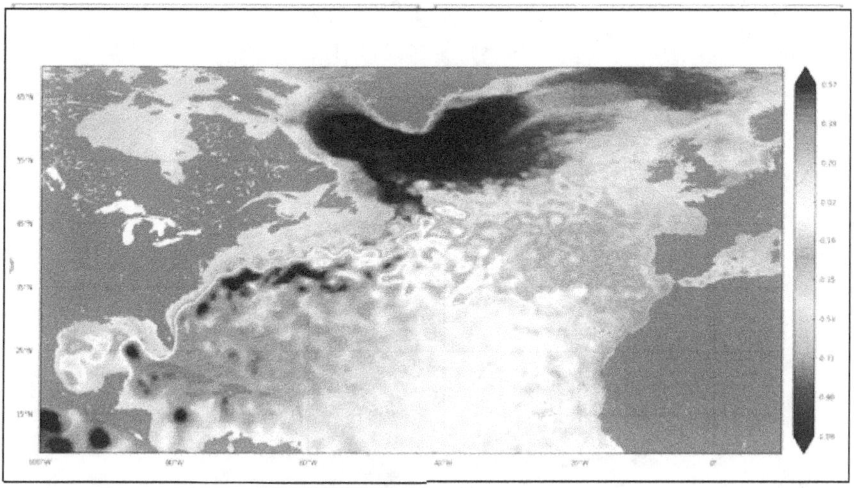

Topographie de la surface de l'Atlantique Nord (Mercator)

Un exemple des produits opérationnels que les nouvelles technologies de l'observation et de la modélisation permettent de réaliser aujourd'hui est donné par la figure ci-dessous. Elle représente les variations du niveau de la mer dans l'océan Atlantique-Nord par rapport à une surface de référence appelée le géoïde[38]. La dénivellation est d'environ 1,6 m entre la partie haute proche du *Gulf-Stream* (claire) et la partie basse (sombre) au sud du *Groenland* en *mer du Labrador*. Ces creux et ces bosses de la topographie de la surface sont le résultat de la circulation océanique générée par le vent et l'échange thermodynamique avec l'atmosphère. Les mesures altimétriques satellitaires permettent d'établir cette topographie dont on déduit les courants comme, en météorologie, on déduit le vent du champ de pression.

[38] Le géoïde est la surface équipotentielle du champ de gravité de la Terre. Si l'océan était immobile sa surface épouserait exactement la surface du géoïde qui se matérialise par des bosses et des creux de l'ordre de la centaine de mètres. Le géoïde reflète la gravité de la Terre variable d'un lieu à l'autre à cause de l'inhomogénéité intérieure de ses couches profondes.

Chapitre VI

-

Les dynamiques de l'atmosphère et de l'océan se rejoignent

Il est difficile d'identifier des repères temporels significatifs de tournants qui pourraient être qualifiés d'historiques dans une aventure aussi complexe que celle de la découverte du changement climatique dans toutes ses dimensions, scientifiques, économiques, sociales, humaines et politiques. On vient de parcourir les avancées scientifiques depuis l'AGI (1957-1958) jusqu'aux années 1980 marquées par les débuts de la modélisation et de l'observation spatiale et déjà les convergences sont évidentes parmi les disciplines scientifiques voisines comme la météorologie et l'océanographie. On a vu que l'étude des dynamiques de l'atmosphère et de l'océan, initiées par l'OMM, étaient étroitement associées depuis la création du GARP en 1967 et la prise de conscience par les atmosphériciens de la nécessité de prendre en compte l'océan pour comprendre l'atmosphère globale et progresser dans sa prévision. Aussi, il n'est pas surprenant que les deux premières pièces du puzzle climatique qui s'emboîtèrent rapidement aient été celles des dynamiques de l'atmosphère et de l'océan liées par des interactions multiples à leur interface commune. C'est l'objet de ce chapitre.

La programmation de la recherche sur le climat

Les météorologues, les premiers, comprirent la nécessité de collecter, organiser et standardiser les observations de l'atmosphère et du temps pour satisfaire la demande publique de sa prévision quotidienne. Pendant longtemps cette prévision a surtout relevé de l'expérience et de l'habileté des prévisionnistes en faisant usage des observations dont ils disposaient. Pour parfaire cette prévision et allonger son échéance, il devint nécessaire de s'appuyer sur des séries d'observations plus étendues dans le temps mais aussi dans l'espace. L'échange des observations avec celles des régions et des États voisins s'imposa rapidement nécessitant des organisations nationales puis internationales. Rappelons (Chapitre IV) que fut créée en 1873 une OMI : Organisation Météorologique Internationale, qui devint en 1951 l'OMM ; Organisation Météorologique Mondiale, une agence technique des Nations Unies, connue, en anglais, sous l'acronyme WMO : *World Meteorological Organisation.* Mais rapidement, pour répondre à la demande des utilisateurs, les services météorologiques durent encore étendre l'échéance de leurs prévisions passant de 24 H à 48 H, puis 72 H, voire une semaine. Pour cela ils durent progressivement prendre en compte les milieuss connexes de l'atmosphère, principalement l'océan. Au-delà des observations, la nécessité de mieux comprendre comment l'océan, et les autres milieux, interagissaient avec l'atmosphère s'imposa. C'est ce qui conduisit l'OMM à susciter et coordonner des activités de recherche en créant le GARP en 1967 et ensuite à prendre en compte la question climatique en créant le WCP : *World Climate Programme*, lors du huitième congrès de l'OMM, en mai 1979.

Les organisations intergouvernementales dans l'étude du climat

Au début des années 1980, au sein du WCP et de l'OMM, fut créé le WCRP : *World Climate Research Programme* ou en français : PMRC Programme Mondial de Recherche sur le Climat, déjà mentionné chapitre IV. Le WCRP prenait la suite du GARP et devenait, en y associant l'ICSU, le volet recherche du WCP et de l'OMM. Il ouvrait une nouvelle ère en institutionnalisant, au sein de la communauté des sciences de l'environnement, la recherche sur le climat. Le WCRP concrétisait ainsi la prise de conscience du changement climatique et de sa variabilité par la communauté des atmosphériciens en y associant les autres composantes du système climatique, océan, cryosphère, biosphère.

Le WCRP se donnait deux objectifs de recherche principaux : la prévision du climat, parallèle à la prévision météorologique, et le diagnostic de l'influence de l'homme sur le climat. Il se dotait pour cela d'un arsenal de réflexion et de programmation scientifique de premier plan avec à sa tête le « *Joint Scientific Committee* – JSC » rassemblant une dizaine de scientifiques parmi les plus représentatifs des différentes communautés scientifiques impliquées dans le climat : atmosphériciens, océanographes, glaciologues, paléoclimatologues. etc. Le JSC, au sein du WCRP concrétisait ainsi une première agrégation de compétences parmi les domaines scientifiques les plus engagés dans l'étude du climat et de sa variabilité.

Comme on l'a noté précédemment et du fait du rôle prépondérant de l'océan dans le climat, les océanographes décidèrent eux aussi de mettre sur pied leur propre instance scientifique réunissant toutes les disciplines océanographiques impliquées dans le climat : physique, chimie, biologie, paleocéanographie. etc. Ce fut le CCCO : « *Committee on Climatic Change and the Ocean* » composé d'une douzaine de scientifiques représentant ces disciplines sous la double tutelle de la COI et du SCOR, cénacle scientifique émanant de l'ICSU pour les sciences de l'océan. Le CCCO était destiné à coordonner l'étude de l'océan sous tous ses aspects dans le cadre du WCRP auquel il rendait compte. Les présidents des groupes du SCOR impliqués dans la question climatique devenaient des membres correspondants du CCCO qui créa des ateliers spécialisés sur les domaines océanographiques les plus importants étaient pour la question climatique : « *Theoretical aspects* », « *Arctic and Antarctic Activities* », « *Ecology* », « *Paleoclimatology* ». Le CCCO était donc chargé de promouvoir et coordonner toutes les composantes de l'océanographie dans l'étude du climat. Structurellement, il se plaçait en soutien du JSC pour exprimer la « pensée et les projets » des communautés océanographiques impliquées. Le CCCO fut l'initiateur des deux premiers programmes océanographiques à grande échelle, TOGA « *Tropical Ocean and Global Atmosphere* » et WOCE « *World Ocean Circulation Experiment* » répondant aux demandes du WCRP et du JSC. Ils sont présentés plus en détail dans ce qui suit.

Ces constructions, relevant à la fois de la science et d'organisations intergouvernementales, émaillées d'acronymes parfois imprononçables, sont difficilement lisibles pour le public (et même pour certains scientifiques du domaine !) ; mais avec les « armes lourdes » qu'elles représentent, sous la caution de l'ONU, les chercheurs en sciences du climat ont pu ainsi acquérir une « force de frappe » sans équivalent pour convaincre leurs instances scientifiques nationales et leur gouvernement d'engager des moyens significatifs dans ces domaines de recherche. C'est ainsi, que, à partir des années 1980, ces recherches ont pris du muscle dans les principaux pays développés. Une trentaine de nations s'engagèrent dans ces coopérations internationales, sous la bannière de grands programmes scientifiques, nécessitant des moyens importants hors de portée des ressources d'un seul pays. Le lancement de ces vastes « machineries scientifiques » : TOGA, WOCE, GEWEX, CLIVAR, JGOFS marquait l'internationalisation du sujet climatique, accompagné d'un rassemblement de moyens et de personnels sans précédent venant de pays quelquefois opposés politiquement, de l'Est et de l'Ouest confondus.

Émergence des premiers programmes internationaux sur le climat

La mise sur pied et l'organisation de tels programmes scientifiques internationaux est longue et délicate. Ces programmes ont généralement pour origine un groupe de chercheurs désireux d'unir leurs efforts autour d'une idée qu'ils partagent et de rechercher les moyens de convaincre leurs institutions scientifiques proches. Au delà, ils cherchent à convaincre leurs gouvernements, de leur octroyer les moyens nécessaires à leur réalisation. C'est une démarche au départ qualifiée quelquefois de « *bottom up* » car elle émane des chercheurs eux-mêmes à la base et s'adresse vers le haut à leurs institutions dans le but de faire accepter leurs projets, de les intégrer dans la programmation nationale et de les financer. Mais rapidement la dimension nationale s'avère souvent insuffisante. Pour être crédibles, ces projets doivent obtenir une caution internationale et surtout ils doivent associer d'autres pays pour accroître les moyens mis en œuvre et partager les coûts. Les institutions internationales sont alors incontournables pour discuter, mettre en forme, proposer ces projets et les cautionner avant de les soumettre à leur tour aux responsables gouvernementaux des différents pays susceptibles de fournir des moyens pour atteindre les objectifs annoncés. À ce stade, la démarche devient alors, pour les scientifiques, « *top to down* », en ce sens que les appels d'offres de participation aux programmes sont proposés au sommet par des instances internationales et nationales.

Le WCRP avec le JSC et le CCCO ont été les instances scientifiques internationales qui ont construit les premiers programmes multinationaux dédiés à l'atmosphère, à l'océan et à leurs interactions. Les deux programmes historiques impliquant l'océan et ses relations avec l'atmosphère sont TOGA et WOCE, auxquels on peut ajouter GEWEX : *Global Energy Water EXperiment* pour étudier le cycle de l'eau et les échanges d'énergie entre les deux enveloppes fluides. Ces programmes, au sein du WCRP, scellèrent ensemble l'étude de la dynamique de l'atmosphère et celle de l'océan impliquant les communautés des atmosphériciens et des océanographes.

TOGA (1985-1995) était dédié à l'étude de l'interaction entre la basse atmosphère et l'océan intertropical superficiel où se manifestait, dans le Pacifique principalement, un phénomène encore étrange, déjà mentionné, aux conséquences climatiques désastreuses, appelé « El Niño », qui avait attiré l'attention des riverains depuis des siècles et qui maintenant intriguait les scientifiques et inquiétait les médias ainsi que les gouvernements. Ce phénomène se caractérisait par un réchauffement des eaux superficielles du Pacifique équatorial oriental, associé à un ensemble de paramètres météorologiques : pression atmosphérique, vent, nébulosité, précipitation affectant la totalité du bassin équatorial pacifique. Le même phénomène était aussi observé dans l'océan Atlantique, mais avec une amplitude moindre. Emblématique du couplage entre l'océan et l'atmosphère, cet événement pseudo-périodique avec une fréquence moyenne de un événement tous les 3 à 5 ans, avait été mis en évidence lors de l'AGI (1957-1958) durant laquelle, par une coïncidence curieuse, il se manifesta avec vigueur. *Jacob Bjerknes*, le célèbre atmosphéricien américain, fut le premier, à la fin des années 1960, à mettre en évidence les mécanismes de ce couplage océan-atmosphère à l'origine du phénomène et l'océanographe *Klaus Wyrtki* en fit une étude détaillée en 1975 pour son aspect océanographique. Mais il fallait collecter des observations pendant une durée assez longue (10 ans) dans l'océan et dans l'atmosphère pour identifier et comprendre l'enchaînement des mécanismes d'interaction. Il était nécessaire aussi de développer des modèles de ces processus, l'objectif ultime étant de prévoir l'apparition et l'évolution du phénomène pour en atténuer les conséquences malheureuses sur les populations riveraines du Pacifique.

WOCE est né de la prise de conscience des océanographes de leur méconnaissance presque totale de la dynamique et de la circulation générale des océans dans leur globalité incluant les couches profondes. Certes, les schémas généraux de cette circulation étaient connus, mais la très faible densité d'observations de qualité, notamment dans les profondeurs, renvoyait une image encore très floue de cette circulation moyenne et de sa variabilité dans des régions clés comme les détroits et les seuils. Certaines régions étaient même totalement inconnues, d'autres, soumises à une variabilité multifréquences importante, étaient insuffisamment échantillonnées. Il devenait indispensable et urgent d'acquérir une connaissance minimale de cette circulation générale profonde. Rappelons que ce transport océanique venait d'ailleurs d'être mis en évidence et réévaluée par les travaux de deux chercheurs américains *Abraham Oort* et *Thomas Vonder Haar* qui s'appuyèrent sur les données historiques accumulées au fil du temps, et desormais utilisables grâce aux ordinateurs, pour montrer que l'océan jouait un rôle essentiel dans le rééquilibrage énergétique de la Terre, en transportant la chaleur accumulée dans les tropiques vers les hautes latitudes.

GEWEX arriva plus tardivement, en 1990, parmi les programmes lancés par le WCRP. Il fut inspiré principalement par *Pierre Morel* alors qu'il était le directeur de ce WCRP. Les échanges d'eau et d'énergie entre l'atmosphère et l'océan apparaissaient en effet comme des mécanismes physiques essentiels sous-tendant les interactions entre les deux milieu fluides. Par ailleurs, dans les premières tentatives de simulations de ces interactions, le rôle de l'eau dans l'atmosphère et sa « paramétrisation » dans les modèles apparurent rapidement très complexes et très difficiles à prendre en compte au regard du rôle très important de la vapeur d'eau dans l'effet de serre et des nuages dans le bilan radiatif de la Terre. Ce rôle du cycle de l'eau dans le climat apparut bientôt comme une inconnue majeure qui nécessitait des investigations scientifiques poussées, ce qui motiva la mise sur pied de ce grand programme international.

Une préfiguration de TOGA dans l'Atlantique

Les premières idées sur les projets de programmes océanographiques à finalité climatique à développer vinrent des *États-Unis*, comme souvent. Les réunions américaines destinées à préparer les grandes orientations de leur recherche océanographique, avec les répartitions budgétaires afférentes, pour la décennie 1980, furent marquées par une vigoureuse confrontation entre les tenants de l'océan

Pacifique et ceux des océans Atlantique et Indien. Le phénomène El Niño, que l'on commençait à bien connaître par les études détaillées que venait d'en faire *Wyrtki* de l'Université d'*Hawaï*, *Bjerknes* et d'autres dont *Rasmusson* et *Carpenter*, avait son origine dans le vaste Océan Pacifique. Il paraissait donc évident, pour une majorité d'océanographes appartenant aux institutions bordant l'océan Pacifique, notamment ceux de la *Scripps* en *Californie* et de l'Université *d'Hawaï,* qu'il fallait faire porter l'effort principal sur cet océan et sur le phénomène El Niño. Les partisans de l'Atlantique, au contraire, arguaient que la grande étendue du Pacifique jouait en sa défaveur pour mener un programme d'observation susceptible d'élucider le détail des mécanismes physiques si particuliers, en jeu à proximité de l'équateur. L'océan Atlantique, trois fois moins étendu que le Pacifique à l'équateur dans le sens zonal, proche des régions développées du Nord et important pour leur climat, leur paraissait plus favorable pour une étude poussée des mécanismes physiques des interactions océan-atmosphère, étant entendu que ces mécanismes étaient supposés être les mêmes dans les deux océans qui ne différaient que par leur taille.

En fait, cette querelle était directement liée à la répartition géographique des institutions de recherche océanographiques américaines entre la côte est et la côte ouest. Le Pacifique a réussi effectivement à drainer, durant la décennie 1980, une fraction substantielle des moyens alloués par les agences de financement américaines : *NSF, NOAA, NASA* et *ONR* : *Office of Naval Research*, pour l'étude du Pacifique comme on va le voir. Cependant, l'Atlantique eut sa part grâce à la détermination d'un groupe d'océanographes ambitieux venant de la côte Est : *Woods Hole*, *MIT*, *Lamont*, *Columbia*, *GFDL*, *Harvard*, et de plusieurs autres universités. Ils se rassemblèrent sous une bannière commune, SEQUAL, *Seasonal Equatorial Atlantic Experiment*, avec la volonté de construire une proposition de recherche intégrée sur l'Atlantique. Très tôt, ces scientifiques « atlantistes » américains comprirent que, s'ils pouvaient entraîner à leur côté un programme étranger, ils accroîtraient considérablement leur chance d'obtenir le financement souhaité pour leur projet.

Or, il se trouvait que de l'autre côté de l'Atlantique un programme français sur l'Atlantique tropical, FOCAL : *Français Océan Climat Atlantique équatoria*L, initié principalement par l'ORSTOM, se préparait et était également dans une phase de soumission à l'instance nationale française de programmation de la recherche sur le climat, le PNEDC, nouvellement créée et animée par *Pierre Morel.* Ces deux programmes, français et américain, étaient donc susceptibles de se soutenir mutuellement vis-à-vis de leurs agences de financement respectives dans les deux pays. Des rencontres entre scientifiques américains de SEQUAL et français de FOCAL se déroulèrent alternativement aux *États-Unis* et en *France* pour coordonner les objectifs, définir les opérations plus ou moins communes qu'ils envisageaient de mener en mer, ainsi que les investigations théoriques et la modélisation numérique qui faisait ses débuts.

Les deux programmes furent acceptés et financés dès 1982 par leurs agences de financement respectives, au niveau des demandes budgétaires présentées et pour une durée de trois années. Ces financements soutenaient des opérations de terrain qui furent menées de 1982 à 1984, des investigations théoriques, des modèles et des analyses des observations anciennes numérisées dans les banques de données. L'objectif commun était d'observer et de comprendre la réponse saisonnière globale des couches supérieures d'un bassin équatorial, en l'occurrence l'océan Atlantique, soumis à l'action mécanique du vent. Cet objectif était dans la ligne des interrogations que soulevaient les premières simulations numériques de la dynamique océanique équatoriale, montrant des phénomènes dits de « *remote forcing* » ou, en français : « actions à distance », le long de l'équateur mises en évidence dans les océans Pacifique et Atlantique. Ces « actions à distance » pouvaient être générées par des ondes piégées à l'équateur qui se propageaient généralement d'ouest en est. Certains pensaient que l'on avait là la clé explicative définitive du phénomène El Niño et des phénomènes semblables observés, plus rarement, dans l'Atlantique. D'autres pensaient, au contraire, que les choses étaient plus complexes et que l'on devait étudier en détail, le long de l'équateur, la réponse de l'océan à un forçage du vent variable saisonnièrement, mais aussi susceptible de changements brutaux comme dans le Pacifique. L'étroitesse de l'Atlantique par rapport au Pacifique se prêtait mieux à cette étude basée principalement sur l'observation en mer.

Les opérations en mer se déroulèrent sans problème particulier et les résultats furent globalement au niveau des investissements consentis par les agences de financement des deux pays. Le principal résultat fut la mise en évidence de la dépendance étroite de la réponse de l'océan, caractérisée par la profondeur de la thermocline, aux fréquences principales de variations du vent. L'inclinaison zonale — entre l'est superficiel et l'ouest plus profond — de la thermocline conditionne les transferts d'eaux chaudes est-ouest et ouest-est. Lorsque le vent varie régulièrement en fonction de la saison, sans sautes brutales, la thermocline s'ajuste également progressivement en phase avec le vent et il n'y a pas formation d'ondes équatoriales susceptibles d'engendrer des phénomènes de « *Remote forcing* ». Au contraire, des sautes de vent brutales, comme cela se produit souvent dans le Pacifique, mais rarement dans l'Atlantique, génèrent des ondes piégées à l'équateur (Les ondes de *Kelvin*) se propageant d'ouest en est et contribuant à déclencher des phénomènes amenant des eaux chaudes caractéristiques du phénomène El Niño dans le Pacifique équatorial oriental (*Pérou*, *Équateur*).

Les deux programmes devaient observer deux cycles saisonniers complets couvrant les années 1983 et 1984 pour avoir un cycle moyen plus représentatif. Curieusement, l'année 1983 fut très anormale et ressembla beaucoup à ce qui se passe dans le Pacifique où des sautes brutales de vent génèrent des ondes. L'appellation de « El Niño atlantique » fut donnée à ce phénomène particulier de 1983 où on était en présence d'un processus ondulatoire générant un « *Remote forcing* » caractérisé. Le phénomène put être analysé en détail grâce aux observations des deux programmes. Des travaux théoriques et des simulations numériques confirmèrent les observations et éteignirent la controverse entre ceux qui privilégiaient, l'importance des actions à distance (*Remote forcing*) et ceux qui s'en tenaient aux actions locales et globales du vent. Ces résultats, publiés dans le journal scientifique « *Nature* », marquèrent une grande avancée dans la connaissance de la dynamique des océans équatoriaux en relation avec l'atmosphère et les phénomènes impliqués dans la variabilité naturelle du climat.

TOGA reprend ses droits dans le Pacifique

Bien que centré sur les tropiques et le Pacifique, le phénomène ENSO, association de « *El Niño* » et de « *Southern Oscillation* », a un retentissement climatique global qui touche une grande partie de la ceinture tropicale et même au-delà, la planète entière. La perspective de comprendre la cause de ces cycles apériodiques, de façon à les prévoir au moins partiellement, a convaincu les scientifiques et les décideurs des années 1980 d'étudier en profondeur ce phénomène, en prélude à une compréhension plus complète de la variabilité du climat. Mais une entreprise aussi ambitieuse nécessitait un effort coordonné sans précédent des océanographes et des atmosphériciens. Il était nécessaire de collecter des observations sur les deux milieu et dans les trois océans, et de construire des modèles suffisamment réalistes pour utiliser leurs simulations en mode prédictif. Un tel effort nécessitait un rassemblement de moyens et de personnels scientifiques qui ne pouvait être obtenu que dans le cadre d'un grand programme international et sur une longue durée. Ce rassemblement orchestré par le WCRP et le CCCO, donna le jour au programme TOGA associant l'étude de l'océan tropical à l'atmosphère globale.

TOGA réussit donc à rassembler, pendant plus de 10 ans, de 1985 à 1995, une fraction substantielle de la communauté tropicaliste, météorologues et océanographes confondus, avec l'objectif commun d'observer de façon détaillée et si possible d'être en mesure de prévoir l'évolution de l'oscillation météo-océanique ENSO ainsi que ses effets sur la variabilité climatique interannuelle des régions tropicales. Dès 1982, le CCCO créa un groupe de travail préparatoire, dont l'animation fut confiée à l'un de ses membres, l'océanographe britannique *Adrian Gill*, avec la mission de formuler les fondements scientifiques d'un programme international sur le sujet. Ce groupe de travail fut ensuite formellement reconnu par le JSC, sous les auspices du WCRP, de l'OMM et de l'ICSU. Le WCRP, sur la base des propositions du groupe de travail préparatoire d'*Adrian Gill*, institua un « *Scientific Steering Group- SSG* » pour élaborer et coordonner les objectifs scientifiques du programme. *Adrian Gill* fut naturellement le premier président du SSG. Malheureusement il décéda brutalement en 1986 et fut remplacé par *Peter Webster*, un météorologue australien.

Pour coordonner l'action des pays engagés au sein du SSG et de ses sous-groupes de travail, TOGA se dota d'un : *International TOGA Board,* présidé par le météorologue brésilien *Antonio Divino Moura* et rassemblant les représentants nationaux des pays participants. Ce « *Board* » international fut chargé d'évaluer les résultats et le suivi du programme ainsi que de garantir la réalité des engagements de moyens proposés par ces pays. Enfin, pour coordonner la mise en œuvre pratique des opérations sur le terrain par les différentes institutions scientifiques des pays participants, un *International Project Office,* fut installé en Angleterre sous la direction d'un Britannique, *John Marsh.*

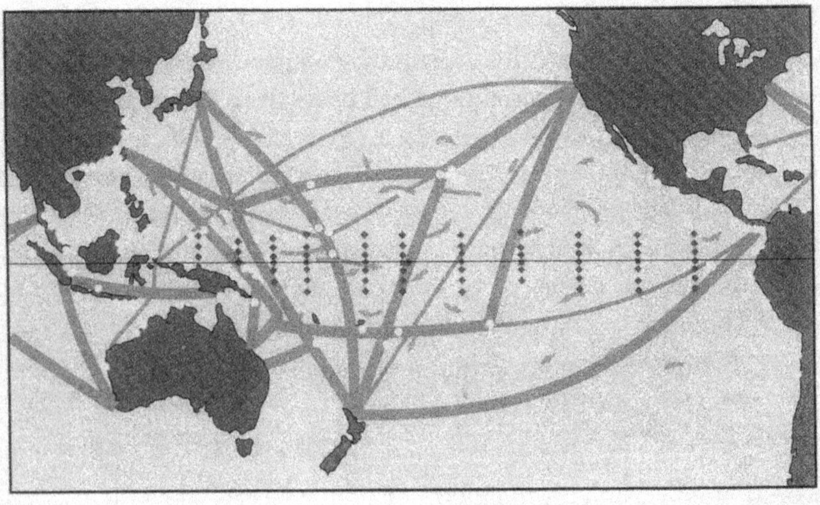

Le programme d'observations de TOGA dans le Pacifique

Les objectifs généraux de TOGA se déclinaient en trois volets.

(i) Apporter une description des océans tropicaux et de l'atmosphère globale, considérés comme formant un système couplé variable dans le temps, de façon à déterminer dans quelle mesure ce système est prévisible à des échelles de temps de quelques mois à quelques années, et comprendre les mécanismes qui sous-tendent cette prévisibilité.

(ii) Étudier la possibilité de modéliser le système couplé océan-atmosphère dans le but de prévoir ses variations de quelques mois à quelques années.

(iii) Fournir les bases scientifiques nécessaires à l'établissement d'un système d'observations et de transmission de ces observations pour réaliser une prévision opérationnelle.

Pour atteindre ces objectifs, le SSG TOGA proposa plusieurs types d'opérations.

(i) Mise en place d'un système d'observation de l'océan et de la basse atmosphère.

(ii) Réalisation d'une étude de processus concrétisée par un programme annexe : COARE : *Coupled Ocean Atmosphere Response Experiment*, nécessaire à la compréhension détaillée des mécanismes d'échange énergétique intense entre les deux milieux dans la région chaude, la « *warm pool* », de l'Ouest Pacifique où l'interaction entre la basse atmosphère et l'océan superficiel est à son paroxysme.

(iii) Développement de modèles d'océans et de modèles couplés océans-atmosphère dans la perspective de prévoir l'évolution du système couplé.

(iv) Réalisation d'études diagnostiques du phénomène ENSO et de son rattachement à des phénomènes semblables affectant les autres régions tropicales : océan Indien pour la mousson et océan Atlantique où, comme on l'a vu, un phénomène semblable à El Niño peut se développer, avec une intensité réduite, comme ce fut le cas en 1983 durant SEQUAL et FOCAL.

TOGA représente le premier grand programme international pour lequel océanographes et atmosphériciens ont interagi en équipe, sans distinction d'origine et de culture scientifique. C'est aussi le programme le plus étendu dans le temps et le premier qui préfigure l'océanographie opérationnelle de demain, semblable à celle de la météorologie pour la prévision du temps qui sera indispensable pour la future prévision opérationnelle du climat. C'est cette perspective de prévision opérationnelle du climat qui conduisit TOGA à donner beaucoup d'importance au développement de la modélisation. Mais, pour avoir des modèles réalistes avec une bonne capacité de prévision, il fallait aussi disposer d'observations nombreuses et de qualité dans chacun des deux milieu et à leur interface. C'est pourquoi un effort d'observations coûteux et sans précédent a aussi été mis en place. Ces systèmes d'observation, encore expérimentaux durant TOGA, ont pris progressivement un caractère opérationnel dès la fin du programme en 1995.

La circulation générale de l'océan : Le Programme WOCE

À la fin des années 1980, on ne disposait toujours pas d'une image satisfaisante de la circulation générale des océans et de sa variabilité pourtant indispensable pour comprendre sa relation avec le climat. De nombreuses régions n'avaient jamais été explorées, d'autres seulement par des observations anciennes en petit nombre. Il était indispensable de pouvoir disposer de nouvelles observations plus complètes et plus homogènes, qui couvriraient la totalité de l'océan et dont la qualité serait indiscutable. La mise sur pied d'une telle opération internationale, mettant en commun des moyens d'observation en grand nombre, paraissait être la seule issue possible. C'est ainsi que naquit l'idée du plus grand programme international d'observation *in situ* de l'océan mondial jamais envisagée. Ce projet fut renforcé par les perspectives prometteuses offertes par l'observation spatiale. Il devenait envisageable, en utilisant une nouvelle génération d'instruments embarqués sur des plate-formes satellitaires, les altimètres (chapitre V), en association à des observations *in situ*, d'obtenir une information sur la dynamique de l'océan à toutes profondeurs. Les deux approches, mesures *in situ* et mesures spatiales, s'épaulaient mutuellement.

L'initiateur de WOCE est incontestablement *Carl Wunsch* du MIT, qui, à l'étonnement de certains de ses collègues océanographes, proposa, à la fin des années 1970, de mobiliser l'essentiel des moyens de l'océanographie mondiale, en particulier les navires océanographiques, pour couvrir l'océan de « stations de mesures hydrologiques »[39] de la surface au fond comme on le faisait depuis l'époque du *Challenger* au XIXème siècle. Ces observations à partir de stations hydrologiques classiques rappelaient l'océanographie des grandes campagnes historiques et faisaient un peu « vieux jeux ». Mais *Carl Wunsch* avait un atout dans sa manche plus convaincant et plus moderne pour se rattacher à la modernité. C'était la perspective d'obtenir bientôt des observations de la topographie dynamique de la surface des océans depuis l'espace à l'aide de radars altimètres embarqués sur des satellites. On a vu (chapitre V) que dans le cadre d'un projet franco-américain TOPEX-POSÉIDON, il devenait envisageable d'obtenir cette topographie à partir d'observations spatiales. *Carl Wunsch* argumentait que le couplage de cette topographie de la surface vue de l'espace avec la connaissance du champ de densité de l'océan, obtenue dans ses trois dimensions par des campagnes hydrologiques, allaient permettre d'accéder aux champs de vitesse des courants à toutes les profondeurs et donc à la circulation générale de l'océan mondial. C'est cet espoir ambitieux qui justifiait principalement WOCE. À ces mesures du champ de densité les géochimistes proposaient d'ajouter des mesures de traceurs de la circulation (fréons, carbone 14 issu des expériences nucléaires des années 1950) qui renseigneraient sur le parcours et l'âge des masses d'eau.

Par ailleurs la connaissance du champ de vent, également issue en grande partie des observations par satellites, allait permettre de « forcer » des modèles d'océan dans lesquels on pourrait

[39] « station d'observation hydrologique » est une expression consacrée en océanographie pour désigner un point d'observation de l'océan qui exige que le navire stationne en position fixe pendant le temps nécessaire au déploiement des instruments d'observations et de prélèvements d'échantillons d'eau de mer, généralement accrochés le long d'une ligne pouvant être immergée jusqu'au fond. L'instrument le plus utilisé, ainsi accroché à une ligne, est une « bathysonde » ou « sonde hydrologique » qui permet de mesurer automatiquement des paramètres usuels tels que la température et la salinité et aussi de prélever des échantillons d'eau.

« assimiler »[40] les observations précitées de façon à obtenir les images les plus réalistes possibles de l'état de l'océan dans toute sa masse, ainsi que suivre et prévoir son évolution. De tels outils tendant à offrir enfin une « vision » de l'océan et de sa dynamique approchant celle de l'atmosphère, s'inscrivaient en droite ligne dans l'objectif climatique. La connaissance de l'océan rattrapait son retard sur celle de l'atmosphère étudiée depuis beaucoup plus longtemps.

Bien que les promoteurs des projets spatiaux se fussent déclarés capables de fournir une topographie dynamique assez précise de la

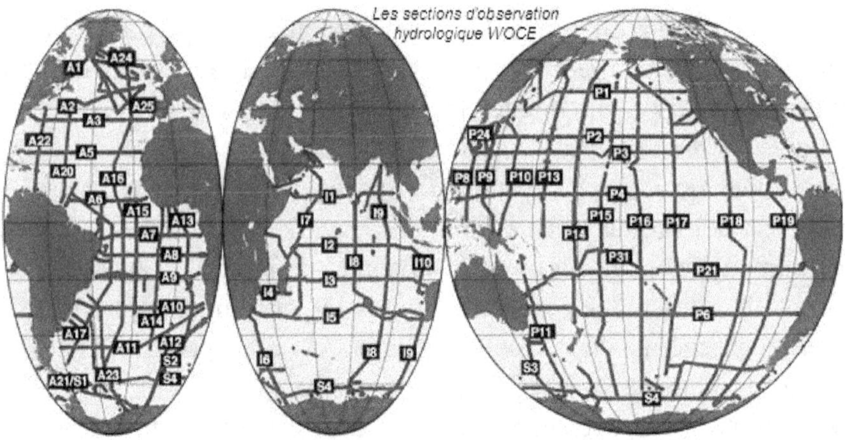

Radiales de « stations hydrologiques » WOCE

surface des océans – de l'ordre de quelques centimètres – beaucoup d'océanographes restaient méfiants et incrédules. Tous ces arguments en faveur du projet, avancés avec force par *Carl Wunsch* et ceux qui le soutenaient, notamment *Francis Bretherton*, restaient encore au stade de propositions « *bottom up* » émanant de la communauté scientifique de base qui, si brillante soit-elle, demeurait encore impuissante tant qu'elle n'avait pas convaincu les instances internationales de programmation, WCRP, JSC, CCCO et ultérieurement aussi les agences nationales de financement.

[40] L'assimilation des observations dans un modèle est une technique mathématique permettant d'insérer les observations dans les simulations du modèle de façon à le recaler sur la réalité des observations.

Très rapidement, le CCCO comprit que le projet WOCE était une riche idée qu'il fallait défendre avec énergie. L'acte de naissance de WOCE, en tant que projet international, date de la conférence jointe CCCO/JSC organisée par *Bryan Robinson*, de l'Université d'*Harvard,* sur les programmes océanographiques à grande échelle, qui se tint à *Tokyo* en mai 1982. Cette conférence fut un événement et marque un tournant concernant l'engagement des océanographes dans l'étude du climat. Presque toute l'océanographie mondiale était représentée. À cette époque, le projet TOGA était déjà sur les rails ; c'est donc WOCE qui retint l'essentiel de l'attention pour mettre sur pied la plus grande opération commune jamais planifiée par des océanographes.

À partir de cette conférence, le CCCO prit en charge la construction du projet et créa conjointement avec le JSC un groupe de planification, le SSG : *Scientific Steering Group.* WOCE était donc un projet à dominante océanographique, mais qui restait assujetti aux avis et à l'encadrement des climatologues et des atmosphériciens par l'intermédiaire du JSC sous l'égide de l'OMM. Dès 1983, le SSG précisa les objectifs du programme et créa plusieurs groupes de travail pour avancer dans la définition du projet. La tâche était ardue, car une trentaine de pays étaient impliqués et candidat au programme sur les quatre océans avec des objectifs étendus à presque tous les champs de l'océanographie. Il fallut également établir un « *WOCE International Project Office* – WOCE-IPO » à *Wormley* en *Angleterre,* et lorsque l'on approcha des échéances opérationnelles, un centre de gestion des opérations à la mer fut mis en place en *Allemagne*. Un plan scientifique fut établi en 1986 et un plan opérationnel en 1988. Une grande conférence scientifique se tint à *Paris* en novembre 1988, rassemblant à la fois les chercheurs et les décideurs des pays candidats à la participation au programme. Les opérations en mer se déroulèrent de 1990 à 1997.

L'eau et l'énergie irriguent le système climatique : le Programme GEWEX

L'eau, ce corps chimique si rare dans l'univers, assure l'habitabilité de notre planète en couplant ses systèmes biogéochimiques au système climatique. Le cycle de l'eau est au cœur du système climatique et traverse tous les milieu qui le composent : atmosphère, océan, terre, glace, milieu vivant. De ce fait l'eau est le principal agent des échanges énergétiques entre ces milieu qui déterminent le climat. Cette évidence prit rapidement corps au sein du WCRP après le lancement de TOGA et de WOCE lorsque, dans les modèles, apparurent les premières difficultés pour la prise en compte de la teneur en vapeur d'eau de l'atmosphère. La quantité d'eau contenue dans celle-ci, sous toutes ses formes, est en effet un paramètre critique qui contrôle la réponse climatique à toutes les perturbations extérieures affectant notre environnement.

Les changements d'état de l'eau, évaporation, condensation, sublimation, s'accompagnent d'échanges énergétiques considérables, notamment en ce qui concerne l'évaporation à la surface des océans. La « chaleur latente d'évaporation » qui passe de l'océan à l'atmosphère est le terme le plus important de l'échange énergétique entre les deux milieu. À l'intérieur de cette dernière, lorsque la condensation se produit elle libère cette énergie qui alimente de véritables « moteurs thermiques atmosphériques » engendrant le vent. Comprendre le rôle de l'eau dans le système climatique devint très tôt une priorité. A l'état de vapeur, l'eau est, en effet, par son abondance, le plus puissant gaz à effet de serre qui soit. Les nuages sont également impliqués dans un très important processus de rétroaction avec le climat par leur capacité à réfléchir une part importante du flux radiatif solaire incident.

Un programme spécifique pour étudier le rôle de l'eau dans le climat fut donc mis sur pied, en 1990, au sein du WCRP sous l'impulsion principale de son directeur du moment, le français *Pierre Morel*. Ce fut le programme GEWEX : *Global Energy Water Experiment*. L'objectif central de GEWEX, toujours en cours en 2016, est de simuler et prévoir, à l'aide de modèles, les variations du régime hydrologique global de la planète incluant ses impacts sur la dynamique des enveloppes fluides terrestres et leurs interfaces. GEWEX doit pouvoir aussi simuler l'évolution des régimes hydrologiques régionaux et leurs réponses aux perturbations environnementales associées notamment à celle de l'accroissement des gaz à effet de serre. GEWEX devra de même atteindre un niveau de performance suffisant dans la modélisation pour pouvoir représenter correctement les précipitations et l'évaporation à l'échelle globale, ainsi que les bilans précis de ces échanges et leurs impacts sur l'évolution du climat. GEWEX est ainsi au cœur du dispositif du WCRP pour étudier la dynamique et la thermodynamique de l'atmosphère, ainsi que ses interactions avec la surface terrestre continentale et marine. De ce fait c'est un programme connecté à l'ensemble des autres programmes du WCRP, notamment à CLIVAR qui prolonge TOGA et WOCE depuis 1995 et dont on reparlera plus loin.

GEWEX, sous l'égide d'un comité scientifique et avec l'appui d'un IGPO : *International GEWEX Project Office*, s'est organisée en panels thématiques et en expériences régionales au cours de deux phases essentielles de son développement.

Durant la première phase, de 1990 à 2002, l'attention s'est concentrée sur le développement des outils nécessaires à la recherche, particulièrement les modèles, et les projets possibles d'observations à partir de plate-formes spatiales incluant des analyses régionales par bassins versants. Un accent particulier a été porté sur les nécessaires paramétrisations à introduire dans les modèles pour prendre en compte les processus complexes de rétroactions entre les nuages et les surfaces continentales ou océaniques.

Au cours de la deuxième phase, à partir de 2002, le programme s'est structuré autour de trois thèmes scientifiques pilotés chacun par un panel scientifique :

- l'hydrométéorologie avec le « *GEWEX Hydrometeorological Panel* — GHP »,

- la modélisation avec le « *GEWEX Modelling and Prediction Panel* — GMPP »,
- le bilan radiatif avec le « *GEWEX Radiation Panel* — GRP ».

Des expériences régionales sont aussi mises sur pied dans différents sites caractéristiques de processus particuliers : les moussons asiatiques et atlantiques, une mer semi-fermée (la mer Baltique), la forêt amazonienne, le *Sahel*, le Nord-*Canada* en contact avec la calotte glaciaire.

GEWEX contribue ainsi à resserrer encore plus étroitement les liens entre atmosphériciens et océanographes, en prenant en compte l'hydrologie continentale et l'agro-météorologie. Il apporte une nouvelle pièce au puzzle climatique dont on va voir toute l'importance dans le chapitre suivant, traitant du rôle de la biosphère dans le climat.

Chapitre VII

-

La biosphère entre en jeu

Dans les années 1980, au-delà de la physico-chimie de l'atmosphère et de l'hydrosphère incluant les océans, d'autres pièces du puzzle, appartenant aux sciences de l'environnement, vinrent se joindre au canevas climatique. Comme on vient de le voir, c'est sans surprise que l'OMM, agence technique des Nations Unies pour la météorologie, a été l'organisation internationale initiatrice du WCRP ; celui-ci engendra les programmes de recherche dédiés à l'étude de la dynamique du climat, que l'on vient de parcourir. Mais d'autres organisations scientifiques internationales qui touchaient au climat existaient et elles sont aussi intervenues dans ces constructions. On a noté que l'ICSU, cette « organisation non gouvernementale » dédiée à la science, était très présente dans les sciences de l'environnement ; elle était aux côtés de l'OMM pour la mise sur pied du WCRP. À l'origine, le WCRP était censé couvrir toutes les composantes du climat, y compris la biosphère. Mais en fait les milieu vivants et leur rôle dans l'environnement terrestre étaient déjà traités dans d'autres programmes internationaux dont la finalité n'était pas centrée sur la question climatique. L'ICSU, grâce à son omni-compétence dans de multiples domaines scientifiques, a fait le lien entre les disciplines proprement climatiques et les autres sciences de l'environnement. C'est ainsi que, sous son impulsion, un programme international, non spécifiquement dédié à l'étude du climat mais croisant plusieurs thèmes scientifiques de la question climatique, a vu le jour en 1987. Il s'agit de l'IGBP : *International Geosphere Biosphere Programme »*, en français PIGB : Programme International Géosphère Biosphère, dédié à l'étude interdisciplinaire de ce qui a été appelé le « changement global ».

Ainsi autour des thèmes du « changement global » et du « développement durable », diverses organisations internationales plus ou moins chapeautées par l'ONU ont proposé, à partir des années 1980, des programmes touchant à l'environnement terrestre. Plusieurs de ces programmes avaient, ou pouvaient avoir, des relations avec la question climatique. Mais l'IGBP reste le principal grand programme de ce registre. On reviendra plus en détail sur son contenu et ses intersections avec la recherche sur le climat. Mais pour traiter, dans toute sa diversité, la relation du milieu vivant avec le climat, il faut faire le point sur le maquis des institutions, organisations, petits et grands programmes, dédiés à l'environnement terrestre et accessoirement au climat, en distinguant la recherche et les systèmes d'observations plus ou moins pérennes et opérationnels.

La galaxie des programmes dédiés à l'environnement et au climat

La biosphère nous projette dans la complexité. La vie est par nature plus difficilement réductible à des processus simples que la matière inerte et, naturellement, les structures de recherche qui en traitent sont également plus complexes et plus foisonnantes ! La question climatique, on l'a vu, s'est cristallisée au sein de l'OMM autour de la physique et de la chimie des milieu constituant le climat, en commençant par ses deux enveloppes fluides. Au début, l'OMM, avec son WCRP, a voulu inclure le milieu vivant, la biosphère, dans ses domaines d'études du climat. Si cela avait été le cas, on serait resté dans un contexte organisationnel centralisé et hiérarchisé, qui aurait facilité l'intégration des nombreux domaines traitant du vivant dans la question climatique. Mais prendre en compte la biosphère ouvre la porte du domaine de l'environnement au sens large dans ses relations avec l'homme et ses activités, ce qui complique sérieusement les choses. Il devient alors nécessaire de prendre connaissance d'un grand nombre d'institutions et de programmes existant de longue date, plus ou moins bien coordonnés, qui, de près ou de loin, traitent de l'environnement, de la biosphère, du climat et de l'action de l'homme en leur sein.

Dans le domaine des sciences de l'environnement, les organisations internationales destinées à coordonner la recherche ainsi que les réseaux d'observation à vocation opérationnelle sont peu lisibles car ils résultent d'initiatives venues d'horizons divers, étalées dans le temps qui se sont empilées les unes sur les autres sans que les simplifications et les regroupements qui auraient dû s'imposer au fil du temps aient été pris en compte. Par ailleurs, des systèmes d'observation plus ou moins opérationnels sont aussi souvent étroitement imbriqués dans la recherche. Dans beaucoup de pays, les observatoires dépendent toujours financièrement et structurellement de la recherche. Cette situation au plan national rejaillit sur la structure des organisations internationales. De ce fait, il est difficile de distinguer les organisations internationales dédiées à la recherche de celles dédiées plus spécifiquement à l'observation et ayant un caractère opérationnel ou vocation à l'avoir. Cependant de nombreuses passerelles et comités plus ou moins communs et souvent redondants lient ces deux catégories d'activités, ce qui contribue à accroître encore un peu plus la complexité précédemment évoquée[41].

Depuis 2002, il y a au sommet, à l'initiative de l'ICSU, un assemblage de programmes appelé ESSP : *Earth System Science Partnership*, destiné à faciliter l'étude intégrée du « système Terre » à travers ses composantes physiques, chimiques, biologiques et sociales. Ce « *partnership* » inclut quatre grands programmes, dont l'un que l'on connaît déjà bien : le WCRP, auquel s'ajoutent l'IGBP, et deux

[41] A ces problèmes structuraux, s'ajoute, pour le lecteur non initié, l'abondance de sigles d'origine anglo-saxonne souvent absconds, sensés désigner ces instances et les programmes qui en découlent.

programmes plus récents, l'un pour la biodiversité : *Diversitas* et l'autre pour la dimension humaine du changement global, IHDP : *International Human Dimension Programme*.

Examinons brièvement ces deux nouveaux programmes, prolongeant le WCRP pour la biodiversité : *Diversitas* et pour les impacts humains des désordres écologiques, y compris climatiques : IHDP, avant de nous attarder plus longuement sur l'IGBP et un de ses principaux projets scientifiques ayant pour objet l'étude de la biosphère océanique ; c'est le programme JGOFS : *Joint Global Ocean Flux Study*, déjà évoqué (chapitre III et IV).

La biodiversité et les facteurs humains dans le changement global

« Diversitas » est un programme international de recherche, au statut d'organisation non-gouvernementale, dédié aux sciences de la biodiversité, créé en 2002 sous les auspices principaux de l'UNESCO et de l'ICSU. Les objectifs de ce programme s'organisent autour de deux axes : promouvoir la science sur la biodiversité et particulièrement le lien entre les disciplines biologiques, écologiques et sociales, afin de répondre à la demande sociétale et fournir les bases scientifiques de la conservation et de l'utilisation durable de la biodiversité. Ces objectifs s'organisent autour de quatre domaines interconnectés : recherche, observations, évaluation scientifique et élaboration de politiques.

Plusieurs programmes scientifiques ont été mis sur pied sur des thèmes scientifiques spécifiques dont certains touchent de loin au climat.

- Explorer et expliquer l'importante richesse biologique des montagnes : « *Global Mountain Biodiversity Assessment* – GMBA ».
- Fournir un cadre conceptuel unificateur pour les sciences de la biodiversité au sein des paysages agricoles : « *Agro-BIODIVERSITY* ».

- Fournir un cadre conceptuel pour les sciences de la biodiversité des eaux douces : « *Freshwater-BIODIVERSITY* ».
- Explorer et comprendre les relations entre biodiversité et santé : « *Eco-HEALTH* ».
- Conserver la biodiversité et maintenir les revenus des populations humaines en minimisant l'impact des espèces invasives : « *Global Invasive Species Programme* – GISP ».
- Explorer la biodiversité marine, comprendre son rôle dans le fonctionnement des océans et développer un cadre pour sa gestion afin de mieux la conserver : « *Ocean-LIVE* ».

L'IHDP « *International Human Dimension Programme* » a pour objectif d'étudier les causes humaines du changement global et les réponses que l'homme y apporte. Il est proche de l'IGBP dont il représente la composante humaine. Et à ce titre il relève, au moins partiellement, des sciences humaines. Il comporte six projets scientifiques dont certains sont communs avec ceux de l'IGBP.

- Gouvernance du système Terre : « *Earth System Governance* – ESG »
- Changement environnemental global et sécurité humaine : « *Global Environmental Change and Human Security* – GECHS ».
- Transformation industrielle (*Industrial Transformation* – IT).
- Urbanisation et changement environnemental global : « *Urbanization and Global Environment Change* – UGES ».

Les deux derniers projets sont aussi patronnés par IGB. Il s'agit de :

- « *Land-ocean Interactions in the Coastal Zone* – LOICZ » présenté plus en détail plus loin.
- « *Global Land Project* – GLP »

Si « *Diversitas* » et ce dernier programme IHDP sont encore assez loin du climat, il faudra cependant se souvenir d'eux lorsqu'on évoquera plus loin (chapitres XI et XII) les dimensions économiques, sociales et humaines de la question climatique. Parmi ces quatre grands programmes du partenariat ESSP, le programme IGBP mérite une attention particulière, car certains de ses programmes ont une intersection évidente et directe avec les programmes du WCRP. De plus IGBP a contribué énormément à l'avancée des connaissances sur le climat pour presque toutes les questions touchant à la biosphère, notamment celles qui concernent la biosphère océanique, avec le programme JGOFS déjà évoqué et présenté plus en détail plus loin.

L'IGBP « International Geosphere Biosphere Programme »

C'est au cours de sa 21ème assemblée générale que l'ICSU a décidé de créer, en 1986, l'IGBP « *International Geosphere Biosphere Programme* ». Le besoin d'un tel programme s'est fait sentir dès le début des années 1980 par la prise de conscience progressive que l'emprise croissante de l'espèce humaine sur la nature pouvait se faire au détriment de l'homme lui-même. Ceci se reflétait, par exemple, dans les changements de la composition chimique de l'atmosphère et dans l'instabilité croissante des écosystèmes naturels continentaux, côtiers et marins. Le « changement global », terme encore mystérieux mais déjà inquiétant pour les médias et le public, fit son apparition dans les années 1980. Il convenait de mieux comprendre les mécanismes complexes à l'origine des changements subtils affectant notre environnement, et de fournir aux décideurs politiques les informations leur permettant de prendre les mesures appropriées à cette situation inédite depuis l'émergence de l'espèce humaine. Il fallait aussi prendre conscience que la Terre constitue un système global unique dans lequel l'atmosphère, les océans, la biosphère, la cryosphère et la lithosphère sont intimement liés, au-delà même des seules manifestations climatiques qui se font sentir dans l'atmosphère.

Les objectifs de l'IGBP ont donc été orientés vers l'étude des processus physiques et bio-géo-chimiques qui régulent le système Terre pour en prévoir l'évolution à l'aide de modèles appropriés. Il était nécessaire pour cela d'identifier les changements susceptibles d'affecter ce système et d'apprécier le rôle de l'action humaine dans ces changements. Ces objectifs recouvrent partiellement ceux du

WCRP, dédié au seul climat, mais ils sont plus étendus et mettent l'accent sur l'ensemble de la biosphère et le rôle central du carbone dont le cycle traverse tous ces milieu et conditionne la vie. De plus, l'IGBP distingue le fonctionnement naturel du système de sa perturbation anthropique. Les variations passées des cycles bio-géo-chimiques naturels sont prises en compte et confrontées aux changements actuels induits par les activités humaines.

L'IGBP s'est organisé en différents programmes dédiés aux milieu composant le système terrestre et leurs interfaces. L'intitulé de ces programmes annonce leur contenu. Certains, tel que JGOFS, le plus directement en relation avec le climat, seront présentés plus en détail plus loin dans ce chapitre.

- La chimie de l'atmosphère est traitée dans le programme : « *International Global Atmospheric Chemistry* - IGAC» ;
- Les continents dans : « *Global Land Project* – GLP » ;
- L'océan dans : « *Global Ocean Ecosystem Dynamics* – GLOBEC » et : *« Integrated Marine Biogeochemistry and Ecosystem Research* – IMBER » ;
- L'interface atmosphere-continent dans : « *Integrated Land Ecosystem-Atmosphere Process Study* – ILEAPS » ;
- L'interface continent-océan dans : « *Land-Ocean Interaction in the Coastal Zone* – LOICZ » ;
- L'interface physique océan-atmosphère dans « *Surface Ocean-Lower Atmosphere Study* –SOLAS» ;
- Les interactions physiques - chimiques - biologiques dans l'océan dans «*Joint Global Ocean Flux Study – JGOFS* ».

On peut rattacher à ces programmes actuels (2015) deux programmes plus anciens qui ont été fondus dans « Global Land Project » et seront présentés plus en détail dans le chapitre consacré aux programmes de la biosphère continentale. Il s'agit de :

- Les écosystèmes terrestres dans : « *Global Change and Terrestrial Ecosystem* – GCTE », terminé en 2003 ;
- Le changement d'usage des terres dans « *Land-Use and Land-Cover Change* - LUCC» terminé en 2005;

Enfin deux programmes plus généraux concernent la modélisation et les paléoenvironnements. Il s'agit de :

- « *Analysis, Integration, and Modelling of the Earth System* – AIMES »
- « *Past Global Changes* – PAGES ».

Parmi ces programmes lancés par l'IGBP les plus importants pour la question climatique sont incontestablement JGOFS et IMBER. Ils concernent principalement les océanographes et plus particulièrement les chimistes impliqués dans la difficile question des flux d'échange de gaz carbonique à l'interface mer-atmosphère et de la capacité de l'océan à réabsorber ce gaz émis dans l'atmosphère par l'activité humaine.

IGBP a été formellement clos à la fin de l'année 2015. Mais l'essentiel de ses projets a migré dans un nouveau programme : « *Future Earth* », qui poursuit l'étude du changement global tout en portant l'accent sur la production scientifique et la communication.

Le rôle de la biosphère océanique

On n'a pas oublié les péripéties des premières interrogations sur le devenir du gaz carbonique émis par l'homme dans l'atmosphère formulées par les pionniers du XIXème siècle : *Tyndall, Arrhenius, Chamberlin* et plus près de nous : *Callendar*, puis : *Plass, Revelle* et *Suess* dans les années 1950 (chapitre IV). Après ces premières spéculations sur le rôle de l'océan dans le cycle du carbone, une communauté scientifique de chimistes et de géochimistes se constitua autour de ces questions. Mais dans les années 1980, les géochimistes et les biologistes marins déploraient toujours que les modèles océaniques de l'époque ne fussent pas adaptés à l'étude du rôle de l'océan dans le bilan du gaz carbonique échangé entre l'atmosphère et l'océan. Or ce point est central dans la question du changement climatique causé par les émissions de gaz anthropiques. Il faut se souvenir aussi que l'océan contient environ 50 fois plus de gaz carbonique que l'atmosphère, et que donc de faibles perturbations dans le cycle du carbone océanique peuvent avoir des conséquences considérables sur sa teneur dans l'atmosphère. Des processus à la fois physiques, chimiques et biologiques sont en œuvre pour déterminer l'échange de carbone entre les deux milieu fluides à leur interface. Des boucles de rétroactions, affectant surtout les processus biologiques, ont des impacts possibles susceptibles d'amplifier les mécanismes d'absorption physiques et chimiques. Ce sont ces interrogations scientifiques, de la plus haute importance pour la question climatique, qui furent à l'origine du programme JGOFS.

La bio-géo-chimie de l'océan prend son essor avec le programme international JGOFS

Dans le domaine de la bio-géo-chimie marine, comme souvent, tout a commencé aux *États-Unis*. Les premières discussions sur l'étude des flux bio-géo-chimiques s'amorcèrent en mars 1983 au sein de l'OSB : *Ocean Science Board* , entre *Jim Baker, Wallace Broecker, John Steele, Jim Mc Carthy et Carl Wunsch.* Les géochimistes, comme *Broecker,* pensaient que les objectifs de WOCE étaient incomplets, il fallait lui ajouter un volet sur les flux biogéochimiques non conservatifs ou créer un nouveau programme pour traiter cette question. Cette idée d'un programme sur les flux biogéochimiques associé à WOCE prit corps et les cinq scientifiques susnommés se constituèrent en un groupe de travail, agréé par un « *Board* » dont ils étaient membres, chargé d'étudier la faisabilité d'une étude des cycles biogéochimiques océaniques. En août 1983, au cours d'une réunion WOCE à *Woods Hole*, les participants reconnurent que ce nouveau programme, principalement axé sur le gaz carbonique océanique et associé à WOCE, serait un défi difficile à relever. Il existait une certaine tension entre *Carl Wunsch*, le principal promoteur de WOCE, déjà sur les rails, et le leader naturel des géochimistes, *Wallace* (ou *Wally*) *Broecker,* qui craignait que la mobilisation des navires de recherche autour de WOCE fasse de l'ombre à ses projets de bio-géo-chimie. Néanmoins, l'organisation d'une réunion de programmation d'un nouveau concept appelé GOFS : *Global Ocean Flux Study*, à *Woods Hole,* en septembre 1984, calma les esprits et ouvrit le chemin à des projets de programmes concrets. Rapidement les américains s'organisèrent autour de ce nouveau concept de GOFS pour entreprendre des programmes de mesures sur le terrain, dans l'Atlantique Nord notamment [42].

Roger Revelle, président du CCCO, suivait évidemment avec attention ces développements américains sur un sujet qui lui était cher. Au cours de la sixième session du CCCO à *Washington* en décembre 1984, il invita plusieurs personnalités scientifiques du domaine, dont *David Keeling*, *Peter Brewer* et *Jim Mc Carthy*, à présenter les progrès récents réalisés autour de cette importante question relative aux phénomènes physiques et biologiques déterminant les flux de gaz carbonique entre l'océan et l'atmosphère. Depuis 1978, l'instrument CZCS : *Coastal Zone Color Scanner*, embarqué sur le satellite Nimbus 7 mesurait les teneurs en chlorophylle de la surface de l'océan et fournissait ainsi des informations globales sur la photosynthèse océanique, mais cet instrument arrivait en fin de vie. Cependant des perspectives favorables existaient pour donner un successeur à CZCS par l'entremise d'un projet de la NASA appelé OCI : *Ocean Color Imager*, qui ne se concrétisera finalement qu'en 1997 sous le nom de SeaWiFS : *Sea WIde Field of view Sensor*. Par ailleurs des avancées récentes dans les techniques de mesure du carbone inorganique dissous, notamment à l'aide de dispositifs embarqués sur des navires de commerce (*C. S. Wong* au *Canada*, *Y. Dandonneau* en *France*), ainsi que de nouvelles « trappes à sédiments » performantes, avaient été obtenues. Ces résultats convainquirent le CCCO et *Roger Revelle*, que le moment était venu de proposer la construction d'un programme de dimension internationale destiné à mieux comprendre le cycle du carbone dans l'océan.

Un tel programme aurait deux objectifs : mesurer les différents composants dans lesquels entrait le gaz carbonique en surface et en sub-surface ; et étudier les interactions entre l'activité biologique et le

---

[42] En *France* les choses évoluèrent plus lentement. On peut rappeler que *Pierre Morel* s'opposait à ce que le cycle du carbone soit pris en compte dans le PNEDC, mais *Roger Chesselet*, un géo-chimiste, au contraire, était en faveur de l'intégration de ces projets de bio-géo-chimie dans le contexte climatique. C'est ce qui amena en France à créer, en parallèle au PNEDC, un programme PIROCEAN (Programme interdisciplinaire de recherche sur l'océan) qui intégrait le volet océanique de la biogéochimie.

gaz carbonique atmosphérique et océanique. C'est à la suite de cette recommandation du CCCO qu'un groupe de travail international, sous la présidence de *Roger Revelle* lui-même, se constitua avec notamment *David Keeling, Jim Mc Carthy* et un Français, *André Morel*, dans la perspective de mettre sur pied un programme international sur la question. C'est à cette occasion que, pour la première fois, le terme de « pompe biologique de carbone » fut employé par *Roger Revelle.* Différentes péripéties émaillèrent encore la naissance de ce programme. Son association avec WOCE fut discutée à l'automne 1986 à l'occasion d'une réunion du SCOR à *Hobart* en *Australie.* Puis le projet se concrétisa au cours d'une réunion de l'ICSU à *Paris,* en février 1987, durant laquelle le SCOR, sous la présidence de l'allemand *Gerold Siedler*, proposa qu'il soit appelé JGOFS (L'ajout du J pour « *Joint* » indiquant bien que ce programme était une fédération internationale de projets de type GOFS), car les américains voulaient garder la haute main sur cette construction, bien qu'au départ GOFS réunissait déjà une dizaine de nations dont la *France*, l'*Allemagne*, l'*Angleterre*, la *Hollande*.... En octobre 1987, enfin, la création du programme fut officiellement annoncée au cours d'une réunion du SCOR à *Zurich.* La première réunion du comité de planification de JGOFS se tint à *Miami* en janvier 1988. Deux ans plus tard, JGOFS fut incorporé dans IGBP et en devint un des programmes phare.

C'est alors qu'un résultat nouveau agita beaucoup les esprits au début de JGOFS. Les recherches sur la production primaire des océans (c'est à dire leur capacité à fixer du gaz carbonique sous la forme de particules organiques) étaient sous-tendues par l'hypothèse que les nitrates et les phosphates étaient, du fait de leur faible concentration dans l'océan, les éléments qui limitaient la croissance du phytoplancton. On expliquait mal, alors, que dans de vastes régions – le Pacifique Sud-Est et l'océan Antarctique – pourtant bien pourvues en nitrates et en phosphates, cette production primaire soit anormalement faible. C'est un chercheur américain, *John Martin*[43], qui démontra, en 1988, que le fer était lui aussi un facteur limitant pour la

[43] *Martin, J. H. and Fitzwater, S. E : "Iron-deficiency limits phytoplankton growth in the Northeast Pacific Subarctic. Nature* 331, 1988.

photosynthèse et qu'il était très peu abondant dans l'océan où les seuls apports significatifs étaient constitués de poussières d'origine continentales. Cela expliquait la fertilité anormalement faible du Pacifique Sud-Est et de l'Antarctique peu exposés à des vents continentaux. *John Martin* se rendit encore plus célèbre en déclarant que, si on lui donnait un cargo chargé de fer, il serait capable de déclencher une glaciation, en saupoudrant l'océan d'oxydes de ce métal pour stimuler la fixation de gaz carbonique par la photosynthèse marine !

Une sorte d'euphorie gagna les spécialistes de la photosynthèse marine, d'autant plus que d'autres résultats publiés à peu près à la même époque avaient montré que les mesures de la photosynthèse en mer avaient jusqu'alors été très sous estimées, à cause de la toxicité du matériel utilisé et de méthodes de mesure trop grossières. De nombreux chercheurs rejoignirent JGOFS avec le sentiment que leurs mesures modernes allaient changer la donne, voire contrer le réchauffement climatique ! Bien entendu, il ne pouvait pas en être ainsi, la fixation de carbone étant une composante stable du système climatique, que les mesures soient de qualité ou pas. Seul un changement de la valeur du seuil de fixation du carbone, en réponse ou non à un changement climatique, serait de nature à infléchir le cours du climat. La détection de ce changement éventuel était d'ailleurs l'un des principaux objectifs de JGOFS.

Objectifs et résultats du programme JGOFS

Les objectifs de JGOFS s'organisaient autour de deux thèmes principaux :

(i) Comprendre dans l'océan les processus contrôlant à l'échelle globale la variabilité des flux de carbone, ainsi qu'évaluer les échanges aux interfaces : atmosphère, continent et plancher océanique

(ii) Mettre au point des outils de prévision, à l'échelle globale, de la réponse bio-géo-chimique de l'océan aux perturbations anthropogéniques, en particulier le changement climatique.

La stratégie déployée pour atteindre ces objectifs incluait une série d'études de processus dans des régions océaniques dont on pensait qu'elles constituaient un échantillon représentatif des processus qui déterminent les flux d'échanges de carbone entre l'océan et l'atmosphère. La première expérience d'envergure eut lieu dans l'Atlantique Nord, là où chaque printemps une intense floraison de phytoplancton s'achève par une sédimentation massive de débris organiques en profondeur. La *France* n'y participa pas[44], s'étant engagée dans l'étude de l'Atlantique tropical au large de la *Mauritanie* (programme EUMELI). Néanmoins les océanographes français prirent une part active à l'étude des flux biogéochimiques dans le Pacifique équatorial. D'autres études, souvent internationales, furent aussi conduites pour vérifier l'efficacité de la proposition formulée par *John Martin* consistant à déclencher une floraison intense de phytoplancton en injectant du fer sur plusieurs kilomètres carrés d'océan. Ces expériences n'eurent pas le succès escompté, comme s'il fallait que les peuplements de phytoplancton soient préalablement conditionnés pour bénéficier de cet apport.

JGOFS avait aussi pour mission de développer des modèles susceptibles de rendre compte des observations, de fournir des images réalistes et à grande échelle des phénomènes bio-géo-chimiques et de faire des prévisions de la réponse océanique aux changements environnementaux.

Dans ce contexte, l'apport du satellite SeaWiFS fut considérable et mérite d'être présenté avec quelques détails. Le projet d'un capteur de couleur de l'océan avait nécessité de longues négociations avant de convaincre les agences de financement. Finalement, SeaWiFS, un très petit et peu coûteux satellite, fut lancé depuis un avion et exploité par une compagnie privée qui conservait la propriété des données pendant une dizaine de jours, pour pouvoir les vendre à des utilisateurs intéressés, notamment les armements à la pêche. Puis les données étaient rendues publiques et distribuées par la NASA, qui s'attacha à faciliter au maximum l'accès à ces données par les scientifiques susceptibles de les utiliser. *Gene Carl Feldman* fut un animateur

[44] Il y eut très tôt un comité JGOFS-France, mais sans concertation internationale au début, qui se manifesta par plusieurs projets : ECOMARGE, FRONTAL et EUMELI. Plus tard, et avec une meilleure articulation avec l'international, il y eu KERFIX, DYFAMED, POMME, ANTARES, et des projets de modélisation.

remarquable en ce domaine et les dispositifs qu'il mit en place pour que ces données soient facilement utilisables ont beaucoup contribué au succès de ce satellite. SeaWiFS fonctionna à la perfection pendant plus de 15 ans, fournissant des images hebdomadaires de la concentration en chlorophylle de l'océan mondial. Ces images constituaient une véritable révélation, car jamais avant on n'avait pu observer un paramètre lié à la biomasse marine avec une résolution suffisante pour en percevoir le lien avec la dynamique de l'océan (le précédent capteur de couleur de l'océan CZCS n'avait pu qu'ébaucher une unique couverture globale).

Grâce à SeaWiFS, il était désormais possible de connaître en permanence et en tous lieux la concentration en chlorophylle à la surface de l'océan ; puis, connaissant en plus l'insolation, la température de l'eau, et sa concentration en sels nutritifs, il devenait possible de calculer la fixation de carbone par la photosynthèse : les modèles biogéochimiques pouvaient enfin être forcés et validés à l'aide des données de SeaWiFS. Les océanographes français, *André Morel* à leur tête, ont très souvent été leaders dans l'exploitation de ces données. Ces images ont révélé une très forte variabilité dans l'espace et le temps, sous forme de filaments d'eau enrichie qui épousent parfaitement la circulation océanique et ses tourbillons. Après quinze années de fonctionnement parfait, SeaWiFS n'a cependant pas pu mettre en évidence de changement significatif de la fixation photosynthétique de carbone à l'échelle globale qui serait une réponse à l'action anthropique.

En partie grâce à SeaWiFS, JGOFS a été un succès et a considérablement amélioré les estimations du flux global de gaz carbonique à l'interface océan-atmosphère, ainsi que sa variabilité, avec un réseau performant de mesures de surface. Ce résultat a permis d'obtenir une image précise de ce qui est appelé la « respiration de l'océan », c'est-à-dire où et combien de gaz carbonique l'océan est capable d'absorber ou de rejeter dans l'atmosphère. C'est ainsi que l'on a pu observer que l'océan Pacifique équatorial était un pourvoyeur permanent de gaz carbonique pour l'atmosphère. En effet, la sédimentation de débris organiques produits dans la couche éclairée de l'océan a enrichi en carbone pendant leur long transit en profondeur les eaux qui remontent en surface dans cette région. À l'opposé, l'Antarctique était la région du monde qui absorbe le plus de gaz carbonique, et l'Atlantique Nord était le bassin où s'opéraient les transferts les plus intenses de carbone du système superficiel jusqu'au sédiment, sous la forme de particules organiques. JGOFS a également mis en évidence des relations étroites entre les taux d'échanges de gaz carbonique avec l'atmosphère et les événements climatiques interannuels, tels que El Niño.

JGOFS a permis aussi de quantifier la force de la « pompe biologique» dans des régions clé de l'océan. Ainsi, dans l'Atlantique nord au printemps, une intense photosynthèse consomme du carbone et fait souvent décroître la pression partielle de gaz carbonique de plus de 100 µatm, faisant de cette région un puits très efficace pour le gaz carbonique atmosphérique.

Ces investigations dans le rôle du milieu vivant océanique sur les échanges de gaz carbonique, ont été poussées jusqu'à identifier des changements d'espèces dans le phytoplancton qui pourraient avoir un impact sur la structure de l'écosystème et ainsi modifier la capacité de l'océan d'absorber le gaz carbonique. Bien qu'actuellement l'océan absorbe, en 2012, près du quart (2,2 Gt absorbé sur 9,5 Gt émis) du gaz carbonique anthropique émis dans l'atmosphère, l'avenir n'est pas garanti si le réchauffement climatique se poursuit.

Le fonctionnement de la « pompe biologique » océanique est un point critique de notre avenir climatique, peut-être le plus dramatiquement décisif. Selon certains auteurs, on pourrait atteindre rapidement un état de l'océan où son acidité accrue par l'absorption continue de ce gaz carbonique amoindrirait sa capacité de l'absorber, ce qui tendrait à augmenter d'autant son taux dans l'atmosphère et en conséquence ferait s'emballer le réchauffement. Lorsque l'on a bien présent à l'esprit que les variations naturelles des taux de gaz carbonique de l'atmosphère, corrélés avec les températures, ont seulement varié, pendant le dernier million d'années, de valeurs minimales voisines de 180 ppm pour les périodes glaciaires et de 280 ppm pour les interglaciaires chauds, on ne peut qu'être inquiet en observant que le taux actuel vient, en 2014, de dépasser 400 ppm. Ceci montre clairement que l'on est sorti de l'enveloppe des variations naturelles caractérisant les oscillations climatiques depuis l'émergence de l'espèce humain, il y a un peu plus d'un million d'années.

Longtemps minimisé, le rôle de la biosphère océanique est fondamental : des simulations de modèles toujours dans le cadre de JGOFS indiquent que, s'il n'y avait pas eu de photosynthèse océanique, et par conséquent pas d'accumulation de carbone dans les sédiments marins pendant ce million d'années, on serait en ce moment à un taux de gaz carbonique dans l'atmosphère de plus de 1 000 ppm ! Actuellement, la pompe biologique n'exporte jusqu'au sédiment que 1% environ de la photosynthèse océanique, du fait de la chute très lente des particules et de leur prédation par la faune et les bactéries profondes. Son efficacité est de plus en plus limitée par la carence

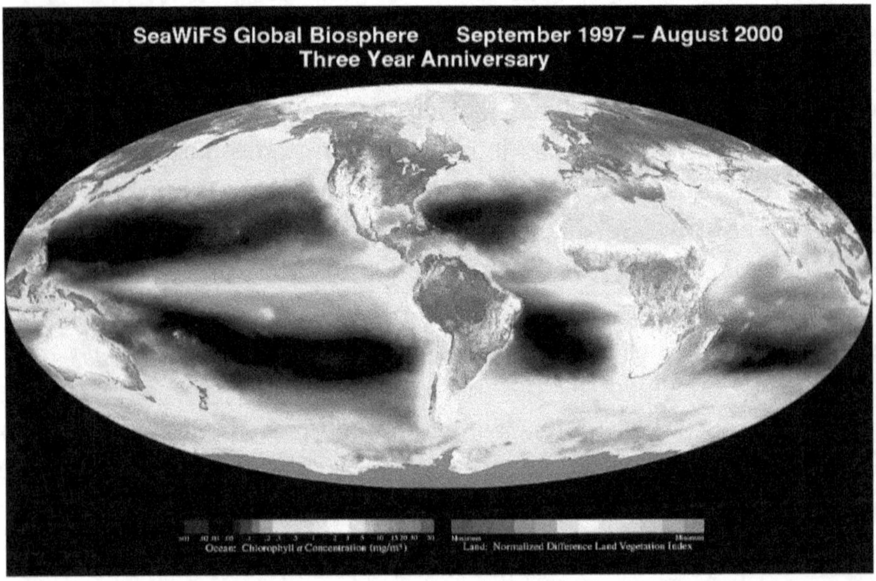

La Terre vue de l'espace. L'équateur est dessiné par la teneur en chlorophylle élevée dû à un enrichissement biologique
(Données SeaWiFS - Crédit NASA)

fréquente de l'océan en certains éléments (le fer en particulier). Or, si cette pompe biologique fonctionnait avec un maximum d'efficacité, le taux de gaz carbonique dans l'atmosphère pourrait descendre aussi bas que 110 ppm ! On perçoit, à travers ces chiffres, la sensibilité potentielle extrême du climat à la biosphère océanique et les énormes inconnues qui demeurent encore.

Le rôle de la biosphère continentale

Mais la biosphère marine n'est pas la seule à intervenir dans le climat. La biosphère continentale, soumise à l'atmosphère et aussi à l'action de l'homme, absorberait à son tour plus du quart du gaz carbonique atmosphérique anthropique (GIEC rapport IV) presque à égalité avec l'océan, soit environ 2,6 Gt de carbone par an.

On se souviendra aussi (chapitre IV) qu'historiquement le premier modèle décrivant une relation entre la biosphère continentale et le climat fut formulé en 1975 par le météorologue américain *Jule Charney,* qui montra que la sécheresse persistante du Sahel africain depuis une quarantaine d'années, au milieu du XXème siècle, pouvait avoir pour origine un cercle vicieux de rétroactions (effet d'emballement) causé par des populations humaines en croissances rapide réduisant progressivement le couvert végétal et entraînant ainsi une extension du désert, ayant pour effet de modifier le climat et de réduire les précipitations accentuant encore plus la désertification. *Charney* étudia ce cas concret, de dimension régionale, ayant valeur d'exemple, pour mettre au point des modèles interactifs entre la biosphère continentale et le climat. On rappellera aussi (chapitre II) que des géologues, tels que l'Américain *Thomas Chamberlin* à la fin du XIXème siècle, invoquaient l'extension ou la régression de la forêt boréale comme amplificateur possible des cycles glaciaires. Ces géologues devaient en effet expliquer pourquoi l'amplitude thermique et l'étendue spatiale des épisodes glaciaires était aussi considérable alors que ces oscillations avaient pour origine une faible impulsion du flux radiatif solaire. L'implication de la forêt sibérienne pouvait être une explication.

La biosphère continentale dans l'environnement et le climat

Les processus bio-géo-chimiques qui régissent les échanges de carbone et d'eau entre l'atmosphère et les continents sont multiples et lient entre eux les cycles de l'eau et du carbone. Parmi ces processus, on peut mettre en premier ceux attachés à l'*albédo* qui conditionnent la fraction de l'énergie solaire réfléchie par la surface terrestre et renvoyée dans l'atmosphère. Cet albédo peut être régi par des modifications de la nature physique et biologique du milieu, tels que la répartition des forêts, des zones cultivées, des sols nus, et d'une façon générale de tous les aménagements d'origine humaine. Ensuite, en second, il y a les échanges d'eau et de carbone avec l'atmosphère qui sont régis par l'évapotranspiration, la photosynthèse et la décomposition de la matière vivante. L'évapotranspiration assure la répartition de l'eau entre les sols, les plantes ou les arbres et l'atmosphère. La photosynthèse crée la matière organique en utilisant du gaz carbonique atmosphérique, de la vapeur d'eau et de la lumière et ainsi absorbe une partie du gaz carbonique anthropique. Mais cette matière organique meurt en se décomposant ou en brûlant et restitue ainsi à terme la vapeur d'eau, l'énergie et le gaz carbonique à l'atmosphère.

Le bilan net de l'échange de carbone entre l'atmosphère et la biosphère continentale est actuellement positif pour la biosphère, ce qui implique que le réservoir de carbone constitué par l'ensemble de la biosphère continentale, y compris les forêts, s'accroît[45]. Cet accroissement est dû principalement à l'accroissement de la teneur en gaz carbonique de l'atmosphère qui suractive la photosynthèse. Cependant, l'agriculture et l'aménagement des sols donnent lieu à ce qu'on appelle un « changement d'utilisation des sols », qui au contraire est une source de CO_2 vers l'atmosphère. Néanmoins,

[45] Contrairement à ce qui est souvent rapporté par les médias, les forêts naturelles, notamment celle recouvrant l'Amazonie, ne sont pas « le poumon de la planète » ainsi que des machines à produire de l'oxygène. Les forêts naturelles non exploitées par l'homme sont approximativement en équilibre, il y a autant d'arbres qui naissent et prospèrent en absorbant du gaz carbonique que d'arbres qui meurent ou brûlent en émettant du gaz carbonique en quantités égales.

l'accroissement du réservoir continental de carbone ne peut être que transitoire et ne peut constituer qu'un « remède » provisoire aux émissions anthropiques de gaz carbonique dans l'atmosphère.

Des programmes pour l'étude de la biosphère continentale et ses rapports avec l'environnement et le climat

À partir des années 1990, plusieurs programmes de l'IGBP se sont attachés à l'étude des continents et de leurs milieu vivants dans le cadre des préoccupations liées au « changement global » ou au « développement durable ». Ces programmes ont eu une intersection active avec l'objectif climatique en précisant les mécanismes d'interaction entre l'atmosphère et les continents, soumis à différents types de couverts végétaux et à des aménagements pour l'agriculture et les autres activités humaines.

Le premier de ces programmes, GCTE : *Global Change and Terrestrial Ecosystems,* fut lancé en 1992 pour tenter de répondre à une question fondamentale : « Comment le changement global affecte-t-il l'écosystème terrestre et quelle est son action en retour sur le système climatique ?». Les objectifs de GCTE visaient à prévoir les effets du changement global sur le climat, la composition chimique de l'atmosphère, les écosystèmes terrestres, incluant l'agriculture, les forêts et les sols ainsi que la complexité écologique qui en découlait. L'objectif s'attachait également à déterminer comment ces effets sur l'environnement pouvaient conduire à des rétroactions sur l'atmosphère et la physique du système climatique. GCTE s'est formellement terminé en 2003 il se poursuit avec des objectifs semblables à travers un nouveau programme de l'IGBP, GLP : *Global Land Project*, lancé en 2005.

Un autre programme de l'IGBP, LUCC : *Land-Use and land-Cover Change*, lancé en 1994 et terminé en 2005, devait répondre à la question : « Comment les forces biophysiques et humaines affectent l'utilisation des sols et donc leur couverture végétale, et quels sont les impacts sociétaux et environnementaux de ces changements ? ». Pour répondre à ces questions générales ce programme avait plusieurs étapes intermédiaires à atteindre : mieux comprendre la dynamique humaine et biophysique des changements dans l'utilisation des terres et leur impact sur leur couverture, développer des modèles de l'utilisation des sols et de leur couverture, prendre en compte et classer différents types d'utilisation des sols et leur couverture. Ces objectifs du programme LUCC, comme pour le précédent GCTE, se poursuivent, depuis 2005, dans le nouveau programme GLP qui reprend les objectifs des deux programmes précédents en y intégrant la dimension humaine.

En résumé et en conclusion, la biosphère continentale a un rôle à la fois passif et actif vis-à-vis du climat. Elle est impactée par le changement climatique. Mais elle subit les transformations par l'homme des écosystèmes et des paysages, principaux changements affectant actuellement la Terre soumise à une nouvelle force géologique représentée par l'espèce humaine. De ce fait, cette biosphère continentale a aussi un impact sur le climat. Cet impact est complexe et étroitement dépendant des actions humaines qui modifient en permanence le couvert biologique continental en interaction avec des dimensions économiques et politiques. Ainsi l'intensification et la diversification de l'usage des terres, de même que les avancées technologiques, ont favorisé des changements rapides dans les cycles biogéochimiques, les processus hydrologiques et la dynamique des paysages. Ces changements dans l'usage des terres affectent les propriétés des écosystèmes qui en retour affectent les services que ces écosystèmes sont susceptibles de fournir à l'humanité.

D'une façon générale, l'affectation à l'agriculture de terres originellement inexploitées se traduit souvent par un transfert de carbone de ces terres vers l'atmosphère. Il existe donc des liens et des processus interactifs complexes avec des rétroactions multiples entre les décisions politiques d'aménagement des territoires, les bénéfices attendus de l'exploitation des écosystèmes et les changements globaux plus ou moins nocifs qu'ils imposent à l'environnement. Les programmes d'étude de la biosphère continentale font donc le lien entre les données environnementales, l'économie et la politique et de ce fait se placent au cœur du système climatique en devenant une pièce centrale du puzzle climatique agglomérant les processus physico-bio-chimiques avec les facteurs humains.

Chapitre VIII

-

Les archives glaciaires du climat

Remonter le temps pour avoir accès aux climats qu'a pu connaître notre planète au cours des derniers millénaires, voire des millions d'années passés, est de la plus haute importance car c'est la seule façon que nous ayons de tester le réalisme, et de réduire les incertitudes, des modèles de prévision de l'évolution du changement climatique actuel. En effet, les observations instrumentales dont nous disposons s'étendent sur une période ridiculement courte pour être significatives à l'échelle des changements qui s'annoncent et qui n'ont eu d'équivalent que lors des derniers millions d'années. Dès lors, les théoriciens et les modélisateurs de la dynamique du climat sont contraints de se tourner vers les enregistrements paléoclimatiques pour tester leurs théories et tenter de confronter leurs simulations à des faits d'observation. C'est ainsi qu'on connaissait déjà, dès la première moitié du XXème siècle, beaucoup de choses sur l'alternance des périodes glaciaires et interglaciaires et que l'on avait des idées sur leur origine – comme les variations des paramètres orbitaux de la Terre et donc de l'ensoleillement - grâce à un précurseur intuitif et génial, *Milutin Milanković*. Mais on n'avait toujours pas identifié tous les enchaînements d'actions et de rétroactions (l'apparition de la forêt polaire en est un) qui faisaient qu'à partir d'un forçage modeste - quelques % d'ensoleillement - on obtenait une réponse climatique de grande amplitude.

C'est pour ces raisons qu'à partir des années 1980, les glaciologues, les paléoclimatologues et les dynamiciens de l'atmosphère et de l'océan se sont rapprochés, aux frontières de leur discipline d'origine, pour tenter d'imaginer ce qu'avaient pu être les climats du passé, passé récent du dernier épisode glaciaire et passés plus lointains des temps géologiques. Les mécanismes générateurs de ces climats anciens étaient évidemment au centre des préoccupations de ces communautés scientifiques et, parmi celles-ci, la glaciologie se faisait progressivement une place. Une coopération internationale exemplaire s'est construite parmi les glaciologues de plusieurs pays, opérant souvent dans des conditions extrêmement difficiles, isolées et cumulant des records de froid et de vent comme dans le *Groenland* et l'*Antarctique*. Ces efforts ont permis de reconstituer certains paramètres météorologiques et océanographiques comme la température de l'air, la composition chimique de l'atmosphère ou encore le niveau de l'océan et sa circulation générale. Les descriptions, issues de ces paléo-observations ont permis de proposer aux théoriciens, dynamiciens de l'atmosphère et de l'océan, des signatures de l'évolution des climats passés d'une grande précision, notamment pour la période récente du dernier million d'années correspondant à l'émergence de l'espèce humaine. À l'inverse, les dynamiciens du climat actuel ont pu proposer des théories et des modèles susceptibles d'expliquer les observations, quelquefois très surprenantes, que les glaciologues et les paléoclimatologues ont pu recueillir. Ainsi les études des climats passés par les glaciologues et autres paléoclimatologues ont apporté de nouvelles pièces au puzzle climatique. Assez éloignées les unes des autres à l'origine, tant sur le plan des objectifs que sur celui des méthodes et du vocabulaire, ces disciplines scientifiques se sont rapprochées et rassemblées sur le canevas climatique à partir des années 1980.

Les glaciologues français initient une première coopération internationale exemplaire [46]

On a indiqué (chapitre IV) que tout commença par l'appétit de découverte d'explorateurs intrépides fascinés par les dernières régions inconnues de la planète, parmi les plus inhospitalières, qui se donnèrent un rendez-vous scientifique à l'occasion de l'Année Géophysique Internationale (AGI) en 1957 - 58. Ce rassemblement de géophysiciens coïncidait d'ailleurs avec la troisième « année polaire internationale ». Rappelons qu'à la suite de ces explorations trois groupes de pays s'étaient lancés dans l'étude de la glace des régions polaires :

(i) Les Américains, associés aux Danois et aux Suisses, s'installèrent au début des années 1960 à la station militaire de « *Camp Century* » près de *Thulé* au *Groenland*, puis ouvrirent en 1967 un site de forage, « *Byrd* », dans l'Antarctique.

(ii) Les Soviétiques s'étaient déjà installés en 1957 à la station « *Vostok »,* une région très inhospitalière de l'Est *Antarctique* à plus de 3 800 mètres d'altitude.

(iii) Enfin les français occupèrent en 1957 également une station, appelée « *Dumont d'Urville* » située à la côte du secteur français de *Terre Adélie*. Dans les années 1970, ils joignirent leurs efforts, entre géochimistes et glaciologues, pour établir une base, appelée le « *Dôme C»,* à plus de 2 000 mètres d'altitude et à plus de 1 000 kilomètres de leur base côtière de « *Dumont d'Urville* ». L'objectif auxquels rêvaient ces courageux chercheurs était de forer la glace en un endroit où on pouvait espérer atteindre des profondeurs permettant de suivre la déglaciation après le dernier pôle du froid qui culmina il y a 18 000 ans.

C'est alors qu'une coopération internationale étroite et sans précédent de ces glaciologues s'est établie presque spontanément

---

[46] Ce chapitre est largement inspiré du remarquable ouvrage de *Jean Jouzel, Claude Lorius et Dominique Raynaud* : « Planète blanche », Edition Odile Jacob, 2008.

autour des équipes françaises du *Dôme C*. Elle se concrétisa notamment par la prise en charge par les américains installés à la station « *Byrd* », associés aux Suisses de *Hans Oeschger*, du transport aérien d'équipements lourds (carottiers thermiques) à l'aide de leurs avions C 130. On peut rappeler aussi qu'en 1978, grâce à ce soutien, un forage de 900 mètres a offert 40 000 ans d'archives glaciaires permettant d'accéder au cœur de la dernière glaciation. L'extraction des bulles d'air contenues dans la glace et leur analyse chimique, notamment leur teneur en gaz carbonique, offrit aux français, associés aux américains et aux suisses, une découverte retentissante que l'on a plaisir à rappeler : La teneur en gaz carbonique de la dernière période glaciaire, entre 20 000 et 40 000 ans au moins, était inférieure d'environ 30 % à celle de la période actuelle et cette teneur était corrélée avec la température. Ce succès marqua l'entrée des glaciologues dans le club encore restreint des climatologues et surtout scella leur union au-delà des contingences nationales, sans toutefois éteindre évidement complètement leur compétition scientifique.

Mais les glaciologues étaient avant tout en compétition avec les paléoclimatologues qui scrutaient les sédiments continentaux et marins et possédaient une avance importante pour mettre à jour et décrire les climats passés. L'atout le plus décisif des paléoclimatologues était leur capacité de remonter le temps beaucoup plus loin que ne pouvaient le faire les glaciologues des années 1970, pour couvrir de cette façon plusieurs cycles glaciaires-interglaciaires. Pour être compétitifs en validant les données des sédimentologues, les glaciologues devaient donc, en premier, allonger considérablement leurs séquences temporelles en réalisant les carottages les plus profonds possibles. La région la plus prometteuse pour remonter loin dans le temps était incontestablement l'*Antarctique* où l'épaisseur de glace atteint plus de 3 000 mètres, avec une accumulation annuelle très faible, moins de 3,5 cm d'eau, et donc de glace, ce qui garantissait une séquence temporelle théorique de l'ordre de la centaine de milliers d'années.

Les français autour du « *Dôme C* » en *Antarctique* réalisèrent donc le premier rassemblement inter-état de glaciologues (français, américains, danois et suisse), couronné par une découverte retentissante. Mais l'*Antarctique* est aussi la région la plus inhospitalière du globe où l'on observe les températures et les vents les plus extrêmes. Le record du monde du froid de - 89,2 degrés Celsius a été enregistré en 1983 à la station soviétique *Vostok* ; de telles conditions météorologiques aussi extrêmes n'étaient cependant pas suffisantes pour effrayer les Soviétiques habitués à des températures peu clémentes sur une grande partie de leur territoire. Et ce sont eux justement qui écriront une nouvelle page héroïque de la conquête scientifique des régions polaires à la station *Vostok* en Antarctique.

L'épopée scientifique des forages antarctiques de « Vostok »

C'est à partir de l'expédition de l'AGI en 1957, que l'institut soviétique des mines, bientôt renforcé par l'institut *Arctique* et *Antarctique* de *Leningrad* et l'institut de géographie de *Moscou*, ont établi un camp permanent sur un plateau culminant à 3 488 mètres d'altitude, appelé « *Vostok* », au cœur du continent Antarctique à plus de 77 ° de latitude Sud, à la longitude de 105 ° E, correspondant à la partie orientale de l'océan Indien. Les Soviétiques, sous la direction de l'institut des mines, étaient avant tout des foreurs dont l'ambition était d'obtenir la plus longue carotte possible et donc d'atteindre la plus ancienne glace. Ils utilisaient des carottiers thermiques et électromécaniques. Pendant plus de 30 ans ils vont forer inlassablement surmontant toutes les difficultés dans des conditions météorologiques épouvantables, les températures descendant

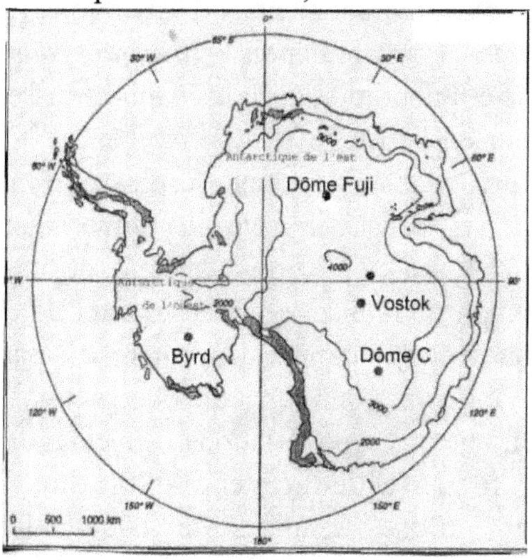

fréquemment au-dessous -70 °C. De nombreux accidents, dont un incendie de la station en avril 1982, heureusement sans conséquence humaine, émailleront cette véritable épopée qui fera l'admiration des glaciologues français, danois, suisses et américains, et cristallisera une coopération étroite des équipes scientifiques appartenant à ces nations pourtant politiquement divisées par la guerre froide.

La coopération internationale prend forme à *Vostok*

Au site de *Vostok,* les Soviétiques réalisèrent un premier forage de 500 mètres en 1970, puis un second de 950 mètres en 1972. Enfin ils atteignirent 1 400 mètres en 1980 et 2 083 mètres en avril 1982, à la veille de l'incendie qui détruisit leur station. Ces succès dans l'art du forage n'étaient cependant pas accompagnés d'avancées scientifiques à la hauteur de leur habileté technique et de leur persévérance et, en fait, ces carottes de glace étaient peu exploitées par les scientifiques soviétiques qui ne disposaient pas d'équipements de laboratoire et d'instruments d'analyse modernes. C'est le danois *Willy Dansgaard* qui le premier en 1975, tenta une collaboration avec les équipes russes en proposant d'analyser la teneur en l'isotope 18 de l'oxygène (^{18}O) extrait d'échantillons de glace prélevés sur le forage le plus profond du moment. Cette offre n'eut pas de succès, car les Soviétiques possédaient un spectromètre de masse, certes ancien et peu performant, mais qui leur permettait de réaliser ces analyses ; et de ce fait, pour eux, cette coopération avec les danois ne se justifiait pas, d'autant qu'ils étaient soucieux de garder pour eux leurs observations.

Il fallut attendre 1982 et, grâce aux relations amicales et personnelles que *Claude Lorius* tissa avec le directeur de l'institut de géographie de *Moscou,* pour qu'une ébauche de coopération s'établisse entre les soviétiques et les français. Ceux-ci possédaient des compétences pour l'analyse du dioxyde de carbone, du béryllium 10 et du deutérium, nécessaire pour retrouver la température et l'âge de l'air inclus dans la glace. En 1983 des flacons contenant les échantillons d'une carotte de 1 400 mètres furent confiés aux laboratoires français ; hélas ils avaient été pollués malencontreusement et la délicate analyse isotopique fut impossible.

Ce ne fut que partie remise. Fin 1984, *Claude Lorius* et deux collaborateurs atterrirent à *Vostok* à bord d'un C 130 américain et purent échantillonner deux kilomètres de carotte couvrant une période de l'ordre de 150 000 ans accédant ainsi à un cycle climatique complet. Après celle du *Dôme C* des années 1970 autour des Français, la coopération franco-soviétique et, au second ordre, internationale (avec les Américains, les Suisses et les Danois), était lancée. Elle fut incroyablement fructueuse.

Vostok : la « corne d'abondance »

Dans leur ouvrage, *Jouzel, Lorius* et *Raynaud* se plaisent à rappeler le qualificatif de « corne d'abondance » dont fut gratifié ce premier forage *Vostok* par la célèbre revue scientifique *Nature,* rapportant leurs travaux sur sa page de couverture en 1987. En effet, au milieu des années 1980, ni les forages de « *Camp Century* » et de « *Byrd* » des Américains, ni les forages du « *dôme C* » des Français, ou ceux au *Groenland* de « *Dye* » des Américains et des Danois n'atteignaient des profondeurs suffisantes pour couvrir la totalité du dernier cycle glaciaire qui commença il y a environ 110 000 ans. Et, de ce fait, il était difficile de tirer des conclusions définitives sur des corrélations possibles entre l'ensoleillement, lié aux paramètres astronomiques de la théorie de *Milanković*, et ces cycles glaciaires. Mais le forage de *Vostok*, analysé principalement par les Français, permettait d'accéder à la précédente période glaciaire avec environ 150 000 ans d'enregistrement. Cette carotte de glace, qui apportait une grande quantité d'informations entre différents paramètres jamais obtenues antérieurement, faisait faire un saut spectaculaire dans la connaissance des alternances climatiques glaciaires et interglaciaires ainsi que leurs causes.

La maîtrise de l'analyse de la teneur en méthane (CH_4) des atmosphères passées, sa corrélation avec la teneur en gaz carbonique (CO_2) et la température, reconstituée à partir des analyses isotopiques, attirèrent l'attention de la communauté scientifique internationale et des médias. Au cours de ces 150 000 ans, plus il faisait chaud, plus la concentration en CO_2 et CH_4 de l'atmosphère était élevée, et inversement pour les périodes froides. Or le CO_2 et le CH_4 sont les principaux gaz à effet de serre produits par l'activité humaine. Dès lors, en transposant ces résultats à l'époque actuelle, l'hypothèse d'une relation entre les émissions humaines de gaz à effet de serre et le réchauffement climatique devenait plausible. Trois publications dans un même numéro de *Nature* en 1987 apportèrent la célébrité à ces glaciologues français et à leurs collègues étrangers associés. Les médias et les politiques perçurent rapidement l'importance de ces résultats qui accréditaient l'hypothèse de l'origine humaine du changement climatique en cours et confortaient les résultats antérieurs des sédimentologues et des paléocéanographes qui foraient et analysaient les sédiments du fond des océans.

Plus de 400 000 ans d'archives glaciaires à *Vostok* confirment la théorie de Milanković

Mais l'aventure des forages de *Vostok* n'était pas terminée. L'obsession des glaciologues était de collecter de la glace recouvrant plusieurs cycles glaciaires et donc vieille de 200, 300, 500 000 ans…. Après bien des péripéties, plus ou moins malheureuses, comme des blocages ou des ruptures de câbles de carottiers, et grâce à l'incroyable persévérance des Russes, certes désormais aidés logistiquement par les Américains avec leurs avions gros-porteurs C 130 et l'appui financier de la NSF et par des Français de l'IFRTP : Institut Français de Recherche et de Technologies Polaires[47], les forages reprirent à la fin de l'année 1990. Durant huit ans et en dépit des difficultés innombrables endurées par les Russes, suite notamment à la fin du régime communiste de l'URSS, les records s'accumulèrent : 2 755 mètres sont atteint en janvier 1994 représentant deux cycles glaciaires, puis 3 350 mètres en janvier 1996 représentant 420 000 ans soit presque quatre cycles complets. Mais à partir de 3 500 mètres, la découverte d'un immense lac sous-glaciaire obligea à stopper les opérations de forage fin 1998. L'intrusion

---

[47] L'IFRTP « Institut Français de Recherche et de Technologie Polaires » prit la suite en 1992 des EPF « Expéditions Polaires Françaises ».

mécanique du carottier dans ce monde préservé et la crainte de polluer à jamais une eau vieille d'au moins un million d'années et certainement très riche d'informations extrêmement précieuses pour les glaciologues, les géochimistes, les hydrologues, les microbiologistes et d'autres spécialistes des sciences de la Terre et de la vie, l'emporta sur la curiosité, même si elle était scientifiquement justifiée[48]. Néanmoins, en 1999, on disposait de quatre cycles climatiques, couvrant 420 000 ans, qui, en 2001, étaient offerts à la sagacité des climatologues.

Non seulement les résultats scientifiques annoncés en 1987 à partir d'un seul cycle glaciaire qui présentait pour la première fois des corrélations étroites entre teneur en gaz carbonique (et méthane) et température étaient confirmés cycles après cycles, mais les évolutions de ces paramètres étaient affinées et détaillées notamment en ce qui concerne les transitions entre les périodes glaciaires et interglaciaires chaudes. Ces enregistrements apportaient aussi des idées et des hypothèses nouvelles pour expliquer l'origine de ces oscillations climatiques. Il semblait désormais ne faire aucun doute qu'il existe bien un lien entre cycle climatique et insolation comme l'avait prévu *Milanković*. Mais ce n'était pas tout ; ces enregistrements simultanés des variations de température et de concentration de l'atmosphère en gaz carbonique et en méthane apportaient des réponses aux insuffisances de la théorie astronomique. En effet, celle-ci explique bien le cycle principal de 100 000 ans qui correspond au forçage astronomique attribué aux variations de l'excentricité de l'orbite terrestre autour du Soleil, mais à lui seul ce forçage est trop faible pour induire une oscillation climatique d'amplitude aussi marquée que celle qui était observée. C'est l'effet de serre, par ses interactions dans des boucles de rétroactions complexes avec la biosphère et l'océan, dont la capacité d'absorber les gaz à effet de serre dépend de la température, qui pouvait expliquer l'amplitude de ces cycles glaciaires. *Jouzel, Lorius* et *Raynaud* exprimèrent clairement ces idées en écrivant : *« C'est, en fait, vers l'idée d'un climat dont les paramètres astronomiques seraient le métronome et où les gaz à effet de serre joueraient le rôle d'amplificateur vis-à-vis des changements*

[48] En 2012 cependant un forage atteignit ce lac sous-glaciaire.

d'insolation que nous ont conduit les enregistrements de l'Antarctique. Ultérieurement, d'autres processus impliquant la mécanique des calottes glaciaires sur un socle continental, comme au *Groenland*, furent invoqués pour expliquer aussi la prépondérance de la fréquence 100 000 ans.

Vostok et le *Dôme C* font des émules

Les succès obtenus en *Antarctique* sur les sites de *Vostok* et du *Dôme C* des années 1980 suscitèrent des vocations de glaciologues et attirèrent d'autres nations dans ce concert scientifique international, notamment des Japonais et des Australiens. Les Japonais s'étaient initiés aux méthodes de forage sur le site de GRIP au *Groenland* au contact des Européens. Ils décidèrent de s'installer sur un dôme de l'Antarctique oriental presque diamétralement opposé au *Dôme C* et ils l'appelèrent « *Dôme Fuji* ». En deux ans, 1995 et 1996, ils réalisèrent un forage atteignant la profondeur de 2 500 mètres avant que le carottier ne se bloque. Ils eurent cependant accès à une glace vieille de 330 000 ans représentant trois cycles glaciaires. Mais ce succès ne les satisfaisait pas car l'extraction des 500 derniers mètres leur aurait permis de battre le record de *Vostok* qui, à ce moment-là, était de 420 000 ans. En 2006 cependant, fidèles à l'esprit de compétition qui anime généralement les citoyens de ce pays, ils lancèrent une nouvelle opération avec succès cette fois.

Les Australiens eurent une approche plus modeste compte tenu de leurs moyens limités. Ils concentrèrent leurs efforts sur des carottages peu profond situés dans des régions côtières où l'accumulation est importante et permet d'atteindre une résolution annuelle. Ils obtinrent ainsi des enregistrements très détaillés couvrant les derniers 20 000 ans correspondant à la déglaciation du dernier cycle qui conduit à notre climat actuel.

Retour au Groenland

La nécessité de confirmer les résultats obtenus dans l'*Antarctique,* et de confronter les climats passés reconstitués sur la calotte glaciaire de l'hémisphère Sud avec ceux qui avaient pu affecter l'hémisphère Nord aux mêmes périodes, germa rapidement à la fois dans l'esprit de la communauté des glaciologues et dans celle des paléocéanographes. L'idée d'un forage au centre du *Groenland*, seule région susceptible de couvrir une période similaire à celle couverte par le forage de *Vostok* s'imposa aux deux communautés. Mais il fallait convaincre les agences de financements, au début réticentes, principalement la NASA pour les Américains, mais aussi les agences européennes, d'ouvrir un second chantier dans l'hémisphère Nord cette fois. C'est le géochimiste américain *Wally Broecker*, qui prit l'initiative de l'élaboration de ce projet au cours d'une réunion qui se tint à *Boston* en 1987 et rassembla les Américains (*Broecker*), les Français (*Jouzel*), les Danois (*Dansgaard*) et les Suisses (*Hoeschger*). *Broecker*, par souci d'économie et pour mieux convaincre ses bailleurs de fonds, proposait un forage commun, mais *Dansgaard* avança des arguments pour une proposition opposée faite de deux forages parallèles, situés à courte distance l'un de l'autre. Un de ces forages serait américain : GISP2, et l'autre serait européen : GRIP : *GReenland Ice Core Project*. L'argument principal avancé par *Dansgaard* pour justifier ce dédoublement s'appuyait sur l'intérêt qu'il voyait de confirmer et de certifier réciproquement les résultats de ces observations auprès de la communauté scientifique, des médias et des politiques compte tenu de leur importance dans la question climatique. Celle-ci prenait déjà en effet une dimension politique réelle.

Ce choix du dédoublement des observations fut par la suite pleinement justifié par les perturbations enregistrées à l'extrémité des deux carottes lorsqu'elles approchèrent du socle rocheux, ce qui permit d'appliquer certaines corrections dont il aurait été impossible de tenir compte autrement. Les stations, américaine et européenne, furent donc installées à trente kilomètres de distance, sur le plateau le plus élevé du Groenland, à plus de 3 000 mètres d'altitude, et la station commune fut appelée « *Summit* ». Il fut convenu que les résultats seraient exploités en commun entre Américains et Européens. Cependant les équipes européennes : françaises, danoises, suisses, se tournèrent plutôt vers la communauté européenne qui commençait à s'intéresser à la recherche sur le climat et à la soutenir. La « fondation européenne de la science », convaincue de l'intérêt du projet GRIP, le coordonna en y associant cinq autres pays européens : Allemagne, Angleterre, Belgique, Islande et Italie. De ce fait, les scientifiques américains et européens ralentirent leur coopération.

Le forage européen GRIP démarra en juin 1990 et atteignit la profondeur de 3 028 mètres en 1992. De leur côté, à GRISP2 les américains atteignirent la profondeur de 3 054 mètres en 1993 et battirent ainsi le record du forage de glace le plus profond. La coopération internationale entre ces différents pays, américain et européen, fut cependant exemplaire. Les résultats scientifiques furent remarquables et confirmèrent les corrélations entre température et teneur de l'atmosphère en gaz carbonique, (ainsi qu'en méthane), mises en évidence dans l'hémisphère Sud à *Vostok* et au *Dôme C*. Ces corrélations avaient bien un caractère universel en affectant la totalité de la planète, nord et sud, et confirmaient l'implication de la biosphère dans ces oscillations climatiques que les seules variations du flux solaire liées aux paramètres astronomiques de *Milanković* ne pouvaient complètement expliquer. L'idée d'un climat seulement excité au

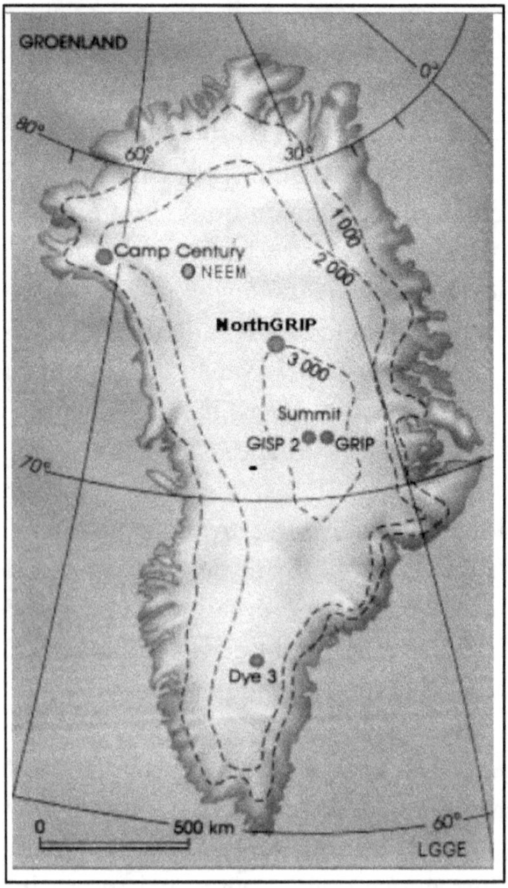

départ par des facteurs astronomiques mais amplifié ensuite par des rétroactions couplées avec le milieu vivant était confirmée, bien que les enregistrements de GRIP et GRISP2 soient restés limités aux 100 000 dernières années ne permettant pas encore d'observer la succession de plusieurs cycles glaciaires-interglaciaires.

Les Danois, incontestables maîtres, parmi les Européens, des forages profonds, très déçus du fait que les carottes de GRISP2 et GRIP ne permettaient pas d'aller au-delà de 100 000 ans, prirent l'initiative, en 1994, de rechercher un nouveau site plus stable au nord du *Groenland.* Ce fut le projet « *North GRIP* » auquel participèrent les Français, associés aux Allemands, Américains, Belges, Japonais, Scandinaves et Suisses. Mais le premier forage se bloqua à 1 400 mètres de profondeur. Ils repartirent de la surface en 1999 et trois saisons plus tard, en 2003, ils furent stoppés cette fois par une rivière sous-glaciaire à 3 085 mètres, obtenant une carotte qui atteignait seulement 123 000 ans. Il apparaissait ainsi qu'il était difficile d'obtenir au *Groenland* de la glace dépassant le dernier cycle glaciaire.

Néanmoins, une tentative plus récente d'accéder au précédent interglaciaire chaud (l'Eémien) dans l'hémisphère Nord a été lancée en 2007 par les Danois de l'Université de *Copenhague,* auxquels se sont associées 14 nations dont la France. Ce projet, appelé NEEM : *North greenland EEMian ice drilling »*, a pour objectif de recueillir des échantillons de glace dans la calotte groenlandaise datant de plus de 140 000 ans, et ainsi de décrire les conditions climatiques à la fois de la dernière période glaciaire mais aussi celles recouvrant la totalité de l'*Eémien*, incluant donc le précédent interglaciaire chaud. Le projet s'est terminé en 2011. Le site de forage est le plus au nord (A plus de 78° N) de tous ceux qui ont déjà été réalisés au *Groenland*, à 650 kilomètres du plus proche lieu de vie, à 2 500 mètres d'altitude, sur un plateau recouvert d'une épaisseur de glace de 2 542 mètres. Les premiers résultats, datant de l'été 2010, sont encourageants. Le socle rocheux a été atteint en juillet à une profondeur de 2 537 mètres, rendant accessible en détail la presque totalité de l'*Eémien,* plus chaud que notre actuel interglaciaire d'environ 2 °C. Les premières analyses apportèrent des résultats étonnants, indiquant qu'au cœur de l'*Eémien* (de 130 000 à 115 000 ans) la température au nord du *Groenland* (à la position du forage) était plus chaude qu'actuellement de 8 ° Celsius et que l'altitude de la calotte glaciaire était plus basse que l'actuelle de seulement 2 à 3 centaines de mètres, alors que le niveau de l'océan était plus élevé d'environ 6 mètres par rapport au niveau actuel.

L'Europe revient en Antarctique avec le programme EPICA

Les difficultés des années 1990 pour obtenir dans l'hémisphère nord des échantillons de glace recouvrant plus d'un cycle glaciaire, incitèrent les Européens à revenir dans l'Antarctique avec un nouveau carottier appelé EPICA, tirant son nom du projet : *European Project for Ice Coring in Antarctica*, qu'ils proposèrent en 1994. Le but était de trouver un point de la calotte Antarctique où on pouvait espérer trouver de la glace plus vieille que celle du site de *Vostok*. Il était également nécessaire de se placer au sommet d'un dôme pour éviter les problèmes de fluage et de perturbation des couches de glace lorsque l'on approche du socle rocheux. L'objectif était d'atteindre de la glace vieille d'au moins 500 000 ans. La région du *Dôme C* paraissait la plus favorable et le premier forage fut lancé en 1997. C'était la première tentative d'utilisation du carottier EPICA ; ce fut un échec. Néanmoins, en 2000, le projet fut relancé et en 2002 un forage atteignit 2 870 mètres, ce qui correspondait à un âge supérieur aux 520 000 ans de *Vostok* dont le record était ainsi battu. En janvier 2005 le forage « EPICA-*Dôme C* » atteignit 3 260 mètres de profondeur correspondant à une accumulation de glace exploitable recouvrant une période longue d'environ 800 000 ans, soit 8 cycles glaciaires. Les analyses de ces échantillons sur ces 8 cycles ont montré les mêmes corrélations, notamment entre température et teneur en méthane et en gaz carbonique, que celles mises en évidence sur la carotte de 400 000 ans de *Vostok*. Mais d'autres informations, notamment sur les périodes interglaciaires chaudes, furent plus précieuses encore pour la compréhension de l'évolution des climats anciens et de notre avenir climatique. Selon *Valérie Masson-*

Delmotte[49] : « *Les températures glaciaires semblent relativement stables d'une période à l'autre. À l'inverse, on observe de fortes différences d'une période interglaciaire à l'autre. Avant 400 000 ans, des périodes interglaciaires « tièdes » apparaissent systématiquement, 1 °C à 3 °C plus fraiches que la période chaude actuelle de l'Holocène.... La période la plus chaude atteignait jusqu'à 5 °C au-dessus du niveau actuel il y a 130 000 ans durant l'Eémien* »

Enfin, comme on disposait dès lors d'enregistrements suffisamment longs, *North Grip* et NEEM au *Groenland* et EPICA-*Dôme C* dans l'Antarctique, on a pu comparer en détail les évolutions climatiques de l'hémisphère Nord et de l'hémisphère Sud : les résultats s'avérèrent étonnants.

Une bascule climatique Nord-Sud dans l'Atlantique

Il existe des oscillations climatiques de courtes périodes au *Groenland*, dites de *Dansgaard-Oechger*, que l'on décrira plus en détail au chapitre X, faisant alterner de courts (quelques décennies à quelques siècles) épisodes chauds (plus de 10 °C) au cours de la dernière glaciation. On en a dénombré 25 sur 123 000 ans d'enregistrements correspondant au dernier cycle glaciaire. Les signatures en méthane de l'atmosphère contenue dans les bulles d'air prisonnières de la glace, ont permis de synchroniser les forages de l'*Antarctique* et du *Groenland* pour la période recouvrant le dernier cycle glaciaire. Cette double série d'observations a permis de mettre en évidence une bascule climatique entre l'*Antarctique* et le *Groenland*. Lorsqu'un événement chaud de *Dansgaard-Oechger* se produit au *Groenland*, on observe un refroidissement en *Antarctique*. Au contraire un réchauffement, plus lent, en *Antarctique* correspond à un *Groenland* froid. Les 800 000 ans d'enregistrement d'EPICA-

---

[49] *Valérie Masson-Delmotte*, « Climats du passé : l'apport des forages profonds dans les glaces polaires », Publication : Rayonnement du CNRS N° 54, juin 2010.

Dôme C n'était pas limité à la dernière période glaciaire et il a été possible de répertorier 74 événements de type *Dansgaard-Oechger* au cours de ces 800 000 ans. Malheureusement les forages du *Groenland* n'ont pas permis de remonter aussi loin dans le temps pour confirmer l'existence dans l'hémisphère Nord d'événements semblables qui seraient corrélés avec ceux d'EPICA-*Dôme* C dans l'*Antarctique*.

Ces instabilités rapides semblent jouer un rôle clé dans les transitions glaciaires-interglaciaires. En effet à ces alternances chaudes-froides correspondent aussi des variations importantes de précipitations. Ainsi au moment des entrées en glaciation, suivant le schéma de *Milanković,* l'occurrence d'épisodes chauds provoque dans l'hémisphère nord des chutes de neige abondantes qui accélèrent la formation des calottes de glace et le basculement vers l'épisode froid

Ces corrélations liant des événements climatiques de relativement haute fréquence et affectant des régions aussi éloignées que les deux extrémités de l'océan Atlantique, passent évidemment par la circulation océanique et plus particulièrement par la circulation thermo-haline méridienne profonde, la MOC : *Meridional Overturning Circulation.* On sait que l'océan Atlantique fonctionne comme un « tube de chaleur » méridien qui « aspire » la chaleur des deux autres océans, Pacifique et Indien, à hauteur de plusieurs pétawatts (10^{15} W) à son extrémité sud, pour alimenter en chaleur l'Atlantique Nord où celle-ci est en partie restituée à l'atmosphère et en partie utilisée pour fondre la glace accumulée à certaines époques. Des boucles d'interactions complexes relient donc les étendues glaciaires des régions polaires nord et sud par l'intermédiaire de la circulation océanique et du cycle de l'eau, pour générer ces oscillations climatiques brutales mais cohérentes sur l'ensemble du bassin Atlantique.

On voit ainsi que la glace qui entoure actuellement les deux pôles de la planète joue un rôle fondamental dans le climat que nous observons actuellement, dans ceux qui ont affecté le passé et dans celui que connaîtra le futur. Cette glace n'a pas toujours existé (voir chapitre IX), elle est apparue d'abord au pôle Sud il y a environ 13 millions d'années, à la fin de l'ère tertiaire, modifiant la circulation océanique périantarctique et la circulation thermo-haline méridienne.

Puis, la surrection des *Andes* a modifié les circulation atmosphérique et océanique de l'Atlantique Nord, conduisant, il y a environ 2,5 millions d'années, aux premiers glaciers continentaux de l'hémisphère Nord qui sont apparus en *Alaska*, au nord du *Groenland*, et au nord du *Canada* et de l'*Europe*. Bientôt ces glaciers se sont rejoints pour édifier la première calotte glaciaire de l'hémisphère nord.

Le climat de la Terre venait d'entrer dans un nouveau régime avec deux calottes de glace à ses deux extrémités, générant des systèmes oscillants complexes excités par de faibles variations de l'ensoleillement, mais cependant suffisantes pour générer des fréquences d'oscillations caractéristiques de 40 000 ans et 100 000 ans, qui dominent le spectre de la variabilité naturelle du climat. Mais des changements sont aussi observés dans ce nouveau régime climatique, indiquant, qu'il y a environ 1,2 million d'années une réorganisation climatique majeure s'est produite entre un monde marqué par des glaciations fréquentes (tous les 40 000 ans) mais peu intenses et un nouveau régime, dans lequel nous sommes actuellement, marqué par des oscillations d'amplitude très prononcée mais à une fréquence plus longue : environ 100 000 ans.

Ainsi la glaciologie, seulement considérée comme une curiosité il y a encore une cinquantaine d'années et laissée à la discrétion d'explorateurs naturalistes aventureux, est maintenant devenue une pièce maîtresse du canevas du puzzle climatique dans son association étroite avec les paléoclimatologies continentale et marine, mais aussi avec la dynamique de l'atmosphère et celle de l'océan sans oublier la lointaine astronomie.

Chapitre IX

-

L'apport de la « paléocéanographie »

Avant l'exploration de la mémoire de la glace, les sédiments déposés au fil des millénaires au fond des océans et des lacs avaient déjà délivré de précieuses informations sur les climats passés. L'étude de ces dépôts sur le plancher océanique a ouvert la voie à la « paléo-océanographie » ou en plus condensé la « paléocéanographie ». Ces archives marines sont complémentaires des archives de la glaciologie et les deux disciplines se sont développées parallèlement jusqu'à ce qu'elles convergent à partir des années 1960, pour contribuer à la question climatique en procédant à la reconstitution des climats du passé. Cependant, cette étude des sédiments marins est issue d'une tradition scientifique plus ancienne que la glaciologie et qui dépend de la géologie, appelée la sédimentologie. Il est donc légitime de la traiter individuellement dans la question climatique, même si, comme on le verra, ses conclusions rejoindront celles de la glaciologie dans la mise en évidence des signaux climatiques du passé, notamment en vérifiant l'hypothèse du forçage astronomique élaborée par *Milanković*.

On a rapporté plus haut (chapitre II et IV) les interrogations passionnées des géologues qui étaient intrigués par les blocs erratiques striés, les moraines et les résidus détritiques divers qu'ils trouvaient dans les vallées alpines, en Grande Bretagne et en Amérique du Nord et qui semblaient témoigner de l'existence passée de climats froids ayant recouvert ces régions d'une épaisse chape de glace. Il existe une préhistoire de la climatologie, qui a ses racines depuis le XVIIIème siècle dans ces observations géologiques témoignant de climats passés très froids pour lesquels les géologues (comme *Louis Agassiz* – chapitre II) cherchaient des explications. Ils en proposèrent de nombreuses allant des crises volcaniques susceptibles de réduire l'apport énergétique du Soleil en modifiant l'albédo de la Terre, jusqu'aux modifications de la géométrie des bassins océaniques limitant l'effet, déjà reconnu, de la circulation océanique, incluant le *Gulf Stream,* sur le climat de l'Europe. Ces spéculations perdurèrent jusqu'à ce que la théorie astronomique de *Milanković*, longtemps combattue, finisse par s'imposer, à partir des années 1960, comme une hypothèse plausible. Mais il fallait la vérifier et chercher dans les empilements sédimentaires récents la trace des fréquences caractéristiques des baisses d'insolation d'origine astronomique susceptibles d'expliquer ces alternances de climats chauds et froids.

Dès lors, les sédiments qui s'accumulaient au fond des bassins océaniques, de même ceux des lacs et autres lagunes continentales, furent considérés comme un gisement possible de données susceptibles de vérifier, ou, au contraire, d'infirmer, cette théorie astronomique du climat, et d'une façon plus générale, de tester des scénarios explicatifs des variations climatiques passées. La sédimentologie, émanation de la géologie, venait de trouver une raison d'être plus solide que la simple description des sédiments qui se déposaient au fond des océans et des lacs. Elle allait progressivement se projeter vers de nouveaux objectifs scientifiques autour de la question climatique enfantant ainsi une nouvelle discipline : la « paléoclimatologie » qui s'attache à l'étude des climats passés dans tous les milieu terrestres, sur les continents, dans les océans et dans les glaces. La paléoclimatologie inclut donc la glaciologie et la paléocéanographie, cette dernière étant dédiée à l'étude du passé de l'océan.

Naissance de la paléocéanographie

À côté de l'exploitation des archives glaciaires que l'on vient de traiter au chapitre précédent, la reconstitution des climats anciens est venue surtout de l'étude des sédiments marins qui ont l'avantage de se déposer régulièrement au fond des océans pendant longtemps, et ainsi de sceller une information sur l'évolution du climat dans un passé plus lointain - pouvant atteindre plusieurs millions d'années - que celui accessible par les archives glaciaires. Depuis le XIXème siècle, les navigateurs et les savants qui les accompagnaient s'intéressaient à la nature des roches et des sédiments qui tapissaient le fond des océans et tentaient d'en prélever des échantillons avec les moyens de fortune dont ils disposaient à l'époque, traînant au bout d'un câble une petite nacelle qui raclait le fond et pouvait accrocher quelques centaines de grammes de sédiments ou de roches. La pose des câbles téléphoniques sous-marins avait aussi conduit les ingénieurs à s'intéresser, dès la fin du XIXème siècle, à la nature des fonds marins. Mais il fallut attendre la deuxième moitié du XXème siècle pour que les navires océanographiques s'équipent de carottiers, permettant de prélever des carottes de sédiment de plusieurs dizaines de mètres et ainsi d'atteindre des archives sédimentaires vieilles de plusieurs millions d'années. C'est à partir de là que des analyses chimiques, sédimentologiques, radiologiques, micropaléontologiques des carottes de sédiments prélevées furent entreprises, ouvrant un nouveau chapitre de la sédimentologie orientée désormais vers la reconstitution des climats du passé.

Un géologue micropaléontologue, *Cesare Emiliani*, en poste à l'université de *Chicago*, rassemblant tous les prélèvements sédimentaires océaniques réalisés depuis le milieu du XXème siècle, a été le premier en 1955 à tenter de corréler le rapport isotopique de l'oxygène ($^{18}O/^{16}O$) contenu dans les débris de coquilles de foraminifères benthiques, avec la température des eaux marines. Il put ainsi montrer que durant les 500 000 dernières années on pouvait identifier 5 cycles climatiques d'environ 100 000 ans correspondant approximativement aux cycles de *Milanković*. Mais ses résultats ont été longtemps contestés par ses collègues géologues faute de faire la part dans les variations de ce rapport isotopique de ce qui était dû aux variations locales de température et de ce qui était dû aux changements de volume des calottes glaciaires, dépendant aussi de ce rapport suivant un mécanisme décrit plus loin.

La paléocéanographie prit réellement son essor en 1973 avec les travaux de *Shackleton* et *Opdyke,* qui purent analyser avec précision une carotte prélevée dans l'océan Pacifique équatorial dans le but de déterminer si les périodes principales de variation de l'ensoleillement prédites par *Milanković* étaient bien à l'origine de variations de températures décelables dans un enregistrement sédimentaire. Ils vérifièrent ainsi, que le rapport isotopique de l'oxygène était bien un marqueur de la température comme le supposait *Emiliani,* mais à condition de bien prendre en compte tous les éléments qui déterminent ce rapport. Leur enregistrement couvrait une période de 900 000 ans et ils mirent clairement en évidence une succession de 9 glaciations entrecoupées de courtes périodes interglaciaires, avec une fréquence principale de 100 000 ans.

Pour bien saisir la valeur et la portée des résultats obtenus par *Schackleton* et *Opdyke* il est nécessaire de les analyser plus en détail. Deux conditions principales doivent être satisfaites pour confronter objectivement et rigoureusement des observations de sédiments marins avec la théorie astronomique. La première condition est de disposer d'un index climatique caractérisant le climat de l'ensemble de la planète et pas seulement d'une région. La deuxième condition, tout aussi importante, est de disposer d'une chronologie précise et la plus détaillée possible. La géochimie des radioéléments et la micropaléontologie, notamment l'étude des foraminifères et de leurs relations avec leur environnement, fourniront des données qui permettront de satisfaire en partie ces conditions. *Shackleton* et *Opdyke* ont mesuré le long de leur carotte le rapport $^{18}O/^{16}O$ des isotopes de l'oxygène dans les sédiments formés de débris de coquilles de foraminifères. Mais comment ce rapport isotopique est-il relié à la température ?

Pour fabriquer leur coquille, les foraminifères extraient de l'eau de mer des ions carbonates et calcium, mais cette précipitation des carbonates privilégie l'oxygène lourd ^{18}O en fonction de la température ; plus elle est basse plus les atomes lourds ^{18}O précipitent de telle sorte que le rapport $^{18}O/^{16}O$ d'un fossile à coquille calcaire est d'autant plus grand que la température à laquelle le foraminifère a vécu était plus basse. Ce rapport $^{18}O/^{16}O$ peut donc être utilisé comme un « thermomètre géologique » permettant d'estimer la température de l'eau de mer du passé avec une grande précision, de l'ordre du degré Celsius.

Outre sa relation avec la température, ce rapport peut également être utilisé pour suivre l'évolution du volume de glace sur l'ensemble de la Terre, car les glaces polaires sont très pauvres en ^{18}O et leur fonte diminue le rapport isotopique. Quant à la datation et à l'établissement de la chronologie dans les sédiments, *Shackleton* et *Opdyke* l'ont déterminée par la teneur en radioéléments[50] tels que le carbone 14 (^{14}C) pour les dépôts récents de moins de 40 000 ans et le thorium 230 (^{230}Th) pour les dépôts plus anciens. Les deux auteurs mesurèrent aussi dans la même carotte le champ magnétique terrestre et purent déterminer précisément le niveau correspondant à son dernier renversement bien connu (daté de 780 000 ans), leur fournissant ainsi une chronologie absolue.

Cependant la première condition, concernant l'indicateur climatique universel que pouvait être le volume de glace de la planète, n'était pas totalement vérifiée par cette unique carotte prélevée en un lieu très particulier, l'océan Pacifique équatorial. Il fallait s'assurer que le volume des glaces ainsi déterminé n'était pas influencé par des paramètres locaux. C'est pourquoi, trois ans plus tard en 1976, *Hays, Imbrie* et *Shackleton* allèrent plus loin et présentèrent les résultats de l'analyse de deux carottes de l'océan Indien prélevées dans des sites éloignés. Ils prirent en compte de nombreux paramètres de nature différente, associant la micropaléontologie avec la géochimie des radios-éléments. Ils mesurèrent le rapport $^{18}O/^{16}O$ des coquilles de foraminifères benthiques, indicateur de la température et du volume de glace planétaire, comme l'avaient fait *Shackleton* et *Opdyke*. Mais en plus, ils déterminèrent la teneur en carbonates des sédiments reflétant la productivité biologique de l'océan et donc en partie son climat, ainsi que les changements de populations de foraminifères qui sont également un indicateur climatique. Enfin, comme dans la précédente étude, ils associèrent ces observations au renversement du champ magnétique terrestre dont l'âge est connu précisément.

---

[50] Les radioéléments sont caractérisés par leur « demi-vie » qui est la durée de la réduction de moitié de leur radioactivité. Cette radioactivité décroit en fonction du temps à partir du moment où le radioélément a été fixé dans une coquille ou sur une particule déposée au fond de l'océan ; La mesure de cette radioactivité permet de dater l'âge du dépôt.

Les résultats de l'analyse de ces paramètres par *Hays, Imbrie et Shackleton* sur leurs deux sites furent étonnamment concordants dans la précision et la richesse de leur contenu informatif. Toutes les périodes prédites par la théorie de *Milanković* furent retrouvées : celle de 100 000 ans pour la variation de l'excentricité de l'écliptique, mais aussi celle de 41 000 ans pour les variations de l'inclinaison et le doublet 23 000 – 19 000 caractéristique de la précession des équinoxes.

Ce résultat, qui eut un grand retentissement, accréditait définitivement l'origine astronomique des glaciations formulée par *Milanković* 40 ans plus tôt. Il restait cependant à compléter et à préciser les calculs de *Milanković,* ce que les ordinateurs allaient permettre. Il restait aussi à répondre à quelques questions qui demeuraient embarrassantes. Pourquoi le mécanisme de *Milanković* imposait-il son rythme de façon marquée seulement au dernier million d'années et peu avant ? Pourquoi l'affaiblissement du rayonnement solaire dû à l'allongement de l'excentricité de l'orbite terrestre, le plus faible (seulement 0,2 %) des trois paramètres astronomiques, induisait il la réponse la plus marquée à la période de 100 000 ans ? Plus généralement pourquoi et comment d'aussi faibles variations de l'énergie solaire reçue par la Terre pouvaient-elles induire une réponse climatique aussi spectaculaire ? La recherche de réponses à ces questions entraîna une intense activité des paléocéanographes qui multiplièrent les prélèvements de carottes de sédiment en de nombreux points de l'océan mondial où les conditions d'accumulation et de préservation des sédiments étaient favorables. La paléocéanographie était en marche !

La paléocéanographie reconstitue les climats des derniers 80 millions d'années

L'un des fondateurs de la paleocéanographie, le Français *Jean-Claude Duplessy* du Laboratoire des Faibles Radioactivités (LFR) de *Gif-sur-Yvette* dresse un panorama saisissant de l'évolution du climat de la Terre au cours des 80 derniers millions d'années[51] pendant lesquels les dépôts sédimentaires se sont accumulés au rythme de quelques millimètres à quelques centimètres par millénaire avant d'être absorbés et enfouis par la subduction de la plaque qui les portait. Les plus anciens de ces sédiments, encore en place et accessibles par les carottiers des navires foreurs, datent du crétacé et sont vieux de 80 à 65 millions d'années, époque où un monde sans glace et très chaud abritait de nombreuses espèces végétales et animales disparues depuis, et parmi elles les fameux dinosaures. En effet, Il y a 65 millions d'années, une extinction massive des espèces vivantes (plus de 90 %), incluant donc les dinosaures, marque le passage du dernier étage de l'ère secondaire à l'ère tertiaire. Cette catastrophe écologique, repérable sur l'ensemble de la planète, est probablement due à la collision avec la Terre d'un astéroïde géant dont on pense avoir retrouvé la trace de l'impact dans le golfe du *Mexique*. Cette collision a soulevé un énorme nuage de poussière et de gaz qui s'est répandu dans la haute atmosphère, a obscurci le ciel et absorbé le rayonnement solaire qui ne parvenait plus à la surface de la Terre. Les arbres, qui ne pouvaient plus renouveler leur feuillage par photosynthèse, disparurent massivement et un froid intense s'abattit sur l'ensemble du globe.

Tenter de visiter ces climats très anciens, vieux de plusieurs dizaines de millions d'années, peut nous aider à mieux comprendre quels sont les facteurs qui déterminent la variabilité du climat à long terme et comment on en est arrivé à notre climat actuel. C'est cette

[51] *Jean Claude Duplessy* : « Quand l'océan se fâche – Histoire naturelle du climat », Odile Jacob éditeur, 1996.

« promenade climatique » depuis le crétacé jusqu'à nos jours, dans les pas de *Jean-Claude Duplessy*, que nous proposons dans ce qui suit.

Le climat chaud du crétacé était déjà gouverné par l'effet de serre

Comment expliquer le climat chaud du crétacé ? Les astrophysiciens nous assurent que le Soleil n'est pas en cause car son flux radiatif a peu varié au cours des derniers 200 millions d'années. Les dynamiciens testèrent différents modèles couplés océan-atmosphère, prenant en compte la géométrie des continents de cette époque et des hypothèses raisonnables sur la dynamique de leurs enveloppes fluides, océan et atmosphère. Ils ont tenté de simuler les conditions climatiques régnant aux différentes latitudes, à cette époque du crétacé. Ces simulations auraient dû être compatibles avec les observations de la géologie, y compris la flore et la faune du moment. Ce ne fut pas le cas, les simulations ne rendaient pas compte des observations. Cette incompatibilité embarrassante entre données et modèle dura jusqu'à ce que, en 1989, deux géochimistes de l'Université de *Yale* : *Berner* et *Lasaga*, imaginent que la concentration en gaz carbonique de l'atmosphère, dont on n'avait pas tenu compte jusqu'ici, avait pu varier dans une large fourchette et être très différente de ce que l'on imaginait généralement. Ils estimèrent, comme l'avaient fait les précurseurs du XIXème siècle : *Tyndall, Arrhénius* et *Chamberlin* (Chapitre II), que deux phénomènes antagonistes gouvernant le cycle du carbone avaient pu modifier la concentration en gaz carbonique de l'atmosphère. D'une part une émission de gaz carbonique par l'activité volcanique et d'autre part, à l'inverse, une fixation de ce carbone dans les roches par l'enfouissement de dépôts marins sur le fond. Ces idées n'étaient pas révolutionnaires mais elles remettaient au goût du jour l'intérêt des méthodes de bilan, appliquées à des paramètres géophysiques affectant le milieu fermé qu'est le système planétaire.

Les deux auteurs tentèrent alors de faire le bilan du carbone pour estimer la teneur en gaz carbonique de l'atmosphère de cette époque. Ils trouvèrent que les émissions volcaniques de gaz carbonique au crétacé devaient dépasser de beaucoup l'enfouissement du carbone dans les sédiments et ils en conclurent que la teneur en gaz carbonique résiduelle de l'atmosphère au crétacé avait pu être quatre à cinq fois supérieure à ce que l'on pensait qu'elle était. Un modèle, tenant compte de cette hypothèse et de l'effet de serre induit, associé à une circulation océanique vigoureuse pour dissiper la chaleur des basses latitudes vers les latitudes élevées, montra alors des conditions climatiques simulées en accord avec les observations géologiques. La température moyenne était assez homogène en latitude et supérieure à la température moyenne actuelle de la Terre d'environ 5° C, avec une absence totale de glace aux pôles. Ce serait donc l'effet de serre qui serait le principal responsable du climat chaud du crétacé. Et notre planète aurait connu au cours de son passé lointain une atmosphère marquée par une teneur en gaz carbonique très élevée.

Avec l'ère tertiaire la glace apparaît

L'ère tertiaire a vu les premières glaces terrestres s'établir sur le continent Antarctique, lentement d'abord, puis massivement à partir de l'ouverture du passage de *Drake* entre les continents Antarctique et Sud-Américain il y a 22 millions d'années. Que s'est-il passé ? Et comment cette calotte de glace a-t-elle pu s'établir et se maintenir pendant plusieurs dizaines de millions d'années jusqu'à nos jours ?

Tout a commencé avec la catastrophe d'origine cosmique, déjà évoquée, qui frappa la Terre il y a 65 millions d'années marquant la fin du crétacé et le passage de l'ère secondaire à l'ère tertiaire. Cet événement, qui eut d'énormes conséquences sur la faune et la flore et qui a entraîné la disparition de tous les animaux de grande taille, n'a, semble-t-il, que légèrement affecté le climat à long terme. Mais, à court terme, des événements climatiques curieux semblent en relation avec la chute de l'astéroïde. Deux à trois millions d'années après le choc de l'astéroïde, une étrange période caniculaire de courte durée : 100 000 à 150 000 ans, se serait établie. La température des côtes du continent Antarctique atteignait 18 °C à 20 °C tandis qu'il se recouvrait d'une forêt de hêtres. Ce réchauffement des hautes latitudes marqua également les eaux océaniques profondes, qui atteignirent plus de 12°C, sans que les océans superficiels tropicaux n'en soient notablement affectés.

Après ce coup de chaleur, un lent refroidissement s'est amorcé, plus marqué dans les hautes latitudes que dans les régions tempérées et tropicales. Pour de nombreux paléoclimatologues, cette évolution serait due à une diminution de l'effet de serre consécutif à une baisse de la teneur en gaz carbonique de l'atmosphère. Néanmoins, cette teneur en gaz carbonique atmosphérique en régression n'était qu'une hypothèse imaginée à partir d'indices révélant une activité volcanique en baisse. Les paléoclimatologues nous affirment cependant que pendant 17 millions d'années les températures baissèrent au rythme moyen de 0,4 °C par million d'années, jusqu'à ce que les premières gelées apparaissent dans des vallées de l'Antarctique !

Puis soudain, il y a 36 millions d'années, une nouvelle crise frappa la Terre, le refroidissement s'accéléra et en 200 000 ans les températures des eaux profondes de l'océan, qui étaient encore tièdes et voisines de 6 °C à 8 °C, chutèrent brutalement pour atteindre les températures actuelles comprises entre – 1 °C et + 2 °C. La crise affecta évidemment les organismes vivants, les faunes benthiques notamment remplacées par des espèces mieux adaptées au froid.

Comment expliquer une perturbation aussi brutale qui nous a fait changer d'ère en nous rapprochant des climats actuels ?

À l'oligocène, la calotte glaciaire Antarctique se constitue

Cette « grande coupure », comme l'ont appelée les géologues, vieille de 36 millions d'années, qui sépare un éocène chaud d'un nouvel état climatique plus froid, a modifié considérablement l'équilibre des faunes et des flores définissant ainsi un nouvel étage géologique appelé l'oligocène. Dans ce climat de plus en plus froid, des glaciers se sont progressivement établis sur le continent Antarctique, entrecoupé cependant de périodes de recul plus chaudes, jusqu'à ce que le continent soit totalement englacé, mais avec un volume de glace très inférieur à ce qu'il est aujourd'hui. Après l'ouverture du passage de *Drake* au sud du *Cap Horn* il y a 22 millions d'années, l'Antarctique s'est trouvé subitement isolé des autres masses continentales et une circulation océanique intense s'est établie comme un anneau froid tournant autour de cette île gigantesque. Le continent et les eaux océaniques qui l'entouraient sont devenus de plus en plus froids. Le gradient thermique entre les mers tropicales et ce courant froid périantarctique s'est accru considérablement, freinant d'autant le transport méridien de chaleur des basses latitudes tropicales vers ces régions australes englacées et accentuant ainsi de plus en plus le refroidissement.

Entre 15 à 13 millions d'années approximativement, le froid s'accentue encore, la calotte glaciaire s'installe définitivement et s'épaissit pour atteindre un volume comparable à ce qu'il est aujourd'hui, avec cependant des variations importantes qui se traduiront par des avancées et des reculs du niveau général des océans sur les autres continents, donnant naissance à des dépôts sédimentaires caractéristiques de cette époque (en France, ce sont les bassins parisien et aquitain). Ailleurs, dans les tropiques et l'hémisphère Nord, les conditions climatiques avaient peu changées, elles restaient même tempérées aux hautes latitudes avec exceptionnellement quelques glaciers cantonnés dans les régions de haute montagne.

À la fin de l'ère tertiaire, il y a environ une dizaine de millions d'années, il existait donc encore une dissymétrie marquée entre l'hémisphère sud froid et dominé par un continent Antarctique totalement englacé, et l'hémisphère Nord, très tempéré, où la glace n'était pas encore apparue. Une nouvelle question s'impose alors aux paléoclimatologues : que s'est-il passé au cours de la dernière dizaine de millions d'années qui pourrait expliquer le passage d'un hémisphère nord tempéré jusqu'aux plus hautes latitudes à un englacement progressif de ces régions arctiques conduisant à la situation actuelle ?

À la fin du tertiaire, la glace envahit les hautes latitudes boréales

Les progrès dans l'étude des flores fossiles au cours des dernières décennies, couplés aux apports théoriques de la tectonique des plaques issues notamment des données des forages du programme JOIDES[52], ont offert aux paléontologues et aux géologues un ensemble de résultats étonnants qui les ont rapprochés des autres sciences de l'environnement et du climat. Les géologues, en reconstituant la mise en place de la géométrie actuelle des continents avec la surrection des massifs montagneux américain, et tibétain principalement, ont fourni aux paléoclimatologues des clés pour comprendre l'évolution de la circulation atmosphérique d'abord, puis océanique ensuite, de ces régions. Les géologues se sont découverts ainsi des intérêts scientifiques communs avec les paléoclimatologues, les météorologues et les océanographes en convergeant avec eux sur l'objectif climatique.

Les deux grandes chaînes montagneuses de la Terre : l'*Himalaya* en *Asie* et la cordillère des *Andes* et les *Rocheuses* en *Amérique*, ont commencé leur surrection il y a seulement une dizaine de millions d'années. Avant, les régions occupées par ces massifs montagneux étaient des plaines de basse altitude comme en atteste leur végétation fossile d'arbres à feuilles caduques. Le choc des plaques : plaque indienne contre plaque asiatique et plaque pacifique contre plaque américaine, a amorcé la création de ces chaînes de montagnes qui poursuivent encore aujourd'hui leur surrection. L'apparition, presque subite à l'échelle géologique, de ces grandes chaînes de montagnes à des latitudes moyennes a bouleversé énormément la circulation atmosphérique et le climat. C'est ce qui s'est passé du côté Nord-Américain où les vents, qui soufflaient régulièrement d'ouest en est au-dessus d'une immense plaine il y a dix millions d'années, ont pris presque soudainement, sous l'effet de la montée des *Montagnes Rocheuses*, une configuration tourbillonnaire à grande échelle qui a ouvert ces régions tempérées à l'influence des vents polaires, refroidissant ainsi tout l'hémisphère Nord. C'est ce qui s'est également passé en *Asie* où la surrection de l'*Himalaya* a créé la mousson indienne renforçant le contraste saisonnier qui affecte maintenant fortement l'hémisphère Nord. Par ailleurs, la surrection de

---

[52] Le navire *JOIDES Resolution* « *Joint Oceanographic Institutions for Deep Earth Sampling* » est un bateau de recherche scientifique utilisé pour faire des forages profonds dans le plancher océanique.

ces montagnes a intensifié l'érosion chimique en consommant du gaz carbonique contenu dans les eaux de lessivage. Cette consommation s'est faite aux dépends du gaz carbonique contenu dans l'atmosphère qui s'est raréfié, ce qui a réduit d'autant l'effet de serre et accentué encore le refroidissement.

Ces phénomènes d'évolution lente ont refroidi progressivement l'hémisphère nord et les premiers grands glaciers continentaux sont apparus en *Islande,* il y a environ trois millions d'années. Puis les glaciers de montagne sont devenus de plus en plus nombreux et se sont étendus. Il y a deux millions et demi d'années, les glaciers américains, groenlandais et scandinaves ont atteint la mer relâchant des icebergs. Soudainement, quelques milliers d'années plus tard, une première grande glaciation s'est étendue sur la moitié la plus septentrionale de l'hémisphère nord envahissant le *Groenland,* le *Canada* et le nord de l'*Europe*.

Le climat de la Terre venait d'entrer dans un nouveau régime avec deux pôles englacés et des oscillations rythmiques glaciaires froides et interglaciaires plus chaudes, affectant principalement l'hémisphère nord et conférant une extrême sensibilité du climat à des perturbations mineures comme les variations du flux radiatif solaire reçu par la Terre. On était arrivé au régime climatique actuel, en place depuis environ 900 000 ans, dominé par ces alternances de climats froids et chauds, apparaissant avec une période principale voisine de 100 000 ans.

Les oscillations climatiques des derniers millions d'années et la théorie astronomique

Schackleton et ses co-auteurs, *Imbrie* et *Hays*, avaient démontré, en 1976, le bien-fondé de la théorie de *Milanković* et retrouvé dans les sédiments du plancher de l'océan indien les périodes d'oscillations principales du régime climatique avec ses glaciations et ses périodes interglaciaires prédites par la théorie astronomique. Mais il restait à préciser ces relations entre observations et théorie. Et des questions revenaient avec insistance : depuis quand et pourquoi les oscillations glaciaires-interglaciaires existent-elles ? Et pourquoi elles ne se manifestaient pas antérieurement ?

L'apparition des glaces dans l'Arctique

Pour répondre à ces questions, *Schackleton* dut sélectionner soigneusement une carotte de sédiments, non remaniée, recouvrant une longue durée, permettant de relier cette époque de glaciation de l'hémisphère nord incluant ses oscillations de grandes amplitudes des derniers 900 000 ans, avec les climats antérieurs. L'étude détaillée de cette transition climatique pouvait être très riche d'informations sur les mécanismes responsables de l'évolution du climat, y compris ceux d'origine astronomique. Parmi toutes les carottes recueillies par le navire JOIDES *Resolution*, il choisit une carotte de l'océan Pacifique équatorial qui recouvrait six millions d'années. Il distingue trois épisodes dans ces 6 millions d'années. De six à trois millions d'années, les glaciers antarctiques sont stables et on note une absence de glace dans l'hémisphère Nord. Puis entre 3 et 1 million d'année s'opère la conquête progressive par la glace des hautes latitudes Nord avec des avancées et des reculs aux rythmes prévus par la théorie astronomique de 40 000 et 23 000 ans, caractéristiques de l'inclinaison et de la précession. Mais la période principale de 100 000 ans, associée à l'allongement de l'écliptique n'est pas encore perceptible. Enfin, depuis environ 900 000 ans, un nouveau régime climatique s'établit, l'intensité du froid ainsi que l'extension et le volume des glaces s'accroît tous les 100 000 ans tandis que le niveau des océans baisse d'une centaine de mètres. Mais les variations associées à l'inclinaison (40 000 ans) et à la précession (doublet 19 000 – 23 000 ans) sont toujours présentes.

Parmi ces trois fréquences d'oscillations froid-chaud, la plus marquée est celle de 100 000 ans qui se reproduit neuf fois et dessine donc neuf glaciations au cours du million d'années de la période quaternaire qu'a connue l'espèce humaine. Cette oscillation correspond à des écarts considérables de température entre les épisodes froids et les interglaciaires chauds, de l'ordre de 8 à 10 °C. Comment expliquer cette énorme amplitude thermique caractéristique de cette fréquence principale alors que le forçage astronomique (allongement de l'écliptique réduisant le flux radiatif solaire) à cette fréquence est le plus faible des trois forçages astronomiques et représente seulement 0,2 % de la valeur moyenne de la constante solaire reçue par la Terre ? Comme on l'a déjà mentionné, beaucoup d'auteurs ont émis l'hypothèse d'un enchaînement de rétroactions passant par la biosphère continentale et les forêts boréales pour expliquer l'amplification de cette réponse climatique à cette période.

Mais les glaciologues et les géophysiciens ont avancé une autre explication, en faisant intervenir l'élasticité des continents ainsi que les propriétés mécaniques de la glace affectant sa dynamique. Les plates-formes continentales réagissent au poids de la couverture glaciaire en s'enfonçant lorsque celle-ci s'épaissit et au contraire en remontant lorsque la chape de glace s'amincit ou disparaît. Ces ajustements verticaux des continents sont appelés « mouvements isostatiques » par les géophysiciens. Lorsque les calottes glaciaires sont à leur développement maximal, qui peut les élever de plusieurs kilomètres, elles enfoncent par leur poids le socle continental et elles affleurent à la côte au niveau de l'océan où elles subissent un travail de sape intense par la mer qui libère des icebergs et des blocs tabulaires gigantesques comme c'est le cas actuellement en Antarctique[53]. Les modèles des glaciologues indiquent que les calottes glaciaires qui recouvraient le Nord de l'Amérique et de l'Europe, ne pouvaient grossir indéfiniment. Au-delà de 100 000 ans les propriétés mécaniques et la vitesse de glissement de la glace sur son socle atteignaient des seuils suffisant pour libérer et livrer à la mer des blocs issus de la couverture glaciaire continentale.

[53] Presque tous les ans en moyenne un de ces icebergs tabulaires se détache du continent Antarctique. Il peut atteindre la taille d'un département.

La théorie astronomique et la circulation océanique dans l'Atlantique nord

Dans les années 1970, la théorie astronomique n'est plus remise en cause, bien qu'elle pose encore des questions et que beaucoup pensent qu'il faut reprendre les calculs de *Milanković* qui n'étaient qu'approchés, après cependant plus de trente ans de patiente mise au point avec un papier et un crayon. Les ordinateurs sont maintenant les outils qui manquaient. Mais la mécanique céleste est une science complexe et, pour résoudre les équations permettant de prévoir l'évolution dans le temps de la position de la Terre par rapport au Soleil, il faut prendre en compte les perturbations que les autres planètes du système solaire exercent sur les mouvements terrestres. On entre dans un domaine dominé par la théorie du chaos que le météorologue *Edward Lorenz* avait remis au goût du jour (Chapitre V). Les solutions au calcul de la position de la Terre par rapport au Soleil ne peuvent être qu'approchées et numériques. C'est dans ce contexte qu'un mathématicien, devenu astronome, puis météorologue, déjà cité, *André Berger,* de l'Université catholique de *Louvain-la-neuve* a mis au point une nouvelle méthode de calcul de la position de la Terre par rapport au Soleil incluant les paramètres orbitaux d'excentricité, d'obliquité et de précession des équinoxes, maintenant possible avec les calculateurs et beaucoup plus précise que les calculs de *Milanković. Berger* confirma que les variations de ces paramètres orbitaux avaient des composantes périodiques et que les valeurs de ces périodes, mises en évidence par *Milanković,* étaient justes.

Plus tard, en 1988, avec un autre modèle, l'équipe de *Berger* simula la réponse de l'océan à ces forçages astronomiques. Elle montra qu'en période glaciaire, telle que celle vécue par nos ancêtres il y a plus de 18 000 ans, les eaux *Nord-Atlantique* plongeaient moins profondément dans la zone de convection au sud du *Groenland* et de l'*Islande*. Cette plongée d'eaux denses, froides et salées, est la source froide de la machine thermique océanique méridienne, la fameuse MOC : *Meridional Overturning Circulation.* qui apporte de la chaleur aux hautes latitudes.

Le modèle de *Berger* montrait que le transport de la MOC, pendant les périodes glaciaires, se trouvait ralenti d'environ un tiers par rapport à ce qu'il était aux périodes interglaciaires, comme celle que nous connaissons aujourd'hui. Le modèle montrait aussi que, durant un épisode glaciaire, la limite Nord de l'extension des eaux superficielles chaudes, qui prolongent le *Gulf Stream* pour devenir la *dérive Nord atlantique,* était décalée vers le sud jusqu'aux latitudes tempérées. Autrement dit, moins de chaleur atteignait les hautes latitudes de l'Atlantique Nord-est et une partie de la branche chaude de la machine thermique océanique était déviée vers le sud rebouclant en direction des tropiques.

Ces caractéristiques de la circulation océanique durant le dernier maximum glaciaire, simulées grâce aux modèles, confortaient les données issues de l'ensemble des carottages sédimentaires disponibles. À la fin des années 1970, un groupe de chercheurs paléocéanographes, majoritairement américains, décida de faire une analyse globale de toutes les données issues de ces carottages pour reconstituer la température et la circulation océanique mondiale lors du dernier maximum glaciaire il y a 18 000 ans. Ce travail fit l'objet d'un programme international appelé CLIMAP : *Climate Long-range Investigation Mappings and Prediction Project*, qui dura 10 ans et fut inclus dans un grand programme international IODE : *International Oceanic Decade of Exploration,* créé en 1969 par l'UNESCO et la COI. Le premier et le principal résultat de CLIMAP, publié en 1981, fut la carte des températures de surface de l'océan au maximum de l'extension de la couverture glaciaire il y a 18 000 ans. Un important travail de micropaléontologie sur les foraminifères benthiques, couplé avec des analyses du rapport $^{18}O/^{16}O$, fut nécessaire pour obtenir ces températures et garantir leur homogénéité d'un océan à l'autre, comme montré au début de ce chapitre.

Après huit ans de travail, le programme CLIMAP proposa une description des principales caractéristiques du climat glaciaire. Le refroidissement avait affecté principalement les hautes latitudes de l'Atlantique nord cernées par les glaces qui recouvraient les mers du *Labrador*, du *Groenland* et de *Norvège*, presque toute l'année. Le niveau moyen de l'océan était 120 mètres plus bas qu'actuellement, la *Manche* et la *mer du nord* avaient disparu sous la glace. Les eaux froides polaires descendaient jusqu'à la latitude de l'*Espagne* créant un front thermique intense avec les eaux tropicales chaudes plus au sud. Ces eaux tropicales étaient un peu plus chaudes qu'actuellement, (1 °C à 2 °C). C'étaient les régions tempérées des latitudes moyennes qui avaient subi les bouleversements les plus importants avec des baisses de température de 10 °C à 14 °C. La *France* et l'Europe occidentale étaient recouvertes d'une steppe herbacée où la forêt avait disparu. Dans l'hémisphère sud, la glace avait aussi avancé autour de l'*Antarctique,* englobant les *îles Kerguelen* et touchant la *Tasmanie* ainsi que la *Patagonie* qui était recouverte d'immenses glaciers. Mais globalement, la température moyenne de l'ensemble de la Terre était plus froide qu'actuellement de seulement 4 à 5 °C.

Mais d'autres milieu appartenant au système Terre se souviennent aussi du passé de leur climat ; ce sont les coraux, principaux témoins de notre environnement dans les régions océaniques tropicales.

D'autres archives climatiques : les coraux

Ces organismes dont certains vivent exclusivement à proximité de la surface dans les océans tropicaux sécrètent un squelette d'aragonite, variété de carbonate de calcium, dont la composition isotopique peut permettre de déterminer plusieurs paramètres de l'environnement dans lequel ils ont vécu. Pour atteindre ces informations, il faut forer des carottes dans une colonie corallienne et en extraire des échantillons qui sont ensuite soumis à des analyses isotopiques minutieuses de plusieurs éléments chimiques qui les constituent, principalement l'oxygène mais aussi le carbone et des éléments rares tels que le strontium, l'uranium, le thorium ou le baryum. Les paramètres physiques caractérisant l'environnement de l'époque, accessibles par ces méthodes d'analyse, sont très divers. Ils incluent la température, la salinité, les précipitations, mais aussi le niveau de l'océan. C'est ainsi que depuis les années 1970 plusieurs équipes, principalement françaises et américaines, ont obtenu des résultats dans les tropiques qui sont venus confirmer, ou infirmer, les données scientifiques issues de carottes de sédiments marins ou de glaces prélevées aux latitudes plus élevées.

Un premier centre d'intérêt s'est focalisé dès les années 1970 sur El Niño. Ce phénomène d'interaction entre l'océan et l'atmosphère qui affecte l'océan Pacifique équatorial s'était enregistré, en fréquences et en intensité, dans les nombreux récifs coralliens présents dans ces régions. D'autres phénomènes plus singuliers, émaillant la dernière déglaciation, comme le soudain refroidissement du « *Younger Dryas* » il y a 12 000 ans, ont aussi imprimé leurs marques dans les enregistrements coralliens de l'hémisphère Sud confirmant le caractère global et universel de ce refroidissement. Plus près de notre époque, le refroidissement du « *petit âge glaciaire* » a aussi été détecté dans des enregistrements coralliens du Pacifique, confirmant également le caractère universel de ce refroidissement, ce qui longtemps avait été contesté par certains climatologues.

Le suivi du niveau de l'océan, qui est un indicateur de la masse totale de glace de la planète et donc de sa température moyenne et du climat, est aussi accessible par l'analyse des coraux. En étudiant le niveau de l'océan du Pacifique Sud, au début de l'avant dernière déglaciation, il y a environ 137 000 ans, une équipe internationale mixte[54] a montré que les coraux indiquaient que le niveau de l'océan avait déjà très sensiblement et très rapidement remonté, n'étant inférieur au niveau actuel que de seulement 85 mètres, ce qui traduisait un climat déjà assez chaud. Or, l'ensoleillement, encore proche de son minimum dans l'hémisphère nord, n'expliquait pas ce réchauffement. Par contre, l'ensoleillement dans l'hémisphère sud qui était au contraire proche de son maximum, pouvait rendre compte de la fonte partielle des glaces. Ainsi, contrairement à ce qui était admis jusqu'alors, affirmant que seules les variations d'ensoleillement de l'hémisphère Nord pilotaient les alternances de glaciations et de déglaciations, il devenait plausible que l'hémisphère Sud soit également susceptible de participer à une « bascule climatique » nord-sud reliant le climat des deux hémisphères. Ce phénomène de bascule inter-hémisphérique se manifeste principalement dans l'*Atlantique*,

---

[54] Travaux réalisés par des chercheurs du CNRS, des Universités Aix-Marseille 1 et 3, du Collège de France, de l'Université d'*Oxford* au Royaume Uni, de l'Université de *Tokyo* au Japon. Publication du journal *Science* : *Penultimate Deglacial Sea-Level Timing from Uranium/Thorium dating of Tahitian Corals*, 2009.

océan ouvert à ses deux extrémités, où on observe une circulation méridienne intense (chapitre VIII)

Ainsi, en résumé et en conclusion de ce chapitre, les études des sédiments marins et continentaux, avec celles des coraux fossiles, ont apporté une connaissance étonnement détaillée et précise des climats passés, au moins pour le dernier million d'années qui a vu la conquête des terres émergées par l'espèce humaine. Cette passionnante avancée des connaissances sur l'évolution passée, mais relativement récente, de notre environnement climatique, a amené plusieurs disciplines scientifiques, glaciologie, géochimie, paléontologie, sédimentologie, paleocéanographie à converger autour de l'étude des sédiments récents, discipline descendante de ce qui était appelé autrefois la géologie du quaternaire et la sédimentologie. Ces convergences disciplinaires, et l'infléchissement de leurs objectifs initiaux vers la question climatique, ont fait évoluer le vocabulaire des sciences de la Terre et ont conduit à créer le mot « paléoclimatologie » pour désigner l'ensemble des approches scientifiques des climats passés de la Terre. L'association de deux de ces disciplines reconstruisant le passé environnemental de notre planète, la glaciologie et la paléo-océanographie (ou sous sa forme plus condensée la paléocéanographie) qui inclut l'étude des sédiments marins et continentaux ainsi que celle des coraux fossiles, a été particulièrement fructueuse. Elle a permis notamment de mettre en évidence des événements climatiques étonnants par leur brutalité et leur rapidité, appelés : *Abrupts climate changes*, déjà évoqués antérieurement et présentés plus longuement dans ce qui suit.

Chapitre X
-
Des énigmes climatiques troublantes

La découverte des glaciologues, dès 1978 sur le site du *Dôme C* Antarctique, montrant que la teneur en CO_2 était corrélée avec la température eut un grand retentissement parmi la communauté des paléocéanographes. Les glaciologues apportaient des confirmations presque irréfutables aux variations climatiques que ces paléocéanographes avaient déjà mises en évidence dans des sédiments marins et continentaux. Les glaciologues souffraient cependant d'un handicap par rapport aux paléocéanographes, celui de la faible longueur des séries temporelles de leurs enregistrements, encore très inférieure à celle des carottes de sédiments. Néanmoins, à la fin des années 1970, les deux communautés scientifiques percevant l'intérêt réciproque qu'elles pouvaient retirer de l'observation de deux milieu différents mais affectés par des phénomènes semblables se rapprochèrent et initièrent une collaboration. En France le PNEDC stimula ce rapprochement. La combinaison de séries temporelles de données issues de sédiments marins avec celles extraites des glaces accumulées sur les calottes arctique et antarctique était très prometteuse. C'est ce qui motiva les glaciologues dans leur quête de la glace la plus vieille possible, relatée précédemment. Mais ce qui contribua aussi et peut-être surtout à rapprocher les deux communautés, fut la mise en évidence de surprenants événements climatiques de grande amplitude mais d'évolution très rapide qui avaient laissé leurs traces à la fois dans les glaces continentales et dans les sédiments des fonds marins.

Des oscillations climatiques rapides reconnues avec prudence

Au sud du *Groenland* sur le site dit de « *Dye 3»,* implanté dans les années 1970 par les Américains et les Danois, une carotte de glace obtenue en 1981 révéla d'étranges observations. Elle montrait, près du socle rocheux à plus de 2 000 mètres de profondeur, correspondant à la dernière époque glaciaire, des réchauffements de grande amplitude atteignant la dizaine de degrés Celsius en quelques dizaines d'années seulement. C'était la première mise en évidence de ce qui fut appelé : changements climatiques rapides, traduction de « *Abrupts climate changes* ». Il faut cependant dire que ces « curiosités » climatiques très troublantes avaient déjà été remarquées dans le passé et avaient été discutées sans être prises au sérieux. Des changements climatiques aussi rapides étaient en contradiction absolue avec la conception commune des climatologues qui pensaient que les changements climatiques ne pouvaient être que graduels et lents comme ceux de notre climat actuel, considéré comme stable depuis plus de 5 000 ans si l'on oublie le réchauffement anthropique actuel.

Cependant, les glaciologues se penchèrent avec attention sur ces étranges observations, car ils étaient préoccupés par la possibilité d'artefacts susceptibles d'affecter la chronologie des enregistrements par des phénomènes de « fluage » de la glace lorsqu'on approchait du socle rocheux. L'éventualité de ces fluages, mélangeant les couches de glace en perturbant la chronologie, était une crainte permanente. Dans un premier temps ces observations de « *Dye 3* » ont donc été effectivement mises sur le compte de ces glissements dans les strates de glace.

Néanmoins avec le temps les glaciologues durent se rendre à l'évidence et admettre qu'il y avait bien de réelles oscillations climatiques rapides lorsque leurs observations, confrontées à celles des américains de « *camp century* », à 1 400 kilomètres de là, montrèrent des oscillations semblables et en phase avec celles qu'ils observaient à « *Dye 3* ». En fait, avant ces observations sur « *Dye 3* », des variations rapides de température avaient bien été repérées à

« *Camp Century »,* mais sans que ces fluctuations insolites n'attirent l'attention, car la suspicion du fluage venait immédiatement à l'esprit. Mais une ré-analyse minutieuse des enregistrements de la carotte de « *Camp Century* » par les américains fut sans appel : Presque tous les évènements rapides recensés dans « *Dye 3* » se retrouvaient bien dans le forage de « *Camp Century* » à plus d'un millier de kilomètres de là. Cette cohérence de la température, en deux points du *Groenland* aussi éloignés, rendait improbable un artefact dû au fluage et levait définitivement le doute sur la réalité de ces insolites oscillations climatiques rapides.

Willy Dansgaard et *Hans Oeschger* donnent leurs noms à ces événements climatiques rapides

En fait, les événements climatiques rapides des forages dans la glace de « *Dye 3* » et de « *Camp century* » ne faisaient que confirmer des indices continentaux antérieurs de changements climatiques rapides qui étaient apparus dans des observations de débris végétaux et d'animaux divers : pollens, coquilles de foraminifères, restes d'insectes,...etc. conservés dans des tourbières et des lacs de *Scandinavie*. Ces débris indiquaient qu'un refroidissement très prononcé s'était produit brusquement à la fin de la dernière époque glaciaire, il y a environ 12 000 ans ; Il a duré à peine un millénaire et a été appelé le « Dryas récent » ou « *Younger Dryas* » comme on l'a déjà évoqué antérieurement.

Willy Dansgaard, qui s'intéressait à cet accident climatique surprenant et tentait d'en retrouver des traces plus lisibles et plus détaillées dans le forage de glace réalisé en 1969 à « *Camp Century* », avait déjà repéré et signalé dans une publication une succession d'événements chauds qui émaillaient la période glaciaire et le début de la déglaciation jusqu'à ce refroidissement brutal du « Younger Dryas ». Ces oscillations l'intriguaient et il les avait signalées sans toutefois les étudier en détail. C'est en référence à ce travail pionnier antérieur à la confirmation de l'existence réelle de ces oscillations rapides à « *Dye 3* » et à « *Camp century* », que *Wallace Broecker,* le célèbre géochimiste et océanographe américain, proposa le nom de

Dansgaard pour désigner ces oscillations, qui furent ensuite appelées : « événements de *Dansgaard-Oeschger* ».

Hans Oeschger mérita également le rattachement de son nom à ces évènements en montrant que ces accidents climatiques existaient aussi sur le continent européen. Il mit en évidence une cohérence remarquable d'événements rapides, qu'il avait observés dans les enregistrements sédimentaires d'un lac suisse, avec ceux obtenus dans la glace du site de « *Dye 3* » au sud du *Groenland.* Dès lors, il était définitivement démontré que ces oscillations rapides, y compris la remontée brutale des températures qui marque la fin du « *Younger-Dryas* », étaient bien réelles et avaient un caractère régional affectant non seulement le *Groenland* mais aussi l'ensemble de l'Europe du Nord-Ouest.

Mais, quelles pouvaient être les causes de ces si surprenantes oscillations susceptibles de faire varier la température de l'Atlantique Nord, *Europe* et *Amérique* incluses, de près de 10 °C en quelques décennies ?

La circulation océanique offre une explication

C'est dans la recherche d'explications à ces oscillations que paradoxalement le duo scientifique *Willy Dansgaart* et *Hans Oeschger* divergea. En effet, une première explication fut formulée par *Willy Dansgaard* et son équipe, dans la ligne de pensée de l'école de météorologie danoise. Les Danois attribuèrent ces changements thermiques brutaux à des instabilités météorologiques qui auraient fait osciller la circulation atmosphérique générale entre deux états stables, affectant l'ensemble de l'hémisphère Nord. Mais cette hypothèse d'une origine atmosphérique donnée à ces événements fut immédiatement combattue par l'équipe de *Hans Oeschger* qui s'associa aux idées plus révolutionnaires de *Wallace Broecker* pour privilégier plutôt un mécanisme d'origine océanique plus à même d'expliquer des oscillations thermiques présentes à la fois dans la glace et les sédiments marins. Pour *Broecker* et ses partisans, dont *Oeschger*, la circulation océanique devait être la cause première de ces phénomènes, bien avant la circulation atmosphérique qui n'en devenait qu'une conséquence ; c'est en privilégiant l'océan que les idées de *Broecker,* exprimées dès 1985, apparurent révolutionnaires. Pour lui les mécanismes océaniques devaient primer sur ceux de l'atmosphère dans le domaine climatique, ce qui à l'époque était loin d'être admis par tous les climatologues.

On a déjà évoqué (chapitre IX) le modèle climatique de *Berger* qui, en 1988, simula la cellule de circulation méridienne de l'*Atlantique Nord,* la MOC et son évolution au cours du dernier maximum glaciaire il y a 22 000 ans. Ce modèle reprenait en fait le schéma de *Broecker* qui faisait l'hypothèse que le transport méridien de chaleur dans l'*Atlantique Nord,* indispensable pour garantir l'équilibre énergétique de la planète, nécessitait un retour en profondeur des masses d'eaux froides formées dans des zones de convection bien localisées de l'*Atlantique Nord*, notamment en mer de *Norvège* et au sud du *Groenland.* Dans ces régions, les eaux relativement chaudes et salées du *Gulf Stream* et de la dérive Nord-Atlantique plongeaient dans les profondeurs après s'être refroidies et densifiées. C'est le fameux schéma de la circulation océanique mondiale que *Broecker* a popularisé auprès des médias sous le nom de « *conveyor belt* » traduit en français par « Tapis roulant ».

Mais *Broecker* alla plus loin, il suggéra qu'il existait une relation entre le « *Conveyor belt* », la MOC et les oscillations climatiques rapides enregistrées dans les glaces et les sédiments. Pour lui la circulation océanique de l'*Atlantique Nord* pouvait osciller entre deux états stables, l'un correspondant aux périodes glaciaires avec absence de plongée d'eaux froides et ralentissement de la circulation méridienne, et l'autre correspondant à des plongées d'eaux froides hivernales importantes et à une circulation méridienne intense, amenant la chaleur des tropiques dans les régions tempérées et polaires comme aujourd'hui. On pouvait passer brutalement d'un mode à l'autre à la suite d'une excitation mineure impliquant, par exemple, la salinité, conséquence de la fonte rapide de glaciers environnants. Les oscillations alternatives de la MOC pouvaient donc être à l'origine de ces événement climatiques rapides sans pour autant les expliquer complètement.

Mais les spéculations de *Broecker*, associant plusieurs pièces du puzzle des sciences de la Terre : glaciologie, paléoclimatologie, océanographie, ont fait avancer la connaissance et suscité un fort soutien populaire et médiatique. Un film catastrophe, au scénario invraisemblable : « *Le jour d'après* » paru en 2004, sur le thème d'une glaciation subite des grandes métropoles américaines et européennes de *l'Atlantique Nord,* eut beaucoup de succès !

Vraies et fausses oscillations climatiques rapides

Mais les événements rapides de *Dansgaard-Oeschger*, bien que majoritairement reconnus comme l'expression de phénomènes réels, ont suscité encore pendant longtemps un scepticisme persistant, difficile à dissiper dans l'esprit de certains climatologues, car certaines observations ne collaient pas ou étaient difficiles à interpréter par ces schémas ; de même, la question du fluage de la glace près du socle tourmentait encore certains, à juste titre d'ailleurs comme on le verra plus loin. Parmi les observations qui restaient inexpliquées, il y avait des variations de teneurs en CO_2, accompagnant ces brusques réchauffements et refroidissements, qui ne s'expliquaient pas au regard de la relation température-teneur en CO_2. Il s'avéra, en fait, en les comparant aux teneurs de l'air très pur de l'Antarctique aux mêmes périodes, que des teneurs élevées en CO_2 lors des épisodes froids étaient un artefact lié à la présence d'impuretés contenues dans la glace qui donc ne remettaient pas en cause la réalité de ces oscillations.

Pour en avoir le cœur net et stopper définitivement les polémiques résiduelles sur la réalité de ces événemments de *Dansgaard-Oeschger* , les Américains et les Européens décidèrent de s'associer en forant la glace du sud du *Groenland.* Ce furent les projets GRIP et GISP 2, respectivement européen et américain, déjà présentés chapitre VIII, qui avaient l'avantage d'offrir une résolution temporelle élevée, car c'était une région de forte accumulation. On pouvait ainsi détecter le cycle annuel dans les mesures de conductivité électrique de la glace (la conductivité dépend du taux d'impuretés déposées par les vents). Un taux d'impuretés élevé, caractéristique de la saison hivernale plus froide, avec des vents forts, était marqué par des mesures de conductivité élevées. Les enregistrements de conductivité le long de la carotte étaient donc d'excellents marqueurs des événements chauds de *Dansgaard-Oeschger* confirmant ainsi la réalité de leur existence.

On a vu que si les Américains et les Européens se sont bien entendus sur l'objectif de leur projet commun, ils ont rapidement divergé sur les priorités d'utilisation de la glace qu'ils extrayaient pour leurs programmes scientifiques respectifs. C'est ce qui explique qu'ils réalisèrent en fait deux forages, un européen, GRIP, et un américain, GISP 2, distants d'une trentaine de kilomètres. Cette mésentente, qui conduisait à ce qui aurait pu apparaître comme un doublon inutile et donner une mauvaise image de la science dominée par des querelles de scientifiques, s'avéra être, au contraire, un facteur positif pour l'entreprise commune. Les forages commencèrent en 1990, se terminèrent en 1992 pour les Européens, et un an plus tard, en 1993, pour les Américains. Les séquences chaudes de *Dansgaard-Oeschger,* caractéristiques de la dernière période glaciaire jusqu'au « *Younger Dryas* », étaient bien apparentes dans les deux forages, avec la même résolution et la même chronologie, ce qui confirmait bien leur réalité et répondait à l'objectif principal de cette opération scientifique commune.

Mais il en allait différemment pour les glaces plus anciennes. Ces plus vieilles glaces, qui correspondaient à la précédente période chaude de l'Eémien, il y a plus de 110 000 ans, furent atteintes par le forage Européen avant celui des Américains. Les enregistrements du forage Européen montraient, au cœur du précédent interglaciaire chaud semblable à notre climat actuel, de stupéfiantes oscillations froides, d'amplitudes encore jamais vues jusqu'alors (voisines de 10 °C à 14 °C) pendant de très courtes périodes, longues de seulement quelques décennies. Ces observations, très étonnantes, suggéraient que le climat chaud de cet Eémien que l'on croyait stable à l'image de notre climat actuel, était au contraire très agité, et avait pu basculer en quelques années d'un climat chaud à des conditions glaciaires.

Une précipitation coupable des Européens les conduisit à interpréter faussement ces résultats et à les prendre pour des événements symétriques et inversés des oscillations de *Dansgaard-Oeschger,* qui se seraient déroulé durant des interglaciaires chauds. La publication de ces conclusions erronées dans la revue scientifique « *Nature* » jeta un certain discrédit sur ces deux programmes, Français (GRIP) et Américains (GISP2), dont l'objectif principal était exactement inverse : crédibiliser définitivement les oscillations de *Dansgaard-Oeschger*. Mais heureusement, la comparaison ultérieure plus détaillée des enregistrements des deux programmes permit de déceler rapidement que la chronologie du forage européen était perturbée par des phénomènes de fluage à proximité du socle rocheux, et que les refroidissements détectés à l'Eémien étaient en fait des artefacts dus à ces fluages.

Heureusement ces erreurs purent être corrigées rapidement. De fait, les corrections immédiates apportées eurent un effet plutôt bénéfique pour la crédibilité accordée aux réelles oscillations rapides, car on pouvait affirmer avec assurance que, tout en étant absentes dans l'Éemien, elles étaient bien présentes durant la fin des périodes glaciaires et cohérentes entre elles dans leurs détails.

D'autres oscillations climatiques de plus basses fréquences

Les oscillations de *Heinrich*

Le dernier épisode glaciaire du quaternaire, qui a duré une cinquantaine de millénaires, n'a pas toujours été affectée par un froid permanent aussi intense que lors de son dernier paroxysme il y a 18 000 ans. Au-delà des oscillations de hautes fréquences et de grande amplitude de « *Dansgaard-Oeschger* », cette période glaciaire n'a pas été parfaitement stable, et des variations climatiques de plus basses fréquences - quelques millénaires - ont été observées. Un sédimentologue allemand, *Hartmut Heinrich*, a analysé une carotte de sédiments couvrant la dernière période glaciaire depuis environ 70 000 ans, prélevée au large des Açores. Il a mis en évidence dans ces sédiments six couches bien individualisées se distinguant nettement des argiles environnantes. Ces strates contenaient des débris de roches riches en quartz, alors que les coquilles de foraminifères présentes dans les argiles environnantes y étaient presque inexistantes. Ces strates détritiques attestaient d'un changement climatique important.

D'autres carottes sédimentaires furent prélevées plus au nord, entre 40 °N et 50 °N, de *Terre Neuve* au *Golfe de Gascogne*, par des sédimentologues américains. Ils confirmèrent l'existence de ces couches qui avaient donc un caractère régional à l'échelle de l'ensemble de l'Atlantique Nord. *Heinrich* émit l'hypothèse que ces couches de débris résultaient de la fonte massive d'icebergs, ce qui fut rapidement admis par le milieu scientifique. On appela dès lors ces événements climatiques « *événements de Heinrich* ». Ultérieurement, des analyses stratigraphiques approfondies montrèrent que ces six couches avaient une durée semblable, comprise entre 1 000 et 2 000 ans, et une fréquence d'apparition régulière d'environ 7 000 ans, ne correspondant à aucune des fréquences connues de processus physiques externes susceptibles d'exciter une variation climatique à cette période, notamment ceux d'origine astronomique.

Quelle pouvait être l'origine de ces oscillations ? Des analyses du rapport isotopique $^{18}O/^{16}O$ de ces fines strates sédimentaires montrèrent[55] qu'elles correspondaient à la fonte de 2 % de la totalité de la glace recouvrant l'*Europe* et l'*Amérique du nord*, ce qui devait s'accompagner d'une remontée du niveau moyen de l'océan d'environ 2 à 3 mètres, dont on a effectivement observé les traces. De telles variations du volume de glace lors de fontes subites devaient avoir aussi des conséquences importantes sur la circulation océanique et sur

---

[55] La mesure du rapport isotopique $^{18}O/^{16}O$ des coquilles de foraminifères contenues dans les débris glaciaires permet de déterminer l'origine de la glace, glace de mer ou de glaciers continentaux. Un rapport $^{18}O/^{16}O$ petit caractérise un glacier continental. Par ailleurs ce même rapport isotopique permet d'estimer le volume de glace fondue. Dans le cas des événements de « *Heinrich »,* le volume de glace fondue issu des icebergs est estimé à un million de kilomètres cube. D'après *Jean-Claude Duplessy* : « Quand l'océan se fâche », Edition Odile Jacob, 1996.

le fonctionnement des fameuses zones de convection, où les eaux de surface plongent dans les profondeurs à l'origine de la MOC, et donc influencer globalement le climat. Mais comment expliquer ces débâcles soudaines d'icebergs et leur régularité puisqu'il n'y avait pas de causes externes identifiées ?

Il fallut chercher une explication dans les mécanismes propres de la dynamique de la glace. Comme indiqué déjà chapitre IX, un scénario avancé par les glaciologues, familiers de la dynamique des glaciers, a rapidement suscité l'adhésion d'une majorité de climatologues. Les glaciers continentaux, comme ceux du *Groenland* ou de l'*Antarctique*, croissent surtout à leur périphérie, car c'est près des régions côtières que les précipitations de neige sont les plus abondantes. Il en résulte alors un épaississement de ces calottes à leur périphérie gagnant sur la mer et formant ainsi une structure instable. Des glissements peuvent se produire brusquement lorsque des valeurs critiques d'instabilité sont atteintes, libérant des icebergs en masse. La débâcle se propage alors de proche en proche tout le long de la périphérie du dôme glaciaire, ce qui explique le caractère régional et global du phénomène, affectant presque en même temps l'ensemble de l'Atlantique nord[56]. Le mystère était élucidé.

Il restait néanmoins encore une question à laquelle les paléoclimatologues, les paléocéanographes et les glaciologues devaient répondre. Pourquoi ces oscillations de « *Heinrich* » avaient-elles des incidences climatiques affectant l'ensemble de l'Atlantique Nord et quelles étaient-elles ?

Chaque événement de « *Heinrich* », du fait de la fonte de nombreux icebergs, s'accompagne d'une injection massive d'eau douce à la surface de l'océan Atlantique Nord. Ces eaux dessalées, bien que froides puisqu'elles proviennent de la fonte des glaciers, sont plus légères que les eaux immédiatement sous-jacentes ordinairement présentes dans la région. Il en résulte, comme on l'a vu précédemment, une stratification accrue et un ralentissement, voire un arrêt complet, de la convection, ce mécanisme qui normalement fait

---

[56] De tels phénomènes sont observés aujourd'hui à la périphérie du glacier Antarctique. Voir aussi note 53.

plonger les eaux de surface dans les abysses, amorçant ainsi la circulation méridienne du « tapis roulant ». Le ralentissement du « tapis roulant » amène moins de chaleur tropicale dans l'atlantique nord, ce qui explique le refroidissement caractéristique de ces épisodes de « *Heinrich* », avec une avancée de 500 kilomètres vers le sud des eaux polaires et des glaces de mer hivernales.

Ce refroidissement de l'Atlantique Nord est tel qu'il affecte l'ensemble de l'hémisphère Nord, y compris l'océan Pacifique et la côte Ouest américaine jusqu'en *Californie*. Mais tout a une fin ; lorsque les icebergs ont fondu, la limite des eaux froides polaires remonte. Les eaux plus chaudes qui les remplacent favorisent l'évaporation, ce qui a pour effet de les saler et de les densifier, facilitant leur plongée dans lesprofondeurset réactivant ainsi le « tapis roulant » qui conduit au retour d'une période plus chaude, marquant ainsi la fin d'un cycle de « *Heinrich* ».

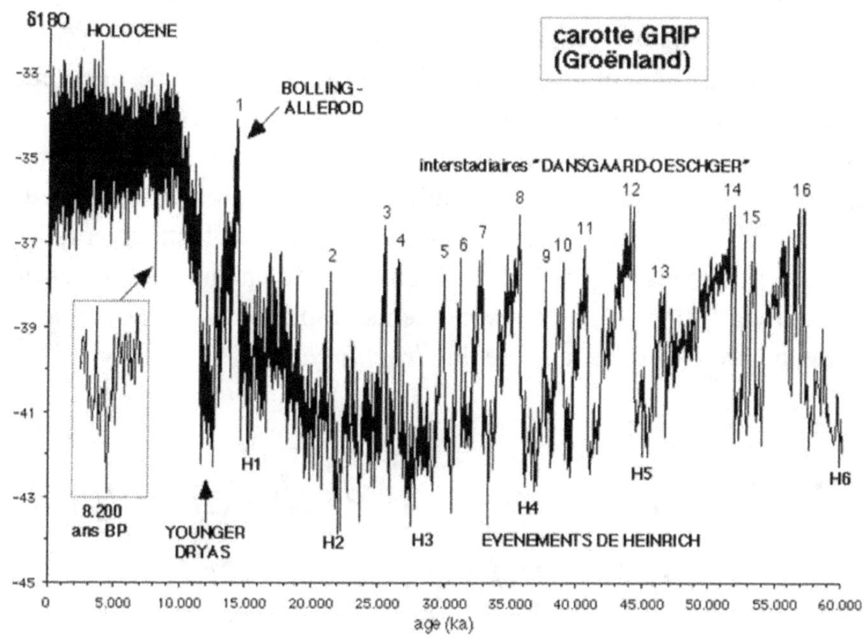

Les évènements de *Dansgaard-Oeschger* et de *Heinrich* lors du dernier épisode glaciaire. En ordonnée le rapport isotopique $^{18}O/^{16}O$ représentant la température (CNRS Lettre N° 15)

Glaciologues et paléocéanographes convergent sur l'Atlantique

Les oscillations de « *Heinrich* » observées dans les sédiments marins et revenant tous les 7 000 ans en moyenne ne sont pas totalement indépendantes des oscillations, plus rapides et plus nombreuses, observées dans les glaces du *Groenland* par *Dansgaard* et *Oechger*. Ainsi les disciplines scientifiques des géologues/sédimentologues (encore appelés souvent ici paléocéanographes) et des glaciologues se rejoignent. En dépit d'incertitudes sur les datations, il existe une remarquable concordance entre les données fournies par les enregistrements sédimentaires marins et par les données extraites des glaces polaires. Les scientifiques des deux communautés reconnaissaient que les événements de « *Heinrich* » correspondaient bien aux périodes les plus froides enregistrées dans les glaces du *Groenland*. Et les événements de « *Dansgaard-Oeshger* » coïncidaient aussi avec les épisodes terminaux chauds des oscillations de « *Heinrich* ». Cependant les glaciologues, bénéficiant au début d'une meilleure résolution temporelle, avaient dénombré plus d'oscillations climatiques dans la glace que les sédimentologues n'en avaient trouvé sur le fond de l'océan. Il fallut qu'ils analysent plus en détail leurs enregistrements sédimentaires pour retrouver effectivement des réchauffements rapides qui leur avaient préalablement échappé et qui correspondaient bien aux événements rapides de « *Dansgaard-Oeshger* » trouvés dans la glace du *Groenland*.

Paléoclimatologues, et dynamiciens du climat se rejoignent

Ainsi deux communautés scientifiques distinctes : glaciologues et sédimentologues, trouvaient une cohérence presque parfaite entre les deux sources d'informations dont elles disposaient sur les climats passés, avec la glace et les sédiments marins. Ces informations concernaient presque exclusivement la dernière glaciation et la déglaciation qui a suivi, mais elles étaient très détaillées et de ce fait apportaient une connaissance approfondie des mécanismes fondamentaux, responsables des variations climatiques des derniers 70 000 ans au cœur de la dernière glaciation.

On peut résumer ainsi l'enchaînement des mécanismes : durant cette période glaciaire, les immenses calottes de glace qui recouvraient les continents de l'*Europe* du Nord et de l'*Amérique* du Nord étaient mécaniquement instables et ne pouvaient grossir que jusqu'à une certaine limite au-delà de laquelle une émission massive d'icebergs déchargeait leur trop-plein de glace à leur périphérie comme on vient de le voir. Cette débâcle d'eau douce ralentissait le circuit méridien de transport de chaleur du « tapis roulant », entraînant un refroidissement généralisé de l'hémisphère Nord. Ce refroidissement, qui bouleversait la circulation océanique, se terminait par des poussées de chaleur de hautes fréquences qui hachaient encore plus finement la période de réchauffement. Les paléocéanographes et les glaciologues en ont conclu que, au-delà des lentes variations climatiques liées à l'insolation et à la position de la Terre par rapport au Soleil, la dynamique des calottes glaciaires avait provoqué des fluctuations rapides dans les circulations océanique et atmosphérique rendant l'hémisphère nord, et en particulier son fuseau Atlantique, climatiquement instable car soumis aux avancées et reculs de la frontière entre les glaces et la mer libre.

Les glaciologues et les paléocéanographes, principalement ceux qui étudient l'état des océans anciens dans les sédiments accumulés sur leur plancher, étaient désormais réunis sous une bannière commune, celle des paléoclimatologues. Il restait à rapprocher aussi ces paléoclimatologues des dynamiciens du climat actuel et à répondre à leurs questions réciproques. Pour les dynamiciens du climat actuel : que nous apprennent les climats du passé sur notre climat actuel et son évolution ? Pour les paléoclimatologues : comment appliquer les théories physiques du climat actuel aux données parcellaires des climats passés pour en comprendre les mécanismes ?

Au cours des années 1990, deux grands programmes internationaux ont été mis sur pied pour tenter de répondre à ces questions : PAGES et CLIVAR.

Les paléoclimatologues s'organisent : le programme international PAGES

Les avancées impressionnantes réalisées dans la connaissance des climats passés de la Terre au cours des dernières décennies ont poussé les paléoclimatologues à s'organiser au plan international. Dans le cadre de l'IGBP (Voir chapitre VI) dont il est un des volets phares, le programme PAGES : « *Past Global Changes* » a le statut d'un grand programme international depuis 1991. Il est le résultat d'une initiative américaine, (avec les soutiens de la NSF et de la NOAA), associée à l'université de *Berne* et soutenue par le Gouvernement Confédéral Suisse. Par la suite, d'autres pays se sont joint à ce groupe initial pour s'intégrer au programme. Le but de cette coordination internationale des paléoclimatologues est de faire émerger, à travers les débats d'une communauté scientifique étendue, les questions les plus pertinentes pour comprendre l'évolution des climats passés et appréhender plus sûrement l'évolution future de notre climat actuel. Ces questions s'organisent autour de plusieurs thèmes : quels sont les forçages climatiques dominants et comment ont-ils évolué au cours du temps ? Comment évoluait régionalement le climat au cours des périodes géologiques passées ? Comment a évolué au cours du temps l'ensemble du système climatique terrestre composé de l'atmosphère, l'hydrosphère, la cryosphère et la biosphère ? Enfin comment l'espèce humaine a-t- elle interagi avec l'environnement et le climat au cours de l'holocène ?

Ce faisceau de questions fondamentales est croisé avec les approches propres aux paléo-sciences, à savoir le problème crucial de la chronologie des observations, les possibilités de reconstitution de paramètres physiques et de leur validation à partir d'observations déduites (*proxy-data* et fonctions de transfert), enfin l'incontournable modélisation ainsi que la gestion des observations dans des banques de données appropriées. Mais PAGES n'est pas issu du néant. On a vu, que dans le domaine de la glaciologie, avant PAGES plusieurs pays, notamment les *États-Unis*, le *Danemark*, la *Suisse*, et la *France*, avaient déjà joint leurs efforts depuis plusieurs décennies pour recueillir, échanger et traiter les observations nécessaires à la reconstitution des climats passés.

L'une des premières valeurs ajoutées d'un programme international tel que PAGES, bien identifié dans le concert des organisations intergouvernementales, est d'assurer une visibilité plus grande des organismes de recherche et des chercheurs eux-mêmes vis-à-vis de leur gouvernement, facilitant ainsi l'accession aux ressources nécessaires. Mais l'autre bénéfice, plus grand encore, d'un programme international est de faciliter la communication et l'échange entre les communautés scientifiques ; échanges à la fois des données d'observation mais aussi des idées susceptibles de démultiplier la connaissance. Cette capacité d'échange de résultats émanant d'une communauté scientifique organisée comme celle de PAGES peut permettre d'alerter des disciplines scientifiques voisines et de croiser ses résultats avec ceux de ses « voisins scientifiques ». C'est ce qui s'est produit pour les disciplines de la paléoclimatologie regroupées dans le programme PAGES, qui se sont associes aux dynamiciens de l'atmosphère et de l'océan du programme CLIVAR. Des pièces essentielles du puzzle climatique se sont ainsi réuni.

Un programme dédié à la variabilité du climat : CLIVAR

Le programme international CLIVAR (*Climate Variability*) a été mis en place en 1995 par le WCRP. CLIVAR est toujours en fonction en 2016. Il prolonge les programmes initiaux du WCRP : TOGA, WOCE et GEWEX présentés précédemment (chapitre VI) en étendant leurs objectifs à la variabilité et à la prévisibilité du climat, avec une attention particulière portée sur le rôle du système couplé océan-atmosphère. CLIVAR rassemble toutes les disciplines des sciences de l'environnement terrestre et pas seulement celles de l'atmosphère et de l'océan, qui cependant restent au cœur de la problématique climatique. Les domaines de recherche nouveaux qui ont été ajoutés à ceux des programmes précédents concernent principalement la dimension temporelle prise en compte à travers les résultats des paléoclimatologies terrestre et océanique, et la dimension du monde vivant, principalement océanique, mais aussi continentale. Tous les milieu constituant le système climatique : atmosphère, hydrosphère, cryosphère, lithosphère et biosphère, incluant l'action de l'homme, sont maintenant pris en compte dans CLIVAR.

L'objectif central de CLIVAR est d'étendre la compréhension de la variabilité du climat et sa prédictibilité aux échelles de temps s'étendant de quelques décennies à quelques siècles. Pour cela, le programme ambitionne de relier les variations des climats passés au climat actuel, en appliquant les connaissances acquises dans la dynamique du système couplée océan-atmosphère pour comprendre l'évolution des climats passés. Inversement, à travers l'observation des paléoclimats, l'objectif est de mieux comprendre notre climat présent et de mieux anticiper son évolution future. Une telle ambition nécessite en premier de rassembler et ré-analyser l'ensemble des observations passées et, plus particulièrement, les données issues de la paléoclimatologie. Ensuite l'accent doit être mis sur le développement de modèles couplés, non seulement entre l'atmosphère et l'océan comme dans les programmes précédents, mais en y incluant aussi les surfaces englacées, les sols et leur couverture végétale, la vie et plus particulièrement le premier étage de la chaîne du vivant océanique : le phytoplancton. Enfin, CLIVAR doit contribuer à promouvoir des systèmes d'observation, de grande échelle, *in situ* et depuis l'espace, qui soient durables, c'est-à-dire dont la longévité dépasse les quelques années que durent habituellement un programme de recherche, et deviennent permanents et opérationnels. De tels systèmes d'observations sont indispensables pour acquérir des séries temporelles d'observations suffisamment longues pour permettre d'aborder la variabilité naturelle du climat aux échelles temporelles souhaitées et de la distinguer du changement climatique anthropique en cours.

CLIVAR se déploie sur un ensemble de chantiers d'étude recouvrant les principales régions océaniques et continentales affectées par des phénomènes marquants :

(i) les moussons asiatique et africaine dans les océans tropicaux Indien et Atlantique ;

(ii) le phénomène ENSO dans l'océan Pacifique équatorial prolongeant ainsi TOGA ;

(iii) la NAO « *North Atlantic Oscillation* », phénomène météo-océanique qui touche l'Océan Atlantique Nord et conditionne la variabilité climatique affectant l'Europe et l'Amérique du nord.

On peut rapporter ici la conclusion d'un auteur océanographe dans un ouvrage sur le rôle de l'océan dans le climat[57] :

[*Les brillants résultats obtenus en paléoclimatologie ont permis aux climatologues et aux océanographes qui étudient la période actuelle, d'approfondir significativement leurs connaissances des mécanismes générateurs des variations climatiques. Amorcé au cours des années 1990, ce rapprochement des disciplines « paléo » avec celles des dynamiques de l'océan et de l'atmosphère actuels s'est poursuivi au bénéfice réciproque des deux communautés scientifiques qui jusqu'ici utilisaient des approches, des outils et des langages différents. C'est encore la force de l'objectif climatique de les avoir conduites à ce rapprochement, comme s'étaient déjà rassemblés, une décennie plus tôt, les océanographes et les atmosphériciens*[58]*. Pour comprendre les relations entre l'océan et le climat, il faut impérativement regarder au-delà de leurs manifestations du moment et intégrer leur dimension temporelle. Les modélisateurs du climat ont besoin de caler leurs simulations sur des scénarios réalistes du passé et de tester la qualité de leurs simulations en les comparant aux reconstructions paléoclimatiques. Inversement, les paléoclimatologues tirent un grand bénéfice des modèles pour les aider à reconstituer le film de leurs observations passées, souvent disparates et parcellaires. Et surtout, ils ont besoin de ces simulations, reposant sur des concepts physiques, pour les aider à valider les hypothèses qu'ils peuvent faire sur les scénarios d'évolutions des climats passés que leurs observations leur suggèrent.*]

---

[57] *Jacques Merle*, « L'océan gouverne-t-il le climat ? », co-édition Vuibert-IRD, 2009

[58] En France, le Programme National d'Etude de la Dynamique du Climat (PNEDC), créé sous l'impulsion de *Pierre Morel*, le fondateur du Laboratoire de Météorologie Dynamique (LMD) et de la climatologie physique en *France*, a été le creuset de ces rapprochements disciplinaires et institutionnels dans les années quatre-vingt.

Chapitre XI

-

L'implication de nouveaux acteurs : Nations Unies, public, médias, politiques

L'historien des sciences américain, connu dans le domaine des sciences de l'environnement, *Spencer Weart,* déjà cité (voir note 11), situe la prise de conscience du changement climatique par le public au début des années 1980, lorsque cette question fut, pour la première fois, soumise à une enquête d'opinion aux *États-Unis*. En 1981, un sondage a montré qu'un tiers des américains avaient entendu parler de l'effet de serre et que deux tiers pensaient que l'accroissement des émissions de gaz carbonique dans l'atmosphère était susceptible d'avoir une influence sur le temps et de changer le climat. L'influence de l'homme sur l'environnement devenait ainsi un problème sérieux auprès de cette opinion publique américaine. En 1989, moins de dix ans plus tard, ces proportions avaient considérablement augmenté ; une large majorité d'américains (79%) affirmaient qu'ils avaient eu connaissance de l'effet de serre.

Mais avant cette prise de conscience des opinions publiques de la question climatique et bien après l'éveil progressif des scientifiques à ces problèmes à partir des années 1960, se situe une période de mise en place progressive d'organisations mixtes, scientifiques et gouvernementales, de plus en plus proches du monde politique, impliquant de grandes institutions scientifiques internationales, des agences des Nations Unies (OMM, PNUE,...) et aussi des organisations représentant la société civile (ONG diverses...). Ces instances se sont manifestées sous forme de grandes conférences internationales associant des scientifiques, des représentants nationaux, des groupements humanitaires et culturels divers, jusqu'à des chefs de gouvernements. C'est ainsi qu'à partir des années 1980 les gouvernements entreprirent de prendre en main eux-mêmes la question au niveau qui était le leur, celui des assemblées ou des sommets intergouvernementaux, des conventions et des traités. Ces grandes conférences internationales sur l'environnement et le climat sont donc des marqueurs significatifs de l'histoire qui s'est jouée à cette époque, jalonnant assez précisément l'évolution de la prise de conscience des questions environnementales et du climat par l'humanité.

Il est cependant difficile de distinguer précisément et d'établir toutes les filiations et toutes les interrelations, lorsqu'elles existent, parmi ces rassemblements et ces conférences, entre les mains d'organisations gouvernementales, intergouvernementales, non-gouvernementales, immergées dans un maquis d'innombrables dispositifs : comités, groupes de travail, assemblées, sommets, jusqu'aux conventions internationales et aux traités …etc. On peut cependant tenter de procéder à une catégorisation de ces instances internationales sur le climat pour en extraire, plus ou moins arbitrairement, trois catégories qui pour autant ne sont pas entièrement indépendantes les unes des autres :

(i) Des conférences relevant de la mouvance écologique et socio-humanitaire qui d'ailleurs quelquefois précédèrent l'alerte climatique des scientifiques et se manifestèrent dès les années 1960. Ces courants de pensée généralistes environnementaux, que l'on peut qualifier d'« environnementalistes », manifestaient une défiance générale vis-à-vis du pouvoir de l'homme sur la nature et traduisaient une forme de désenchantement face aux progrès de la science qui contrastait avec le scientisme euphorique de la fin du XIXème siècle. Et, lorsque la question climatique vint à l'ordre du jour, ce pessimisme ambiant fut un terreau favorable pour s'inquiéter des impacts possibles d'un dérèglement climatique sur l'humanité. C'est ce qui donna lieu à des manifestations diverses : rassemblements, conférences et organisations qui eurent un impact sur la dimension politique future de la question climatique et pesèrent sur les gouvernements.

(ii) Des conférences à caractère fondamentalement scientifique, mais impliquant aussi des représentations nationales, mises en œuvre par des agences des Nations Unies telles que l'OMM, le PNUE, et aussi fréquemment avec le concours de l'ICSU, cette ONG scientifique. En effet l'OMM, qui rassemblait les services météorologiques nationaux dédiés au recueil des données météorologiques et à la prévision du temps, traitait aussi de sujets qui dépassaient les préoccupations purement scientifiques de ses membres. De ce fait, cette agence de l'ONU organisait des conférences internationales qui touchaient à la fois un public de scientifiques mais aussi et surtout des responsables nationaux, chargés de la météorologie dans leur pays et donc proches des niveaux gouvernementaux. C'est ainsi que des conférences internationales ayant pour objet principal le climat, virent le jour progressivement à partir des années 1970 à l'intérieur même des instances scientifiques spécialisées de l'OMM, telles que le GARP (chapitre VI), souvent avec le soutien de l'ICSU. Ces conférences jouèrent un rôle majeur à la charnière du monde scientifique, du public et des médias qui en rendaient compte déjà abondamment.

(iii) Des organisations et des conférences intergouvernementales marquant la prise en charge par les politiques des inquiétudes manifestées par les scientifiques, les agences des Nations Unies : OMM, PNUE, …etc, et progressivement les mouvements écologiques et environnementalistes les plus divers relayés par les médias et le public. Ces conférences, assemblées, sommets, jusqu'aux traités intergouvernementaux, font aujourd'hui l'actualité, traduisant l'emprise de la sphère politique sur la question climatique après la phase de prise de conscience de la gravité de la question à l'intérieur de la sphère scientifique, et sa diffusion progressive dans la société.

Seules les deux premières catégories de conférences sont traitées dans ce chapitre XI. Les organisations et les conférences intergouvernementales aboutissant au protocole de *Kyoto* et à ses suites après la COP 21 de *Paris* fera l'objet du chapitre XII qui suit.

Les conférences généralistes sur l'environnement

La préoccupation climatique a eu ses précurseurs et ses pionniers scientifiques présentés chapitre II, mais la société civile – qui signifie ici « non scientifique » – sensible aux problèmes touchant à l'environnement et appartenant à une certaine élite intellectuelle a eu aussi ses précurseurs, opérant cependant dans un registre de réflexion plus étendu que celui du climat et touchant aux rapports de l'homme avec la nature et son environnement. Autour des années 1968, un vent de contestation souffla sur le monde développé, mettant en cause nos sociétés jugées trop soumises à la technologie et à l'industrialisation. Il fallait se libérer des carcans étatiques et replacer la nature à sa place au centre du monde. On peut rappeler ici *James Lovelock* et son étonnante hypothèse, faisant de la Terre un système complexe d'interactions entre ses composantes physiques et vivantes, lui conférant ainsi les caractères d'un être vivant : *Gaïa,* ou encore « le club de *Rome* », créé en avril 1968 à la suite d'une conférence rassemblant à *Rome* des universitaires, des chercheurs, des économistes et des industriels, appartenant à plusieurs dizaines de pays. Les réflexions de ce club donnèrent lieu à un fameux rapport, connu sous le nom de « rapport du club de Rome »[59], prédisant la fin inéluctable, tôt ou tard, mais avant la fin du XXIème siècle, de la croissance économique par épuisement des ressources de la Terre et proposant, pour enrayer ce pillage imprudent, que l'on envisage désormais une « croissance zéro ».

On voit donc que, lorsque la question climatique se posa réellement, les élites étaient déjà préoccupées par les questions environnementales et prêtes à voir dans l'évolution possible du climat une nouvelle menace à laquelle l'humanité aurait à faire face de façon

[59] En fait ce rapport a été écrit seulement en 1972, quatre ans après la réunion de *Rome*, par un groupe de chercheurs du MIT sous la baguette de l'un d'entre eux : *Dennis Meadows*. Pour cette raison ce rapport est quelquefois appelé « Rapport *Meadows* »

d'autant plus responsable qu'elle était probablement elle-même à l'origine de cette perturbation.

La première conférence de *Stockholm* en juillet 1971 : « *Climate effects of man's activities* »

C'est dans ce climat intellectuel de responsabilité, voire de culpabilité, de l'homme face à la nature, qu'une conférence fut organisée par des scientifiques connus, soucieux des questions environnementales. Par son retentissement, au-delà même de ses aspects purement scientifiques, elle peut être considérée comme la première manifestation d'une inquiétude humaine concernant le climat. Trente scientifiques de haut niveau appartenant à 14 pays se sont retrouvé à *Stockholm*, en juillet 1971, à l'invitation du MIT américain et de l'académie royale des sciences de *Suède*, pour se pencher sur les impacts des modifications possibles du climat sous l'effet de l'activité humaine. Connue aussi sous son appellation complète ~~de~~ : « *Study of Man's Impact on Climate* - SMIC », cette conférence s'efforça de dégager un consensus sur l'ampleur de la perturbation générée par les activités humaines actuelles et passées, susceptible de modifier les températures et d'une façon générale l'équilibre thermique de la planète. En corollaire, il fut débattu de l'évaluation du niveau de perturbation engendré par l'activité humaine susceptible de causer un changement climatique à l'échelle globale ou régionale. Une conclusion s'imposa : L'homme, par l'ensemble de ses activités, est effectivement en mesure d'affecter durablement le climat aux échelles locales, régionales et globales. Mais les connaissances sont encore trop fragmentaires et il convient de mettre au point rapidement un plan d'action précis dans le but de mettre en route des recherches approfondies sur ce sujet.

Cette conférence de *Stockholm* de 1971 est restée dans les esprits comme la première manifestation d'une nouvelle attitude de l'homme vis-à-vis de la nature. Elle fut à l'origine de différents mouvements et courants de pensée qualifiés à l'époque d' « environnementalistes » comme indiqué précédemment. Peut-être plus important encore, les recommandations de cette conférence, cautionnées par des scientifiques de haut rang, attirèrent l'attention des organisations internationales sur la nécessité de prendre au sérieux les problèmes posés par les atteintes à l'environnement. C'est ce qui conduisit l'Organisation des Nations Unies à proposer, l'année suivante, en 1972, une grande conférence internationale sur l'environnement.

La conférence des Nations Unies sur l'environnement de *Stockholm* en juin 1972

La « Conférence des Nations Unies sur l'Environnement Humain » (CNUEH), qui s'est encore tenue à *Stockholm* en juin 1972, fut la première d'une série du même type, qui se succédèrent ultérieurement à une périodicité de 10 ans : *Nairobi* en 1982, *Rio* en 1992 (la plus célèbre qui fut qualifiée de « sommet de la Terre »), *Johannesburg* en 2002 et de nouveau *Rio* (*Rio* +20) en 2012. La conférence de *Stockholm* de 1972 mérite d'être classée dans la catégorie des conférences marquant l'évolution de la pensée écologique, car elle était la première des « Sommets de la Terre », comme ont été appelées ultérieurement ces conférences. De plus, elle plaçait pour la première fois aussi les questions écologiques au rang des préoccupations internationales majeures. Les participants à la conférence, principalement des représentants gouvernementaux, adoptèrent une déclaration énonçant une liste de principes à respecter dans le domaine de l'environnement et proposèrent un vaste plan d'actions pour lutter contre toutes les pollutions. Mais surtout, la conférence décida de la création de l'UNEP : *United Nations Environmental Programme,* traduction anglaise de PNUE : Programme des Nations Unies pour l'Environnement », qui devint avec l'OMM, on l'a vu, l'une des agences techniques de l'ONU parmi les plus actives dans le domaine du climat et de l'environnement au sens large.

La commission mondiale sur l'environnement et le développement : « Le rapport *Brundtland* »

L'assemblée générale des Nations Unies décida en 1983 de mandater une commission de 22 membres de haut niveau, principalement des chefs d'États, sous la présidence de Madame *Gro Harlem Brundtland,* premier ministre de *Norvège*, pour se pencher sur l'apparente et embarrassante incompatibilité entre développement et protection de l'environnement. La commission, composée de représentants gouvernementaux de pays de l'ouest et de l'est, du nord et du sud, s'est réunie une première fois en octobre 1984 et a publié en 1987 un rapport : « *Our common future* » (en français « Notre avenir à tous »), sous la signature de Madame *Brundtland*, d'où l'appellation plus courante de ce document : « Rapport *Brundtland* ». Ce rapport est à l'origine du concept de « développement durable » qui par la suite a envahi le vocabulaire des organisations internationales, des médias et des politiques, pour désigner un développement qui n'aliénerait pas les ressources de la planète, nécessairement limitées, mais au contraire les préserverait pour les générations futures.

Mais l'élaboration du concept de développement durable n'est pas le seul mérite du rapport *Brundtland.* Bien qu'il n'apporte pas d'éléments foncièrement nouveaux dans le débat sur l'environnement, ce rapport analyse l'articulation des facteurs qui lient la problématique de l'environnement à celle du développement et en tire une conclusion forte, qui s'exprime par la nécessité d'inscrire la préoccupation environnementale dans toutes les politiques sectorielles des gouvernements. Le rapport *Brundtland*, par la diversité des experts qui l'ont conçu, issus des quatre coins de la planète, par leur qualité et leur indépendance ainsi que par la caution des Nations Unies, a donné de la respectabilité et du poids aux diagnostics et aux actions proposées. C'est ce qui a conduit certains pays à prendre des mesures très fortes ; ainsi la Communauté Européenne est allée jusqu'à modifier le traité de *Rome* par un « acte unique » entré en vigueur en 1987 pour l'adapter aux recommandations du rapport *Brundtland*, qui spécifie que l'environnement doit s'inscrire dans toutes les politiques menées par la Communauté Européenne. À travers la portée de cet exemple européen, on mesure l'étendue du rayonnement du rapport *Brundtland* et son influence sur les développements politiques ultérieurs. La commission *Brundtland* et son rapport resteront pour l'histoire comme un des piliers fondateurs sur lesquels se sont construites des avancées politiques majeures dans les domaines du développement, de l'environnement et du climat, à la charnière des XXème et XXIème siècles.

Les conférences scientifiques fondatrices

Ces conférences, que l'on qualifie de scientifiques et de fondatrices, furent des émanations des agences des Nations Unies telles que l'OMM et le PNUE, souvent associées à des organisations scientifiques non gouvernementales telles que l'ICSU. Elles jetèrent les bases scientifiques indispensables pour l'étude des questions touchant au climat, en créant des mécanismes appropriés comme le WCRP et les instances qui en dépendent, mis sur pied notamment par l'OMM avec l'ICSU. Les progrès dans la connaissance furent évalués par les représentants des gouvernements à l'occasion de conférences rituelles particulières appelées « conférences mondiales sur le climat ». Il y en eut trois de 1979 à 2009. D'autres conférences de nature plus scientifique et plus spécialisée : *Stockholm* (1974), *Villach* (1980, 1985), *Toronto* (1988) s'ajoutèrent à ces conférences mondiales sur le climat.

La conférence internationale de Stockholm de juillet1974 : « *The physical basis of Climate and climate modelling* »

On peut faire débuter l'histoire des tentatives de structuration de l'étude de la question climatique par les agences des Nations Unies impliquant des responsables gouvernementaux à la conférence internationale de *Stockholm* qui s'est tenue en juillet-août 1974. Elle fut organisée conjointement par l'OMM, le PNUE et l'ICSU avec comme sujet : « La physique du climat et sa modélisation ». Par ses participants, c'était avant tout une conférence scientifique, mais pour la première fois la question du climat, de sa variabilité et de sa modélisation était posée et débattue à l'initiative d'agences techniques spécialisées des Nations Unies, comme l'OMM et le PNUE, devant des responsables nationaux. L'objectif de la conférence, qui rassembla la fine fleur des atmosphériciens de l'époque (70 participants principalement américains et européens) était de jeter les bases de l'étude des fondements physiques de la dynamique du climat et de sa modélisation à l'aide des outils numériques que proposaient maintenant les ordinateurs récemment arrivés dans les laboratoires. Ces outils numériques ouvraient en effet de nouvelles perspectives aux physiciens pour simuler le comportement des fluides entourant la Terre. La conclusion principale de cette conférence, sous forme de recommandations, fut de charger l'OMM et le PNUE, avec l'aide de l'ICSU, de mettre sur pied le WCP : *World Climate Programme*, qui élaborerait plus tard, en son sein, une composante spécifiquement dédiée à la recherche, le WCRP abondamment évoqué précédemment. Le climat venait de prendre sa place dans le concert international des grands problèmes traités par les agences des Nations Unies.

La première conférence mondiale sur le climat de *Genève* en février 1979

La première conférence mondiale sur le climat se tint à *Genève* en février 1979. Organisée conjointement par l'OMM et le PNUE, toujours avec le soutien scientifique de l'ICSU. Ce fut la première fois que la quasi-totalité des représentants des nations membres de l'OMM fut alertée par l'urgence de la prise en compte du problème climatique. Les organisateurs appelèrent toutes les nations à coordonner leurs efforts pour comprendre le changement climatique et établir des plans pour son étude. Concrètement, c'est au cours de cette conférence qu'à la suite des propositions de la conférence précédente de *Stockholm*, il fut officiellement décidé de créer au sein du WCP une composante recherche qui devint le WCRP.

Les deux conférences de *Villach* en 1980 et 1985

En écho à la prise de conscience scientifique de la gravité des conséquences d'un changement climatique possible, qui prenait de l'ampleur, une grande conférence internationale fut organisée toujours conjointement par l'OMM, le PNUE et l'ICSU à *Villach* en *Autriche* en octobre 1985. Elle était centrée sur « *l'effet de serre, le changement climatique et les écosystèmes* ». Cette conférence qui rassembla une centaine de participants, scientifiques et représentants des gouvernements de 29 pays, succédait à une première conférence plus strictement scientifique, qui s'était tenue aussi à *Villach,* mais en 1980 dans le prolongement de la première conférence mondiale sur le climat de *Genève* en 1979. Ce rassemblement de chercheurs spécialistes du climat en 1980 était arrivé à la conclusion que la menace climatique était suffisamment présente pour justifier le rassemblement et l'organisation rapide d'un programme international d'étude sur le sujet, sans pour autant mettre prématurément sur pied un programme de restriction des émissions de CO_2, tant les incertitudes scientifiques étaient encore grandes. Pour ce groupe réuni en 1980, la priorité était la connaissance et la nécessité de faire le diagnostic le plus précis possible de la situation actuelle. Ce premier rassemblement scientifique de *Villach* en 1980, appela la tenue de la grande conférence de 1985.

On attribue à la conférence de *Villach* de 1985 le mérite d'avoir placé la question du changement climatique sur le devant de la scène et, pour la première fois, sur les agendas des politiques. En effet, les participants conclurent à la nécessité d'actions immédiates par les gouvernements. Pour certains scientifiques, la situation apparaissait beaucoup plus urgente qu'ils ne l'avaient perçu précédemment, notamment lors de la conférence scientifique restreinte de 1980. La conclusion de la conférence fut sans appel : « *Le résultat de l'accroissement des concentrations de gaz à effet de serre observé conduit à penser qu'au cours de la première moitié du prochain siècle* (le XXIème) *l'élévation de la température globale moyenne pourrait être plus grande qu'elle ne l'a jamais été au cours de l'histoire de l'humanité* ». et aussi : « *Tandis que le réchauffement climatique apparaît aujourd'hui inévitable du fait des agissements passés, le taux et le niveau du réchauffement futur pourraient être profondément dépendants de politiques gouvernementales appropriées sur la conservation de l'énergie, l'utilisation des énergie fossiles et les émissions de gaz à effet de serre* ».

Il faut noter ici que sur ce point délicat des actions de nature politico-économique à entreprendre immédiatement, la communauté scientifique internationale et ses représentants gouvernementaux commençaient à se diviser. Il y avait en effet ceux qui prônaient des restrictions immédiates d'émissions de gaz à effet de serre et ceux, en particulier les *États- Unis*[60], qui rejetaient cette perspective dans l'immédiat, arguant que les inconnues étaient encore très importantes et qu'il fallait privilégier la recherche pour réduire les plages d'incertitudes avant de décider d'actions contraignantes visant les politiques énergétiques.

La conférence de *Toronto* en Juin 1988

La dimension politique de la conférence de *Villach* de 1985 servit de détonateur à de nombreuses réunions scientifiques, à caractère plus ou moins intergouvernemental, qui se succédèrent et s'enchaînèrent sur les questions soulevées par le changement climatique et les mesures à prendre pour y faire face. Il y eut, en particulier, des ateliers de travail[61] notamment à *Villach* encore, et à *Bellagio* en *Italie*, en 1987, qui conduisirent l'OMM et le PNUE à organiser de nouveau une grande conférence mondiale sur le climat qui se tint à *Toronto* en juin 1988. Son titre était : « *L'atmosphère en évolution : implication pour*

---

[60] Un rapport du « *US National Research Council* » publié en 1983 appelait à une attention soutenue du problème du changement climatique mais en évitant de trop inquiéter le public et recommandait de ne pas prendre prématurément des mesures de restrictions d'émissions de gaz à effet de serre antiéconomiques, et de privilégier la recherche.

[61] Plusieurs de ces ateliers de travail dont ceux de *Villach* 1987 et *Bellagio* 1987 furent placés sous les auspices d'un « *Advisory Group on Greenhouse gases – AGGG* » mis en place à la suite de la conférence de *Villach* de 1985 pour concrétiser les engagements pris.

la sécurité du globe ». Une nouvelle étape dans la médiatisation et la politisation de l'actualité du sujet climatique fut franchie au cours de cette conférence. Il y avait près de 400 délégués appartenant à une cinquantaine de pays dont une centaine de scientifiques, entourés de membres de gouvernements et d'ambassadeurs, de juristes, de représentants de l'industrie, de personnalités plus ou moins médiatiques appartenant ou non à des ONG environnementalistes. Tout ce monde était noyé dans une nuée de journalistes pour lesquels il fallut aménager à la hâte de nouveaux bureaux et des équipements leur permettant de rendre compte de l'événement au monde entier. Plusieurs personnalités scientifiques furent les vedettes de cette agitation médiatique. La plus connue de ces « stars » était l'américain *Jim Hansen*, scientifique rigoureux mais farouche propagandiste du désastre climatique[62] qui eut beau jeu de prédire des vagues de chaleur prochaines fréquentes - si le monde ne prenait pas immédiatement les mesures qui s'imposaient - car l'été de cette même année 1988 fut très chaud, ne démentant en rien ces prévisions pessimistes !

Au-delà de son atmosphère surchauffée, cette conférence de *Toronto* fut marquée par des résultats concrets. Outre son exposition médiatique, son principal acquis fut l'engagement de réduire de 20 %, par rapport à 1988, les émissions de CO_2 d'ici 2005. C'était un chiffre modeste très inférieur à ceux annoncés antérieurement (66 %) mais c'était, pour la première fois, un pas décisif vers un engagement devant le monde et ses caméras des principaux responsables gouvernementaux présents, engagement qui restera dans les mémoires sous le nom d'« Objectif de *Toronto* ». L'autre importante contribution de cette conférence de *Toronto* concerne l'engagement de l'OMM et du PNUE à mettre en place un mécanisme intergouvernemental pour l'étude du changement climatique, ainsi que

---

[62] *Jim Hansen* s'était déjà fait remarquer des médias, au cours des étés 1986, 1987 et surtout 1988, qui avaient été particulièrement étouffants, en déclarant devant le congrès américain qu'il y avait un réchauffement global à long terme en cours, qu'il fallait en blâmer l'effet de serre additionnel causé par l'homme et qu'il fallait s'attendre à des ouragans, des inondations et des vagues de chaleur encore plus fréquemment qu'auparavant. Les membres du congrès, devant l'évidence de la canicule qui déjà les affectait, furent très impressionnés par ses propos et à moitié convaincus ; mais les médias se jetèrent sur ces prévisions qu'ils associèrent évidemment, sans précaution particulières, à l'actualité météorologique très chaude que vivait le continent nord- américain cette année-là.

ses impacts et les mesures à prendre pour s'y adapter. C'était la concrétisation d'une demande déjà ancienne de la communauté scientifique et de certains responsables nationaux, principalement américains, qui allait voir le jour officiellement peu après, sous le nom de IPCC : *Intergovernmental Pannel on Climate Change* ». En français c'était le « Groupe d'Experts Intergouvernemental sur l'Évolution du Climat » : le GIEC.

Création du GIEC en 1988

Le « Groupe Intergouvernemental sur l'Evolution du Climat – GIEC », ou en anglais IPCC, a donc été créé en 1988, conjointement par l'OMM et le PNUE, à la demande du groupe des sept pays les plus industrialisés de l'époque, le G7, devenu ensuite G8 puis G20. Le GIEC regroupe tous les Etats membres de l'une ou de l'autre de ces deux organisations des Nations Unies que sont l'OMM et le PNUE. Sa mission est d'évaluer l'état des connaissances sur le changement climatique, de proposer des adaptations aux perturbations climatiques prévues et des mesures pour atténuer ces changements. Le GIEC réunit plus de 1 000 experts qui valident les travaux de leurs pairs et se répartissent en trois groupes de travail sur les sujets suivants :

- Groupe I : les données scientifiques du changement climatique
- Groupe II : les impacts économiques, sanitaires, humains du changement
- Groupe III : comment s'y adapter et les atténuer ?

L'organisation du GIEC tend à établir la parité la plus équitable possible entre pays développés et pays en développement. Chaque groupe de travail est coprésidé par un représentant des pays développés et un représentant des pays en développement. Le GIEC tient une séance plénière annuelle, regroupant plusieurs centaines de représentants des gouvernements et des associations, ainsi que des ateliers sur des questions particulières. Ces experts sont ouverts à l'expression des ONG d'obédience écologique ou au contraire aux lobbies opposés, comme ceux des pétroliers. Les expertises des scientifiques sont soumises aux gouvernements des pays avant d'être publiées et ces rapports font l'objet de « résumé à l'intention des décideurs » dont les termes sont âprement discutés. Ce processus rigoureux et lourd garantit l'expression fidèle d'un consensus minimal de la communauté scientifique et de tous les pays sans exception. Le GIEC publie ses rapports à intervalles réguliers. Depuis sa création cinq rapports ont été publiés, en 1990, 1995, 2001, 2007 et 2014 (Encart 1). Dans ces rapports on trouve un état des connaissances sur le changement climatique, une estimation des liens de causalité entre ce changement et l'activité humaine, des prévisions des changements à venir en fonction de différents scénarios d'émission de gaz à effet de serre, une estimation des impacts de ces changements ainsi que les actions à envisager pour en tempérer les effets.

Encart 1

Compte rendu sommaire des rapports du GIEC

En 1990, le premier rapport a essentiellement produit un diagnostic du réchauffement et de ses causes possibles, parmi lesquelles l'augmentation de l'effet de serre par l'activité humaine était reconnue comme étant très probablement l'une des principales, sans que la démonstration puisse encore en être faite. C'est ce diagnostic qui a servi de base scientifique à la préparation de la convention-cadre sur le changement climatique qui fut présentée et débattue à la Conférence des Nations Unies sur l'Environnement et le Développement – CNUED- à *Rio* en juin 1992

En 1995, le deuxième rapport présente un faisceau d'éléments suggérant qu'il existe bien une influence perceptible de l'activité humaine sur le climat de la Terre ; et les progrès réalisés dans le diagnostic scientifique permettent désormais de distinguer la cause humaine des autres causes naturelles possibles. Cependant, cette part anthropique est encore difficile à évaluer précisément. Le deuxième rapport prévoit un réchauffement moyen à l'échelle de la planète de 1 à 3,5 °C et une élévation du niveau de la mer de 15 à 95 centimètres d'ici 2100. Ces prévisions sont établies à l'aide de modèles numériques en plein développement grâce à la disponibilité d'ordinateurs de plus en plus puissants. Ces simulations du climat et la prévision de son évolution sont de plus en plus réalistes, car elles incluent maintenant l'océan et les glaces dont les comportements dynamiques sont couplés avec ceux de l'atmosphère.

En 2001, le troisième rapport insiste sur la fiabilité encore plus grande des prévisions des modèles de climat, ainsi que sur les sources de données encore plus nombreuses, incluant les données issues des observations depuis l'espace par des instruments placés sur des satellites artificiels de la Terre. Ces progrès permettent de quantifier avec plus de précision les caractéristiques du changement climatique. Le réchauffement moyen est estimé être de 0,6 °C depuis 1881, date des premières observations physiques fiables. Le niveau de la mer s'est élevé de 17 centimètres depuis le début du XXème siècle. L'étendue des couvertures neigeuses et des glaces de mer s'est réduite. Les émissions de gaz à effet de serre et d'aérosols anthropiques continuent de modifier la composition chimique de l'atmosphère et les termes du bilan radiatif de la Terre, perturbant ainsi le climat. Il existe maintenant un faisceau de preuves beaucoup mieux étayées qu'antérieurement, confirmant que l'essentiel du réchauffement est bien dû aux activités humaines, avec une probabilité estimée à 60 %. Les modèles climatiques, encore peu précis, prévoient cependant que la température moyenne de la Terre devrait s'élever de 1,4 °C à 5,8 °C en fonction des scénarios d'émission retenus et le niveau moyen des océans s'élever de 10 à 90 centimètres entre 1990 et 2100.

En 2007, le quatrième rapport a été rendu public et ouvert à la discussion à partir de janvier avant d'être définitivement publié en plusieurs volumes au cours de l'année. Le rapport du groupe 1 confirme, avec encore plus de certitude, estimée désormais à 90 %, que les émissions de gaz à effet de serre anthropiques sont responsables du changement climatique en cours. Celui-ci se manifeste de plus en plus clairement notamment dans les hautes latitudes où un réchauffement de 2 °C est constaté depuis une dizaine d'années dans l'arctique, divisant par 2 l'étendue des glaces de mer en été et livrant ainsi cette mer polaire, longtemps inaccessible, à la navigation et à l'exploitation de ses ressources, mais en perturbant dramatiquement la faune et le mode de vie de ses habitants. Les modèles annoncent, pour 2100, en fonction des différents scénarios d'émission, une hausse prévisible des températures moyennes de la planète de 1,1°C à 6,4°C avec une fourchette plus probable de 1,8°C à 4°C ainsi qu'une élévation du niveau moyen des océans comprise encore entre 10 et 90 centimètres. Les modèles prévoient encore, bien que moins sûrs d'eux en ce qui concerne l'évolution du cycle de l'eau, des précipitations accrues dans les hautes latitudes et au contraire un déficit de pluviométrie dans les régions subtropicales ainsi que sur le pourtour méditerranéen.

En 2014, le cinquième rapport apporte des éléments nouveaux qui peuvent être résumés ainsi : Le lien entre les activités humaines et l'accroissement des températures constaté est passé du niveau « très probable » en 2007 dans le 4ème rapport au niveau « extrêmement probable (probabilité de 95 %) » en 2014. De nouveaux scénarios et une nouvelle méthodologie ont été utilisés dans le 5ème rapport pour réaliser des prévisions avec des modèles d'évolution climatique. Antérieurement, les scénarios envisagés étaient basés sur différents niveaux d'émissions de GES. Les nouveaux scénarios au contraire prennent comme base différents niveaux d'équilibre énergétique et en déduisent les niveaux de concentration de GES correspondant à des scénarios socio-économiques qui seraient compatibles. Alors que les précédents rapports proposaient uniquement des prévisions pour la fin du XXIème siècle, le 5ème rapport fait état de prévisions décennales couvrant la période 2012-2035. Des prévisions à très long terme, à l'horizon 2300, sont également proposées. Les émissions humaines d'aérosols, qui réduisent le flux solaire incident et atténuent ainsi le réchauffement climatique, sont revues à la baisse. La hausse du niveau moyen des océans serait plus importante que prévu antérieurement. Elle serait située entre 29 et 82 cm d'ici la fin du

XXIème siècle et serait due principalement à la fonte du *Groenland* qui avait été sous-estimée précédemment. Les événements climatiques extrêmes seront plus intenses et plus fréquents. Cela se marquera principalement dans les précipitations qui pourraient devenir diluviennes dans les régions normalement humides actuellement. En revanche, les régions sèches deviendraient encore plus sèches. Le «hiatus thermique» ou ralentissement apparent du réchauffement observé ces deux dernières décennies, ne remet pas en cause le réchauffement anthropique qui affecte la Terre depuis 1850.

En ce qui concerne les impacts et les conséquences du changement climatique, le rapport du groupe 2 indique que les régions affectées par la sécheresse vont s'étendre et, au contraire, des précipitations violentes et des inondations frapperont d'autres régions. Les écosystèmes seront aussi très perturbés et subiront des migrations, principalement en latitude ; des extinctions sont aussi à prévoir pour les espèces les plus fragiles, qui ne pourront pas s'adapter au changement. 20 à 30 % des espèces végétales et animales pourraient disparaître. D'autres impacts du changement climatique, aux conséquences socio-économiques cruciales pour tous les pays, développés ou non, sont aussi anticipés dans les domaines de la forêt, de la pêche, des zones côtières, de l'habitat et de la santé. Le groupe 3, dont le rapport est principalement destiné aux décideurs, préconise d'agir vite, à un coût acceptable pour nos économies en investissant dans les énergies nouvelles créatrices d'emplois et de richesses.

La seconde conférence mondiale sur le climat de *Genève* en octobre 1990

À la fin des années 1980 et après la création du GIEC, la tenue d'une seconde conférence mondiale sur le climat fut recommandée par le conseil exécutif de l'OMM. En effet l'intérêt du public pour le changement climatique, la prise de conscience des politiques, la sortie prochaine du premier rapport du GIEC sur l'état des connaissances appelait une mise au point de cette question justifiant la tenue de cette conférence. Elle fut organisée à *Genève* du 29 octobre au 9 novembre 1990 par l'OMM assistée encore du PNUE et de l'ICSU. Elle rassembla les représentants de 137 pays ainsi que la Communauté Européenne. S'appuyant sur les premières conclusions des rapports des trois groupes de travail du GIEC, la déclaration finale réaffirma que le changement climatique est une préoccupation sérieuse touchant l'humanité tout entière et que, devant la menace de dommages irréversibles considérables, le manque de certitudes scientifiques ne doit pas être une excuse à l'absence d'actions immédiates pour prévenir une dégradation majeure de notre environnement.

C'est ce qui fit que cette seconde conférence mondiale sur le climat afficha un caractère beaucoup plus politique que la première, 11 ans plus tôt. Ainsi, après une semaine de présentations scientifiques sur tous les aspects du changement climatique, la conférence élabora une « déclaration ministérielle » sur la nécessité de réduire les émissions de gaz à effet de serre. Issue de difficiles négociations entre les représentants des gouvernements des 137 États représentés, cette déclaration ministérielle fut cependant une déception pour la majorité des participants car elle ne donnait pas d'objectifs précis quantitatifs de réduction des émissions de gaz à effet de serre, ni ne désignait le gaz carbonique comme le principal gaz polluant.

Cependant, la conférence peut être créditée de plusieurs avancées significatives. Ce fut d'abord la proposition d'instaurer une convention cadre sur les changements climatiques qui sera adopté à la conférence de Rio en 1992. Il s'agit de la « Convention Cadre des Nations Unies sur le Changement Climatique - CCNUCC», UNFCCC en anglais, qui engendrera le « protocole de *Kyoto* » dont on verra plus loin l'importance. Ce fut ensuite la proposition de création d'un GCOS : *Global Climate Observing System*, en français SMOC : Système Mondial d'Observation du Climat, qui fut officiellement établi en 1992 conjointement par l'OMM, le PNUE, l'ICSU et la COI sous le couvert de l'UNESCO.

La troisième conférence mondiale sur le climat de *Genève* en septembre 2009

Les décennies 1990 et 2000 furent riches en développements politiques autour de la question climatique. On examinera plus en détail, dans les chapitres suivants, ces développements qui tournent autour de plusieurs événements, dont les principaux sont : les rapports successifs du GIEC, les conférences décennales appelées quelquefois les « Sommets de la Terre » dont la plus marquante fut la « Conférence des Nations unies sur l'Environnement et le Développement – CNUED » qui s'est tenue à *Rio* en 1992, la conférence de *Kyoto* et son protocole signé avec difficulté en 1997. Les premières COP. etc. L'ampleur de ces événements et leurs impacts sur le public et les gouvernements incita l'OMM à proposer une troisième conférence mondiale sur le climat qui s'est tenue à *Genève* la première semaine de septembre 2009. Cette troisième conférence n'ambitionnait pas, comme les deux précédentes, une avancée marquante de la cause climatique par la création ou la proposition de dispositifs nouveaux et spectaculaires. Ceux-ci étaient déjà en place avec le GIEC, la convention cadre des Nations Unies sur le changement climatique (CCNUCC) et ses développements, les engagements politiques découlant du protocole de *Kyoto* et les sommets qui avaient rassemblé plusieurs chefs d'état et donné un retentissement considérable aux problèmes environnementaux et climatiques. Tous ces événements étaient soutenus par une très intense agitation médiatique autour, d'un côté, des partisans convaincus de l'urgence de mesures à prendre pour limiter l'usage du carbone fossile et, de l'autre, des opposants se déclarant « climato-sceptiques » et mettant en cause la réalité de l'origine humaine du changement climatique.

Plus modestement l'objectif de cette troisième conférence mondiale sur le climat fut de faire progresser le développement des services climatologiques et leurs applications dans l'intérêt des sociétés. Autrement dit créer un cadre général qui lierait l'avancée des connaissances scientifiques dans la prévision du climat avec les besoins des usagers potentiels de ces informations, c'est-à-dire la société dans son ensemble. Aussi, cette troisième conférence, venant après les conférences intergouvernementales de *Rio,* le protocole de *Kyoto*, et les premières COP, battit des records de participants tant par leur nombre : plus de 2500 appartenant à 163 pays, que par leur diversité et leur qualité : huit chefs d'États et 80 ministres, 59 organisations internationales, des centaines de scientifiques de différentes disciplines, mais aussi des fournisseurs de services météo et climatiques publics et privés, des décideurs économiques et politiques de tous niveaux accompagnant les chefs d'États etc.

La conférence s'est déroulée en deux parties (appelées segments) :

(i) Un segment « experts » durant les trois premières journées réunissait des climatologues et des spécialistes provenant de divers secteurs touchés par le changement climatique.

(ii) Un segment dit de « haut niveau » rassemblant pendant deux jours des chefs d'États et de gouvernements pour mettre sur pied un « cadre mondial pour les services climatologiques ».

Le résultat principal de la conférence fut donc la proposition, examinée par les représentants gouvernementaux, de créer un cadre mondial pour les services climatologiques, destiné à faire face au défi climatique sur deux fronts : l'« atténuation » des impacts du changement climatique et l'« adaptation » des sociétés à ce changement.

Les rapports du GIEC, les conférences mondiales sur le climat et les grandes conférences scientifiques des années 1980-2000 constituent la partie émergée de l'iceberg dont le cœur est constitué de la gigantesque mobilisation des scientifiques. Après les travaux pionniers de quelques personnalités, ils ont perçu la gravité du sujet climatique. Ce rassemblement climatique s'est organisé autour des agences techniques des Nations Unies, comme l'OMM et le PNUE, pour réaliser un bond en avant dans la connaissance du climat, sa variabilité naturelle et son changement. Le travail des scientifiques et les progrès de la connaissance sont difficiles à évaluer et à traduire au public, d'autant que par nature l'activité scientifique est souvent individuelle, compétitive et contradictoire, chaque scientifique voulant montrer à ses pairs l'originalité et la pertinence de ses idées et de ses travaux. Les grands programmes scientifiques internationaux présentés précédemment ont grandement contribué à cette mobilisation en faisant converger des disciplines scientifiques qui à l'origine n'avaient pas, ou peu, de points communs. Mais l'implication sociétale et humaine sans précédent de la question climatique exigeait d'assurer une visibilité extérieure des résultats de cet énorme effort de recherche, qui a mobilisé des milliers d'acteurs. C'est cette tâche que les conférences mondiales sur le climat, les grandes conférences scientifiques généralistes ou spécialisées, ainsi que le GIEC, ont assuré auprès des représentants des gouvernements sous l'œil du public. L'échelon véritablement politique présenté dans ce qui suit s'est ancré sur cette prise de conscience publique, initiée par ces grandes conférences de la décennie 1980, déjà bien relayées par les médias.

Chapitre XII

-

Les conférences et les institutions intergouvernementales

On vient de voir que les décennies 1990 et 2000 ont été particulièrement riches en développements politiques dans les domaines de l'environnement terrestre et du climat. Mais l'enchaînement et l'entrecroisement des conférences et autres manifestations institutionnelles autour de la question climatique, depuis le pôle scientifique jusqu'au pôle politique, sont complexes et difficiles à décrire. Dans le chapitre précédent, on a tenté d'isoler les manifestations qui touchaient à la généralité des problèmes environnementaux ainsi que celles qui avaient un caractère plus spécifiquement scientifique mais néanmoins intergouvernemental sous l'égide des agences techniques des Nations Unies. Dans ce chapitre nous allons tenter de montrer comment s'est enraciné, puis construit, le pôle politique jusqu'à l'implication des chefs d'États dans des rassemblements purement intergouvernementaux de type G8, G20…… incluant la signature de traités comme le protocole de *Kyoto* et ses suites, les COP, jusqu'à la dernière, la COP 21, qui s'est tenue à *Paris* en décembre 2015 et a abouti à la signature, par175 pays, d'un nouveau traité assurant la suite du protocole de *Kyoto*.

On peut en effet situer le début de l'implication effective des politiques dans la question climatique à la « Convention-Cadre des Nations Unies sur le Changement Climatique » proposée à *Rio* en 1992 et se servir de ses développements, conduisant au protocole de

Kyoto et à ses suites, comme fil conducteur pour tracer l'évolution de l'implication de la politique internationale dans le dossier climatique. Mais il est nécessaire pour cela de positionner cette convention-cadre dans le contexte plus large des manifestations multiples qui se sont tenues au cours de ces années. Dans ce contexte, on peut considérer deux catégories de conférences, en partie évoquées précédemment, qui opérèrent la transition entre le pôle scientifique et le pôle politique du dossier climatique :

(i) Des « conférences mondiales sur le climat », organisées principalement par l'OMM à *Genève*. On vient de voir qu'Il y en eut trois : la première en février 1979, la seconde en novembre 1990 et la troisième en septembre 2009. C'est au cours de la deuxième conférence en 1990 que l'idée d'une convention cadre internationale sur le changement climatique est née. Elle devait être prête pour être présentée au « Sommet de la Terre » prévu 2 ans plus tard à *Rio* en 1992.

(ii) Des conférences des Nations Unies rassemblant des dirigeants mondiaux et visant à démontrer une capacité collective de gestion des problèmes planétaires virent le jour à cette période. De nature politique et plus communément appelées « Sommets de la Terre », ces conférences, dont nous avons rendu compte en détail dans le chapitre XI, se réunirent tous les 10 ans. Nous rappelons ici cette séquence. Le premier de ces sommets s'est tenu à *Stockholm* en 1972 ; les suivants se sont tenues à *Nairobi* en 1982, à *Rio* en 1992, à *Johannesburg* en 2002 et de nouveau à *Rio* en 2012, sous le nom de « *Rio* plus 20 » pour le vingtième anniversaire de celle de 1992. C'est la conférence qui s'est tenue à *Rio* en 1992, appelée en français CNUED : Conférence des Nations Unies sur l'Environnement et le Développement, qui a vu la signature de la convention cadre des Nations-Unies sur le changement climatique et qui peut être considérée comme l'entrée du politique dans la question climatique.

Nous présentons seulement ici :

- la conférence des Nations Unies sur l'environnement et le développement CNUED qui se tint à *Rio* en 1992 et qui eut un grand retentissement ; elle généra la CCNUCC ;

- les conférences (Sommets de la Terre) qui suivirent tous les 10 ans : *Johannesburg* en 2002 et « *Rio* plus 20 » en 2012 ;
- la Convention Cadre des Nations Unies sur le Changement Climatique (CCNUCC), (en anglais UNFCCC) ;
- le protocole de *Kyoto ;*
- les Conférences des Parties (COP) destinées à suivre annuellement la mise en œuvre de la CCNUCC (UNFCCC).

La Conférence des Nations Unies sur l'Environnement et le Développement (CNUED), Rio de Janeiro, 1992

Plus connue sous son vocable anglais UNCED : *United Nations Conference on Environnement and Development*, cette conférence de *Rio*, dite du « Sommet de la Terre », à laquelle participa le *Commandant Cousteau,* fut une réussite et un événement d'envergure mondiale qui marqua la globalisation des préoccupations environnementales et climatiques par un niveau de médiatisation encore inconnu sur un tel sujet. Plus d'une centaine de chefs d'États et de gouvernements y participèrent - ce qui représentait le plus grand rassemblement de dirigeants mondiaux jamais réuni - ainsi que plus de 1500 ONG. Le sommet de *Rio* fut marqué par l'annonce d'un programme ambitieux de lutte mondiale contre les changements climatiques, au moins sur le papier. La conférence de clôture du sommet fut conclue par « La déclaration de Rio » qui fixe des lignes d'actions pour assurer une meilleure gestion de la planète et faire progresser les concepts régissant les droits et les responsabilités des États. Quatre documents furent signés par les chefs d'États et de gouvernements présents :

- l'« Agenda 21 » qui comprenait plus de 2.500 recommandations ;
- Une convention sur la protection de la biodiversité biologique ;

- Une convention sur la lutte contre la désertification ;
- Enfin, la Convention-Cadre des Nations Unies sur le Changement Climatique CCNUCC.

Cette conférence de *Rio* en 1992, est la troisième d'une série apparaissant tous les 10 ans, appelées après coup les « Sommets de la Terre ». Les suivantes sont *Johannesburg* en 2002 et *Rio* plus 20 en 2012.

Les conférences de Johannesburg en 2002 et de « Rio plus 20 » en 2012

La conférence de Johannesburg en 2002 eut un certain poids politique dû à la présence d'une centaine de chefs d'État, dont Jacques Chirac qui prononça cette fameuse phrase : « *La Terre brûle et nous regardons ailleurs* ». Ces chefs d'État étaient invités à réitérer leur engagement politique de la CNUED de 1992 en faveur du développement durable et du partenariat Nord-Sud. Cependant, bien que l'événement, avec plus de 40 000 délégués fût, semble-t-il, le plus grand rassemblement jamais organisé par les Nations-Unies, son contenu est aujourd'hui presque totalement oublié.

La conférence *Rio* + 20, à l'incitation de l'Organisation des Nations Unies, devait commémorer le vingtième anniversaire de la CNUED de *Rio* en 1992. Cette « Conférence des Nations Unies sur le Développement Durable - CNUDD » était le quatrième « Sommet de la Terre » et se voulait être un approfondissement des engagements des sommets précédents. Convoquée par la 64ème Assemblée Générale des Nations Unies, la conférence avait deux objectifs principaux très généraux :

(i) expliciter l'économie verte dans le développement durable ;

(ii) donner un contenu au cadre institutionnel du développement durable.

Annoncée par une série de réunions préparatoires à partir de 2010 (*New York* en mai 2010 et en mars 2011, *Rio* en juin 2012) et abondamment médiatisée, la conférence, qui s'est tenue du 20 au 22 juin 2012, s'est terminée par la ratification d'un texte par les chefs d'États des 188 pays représentés. En fait ce texte de 49 pages, intitulé : « *L'avenir que nous voulons* » a été diversement jugé : négativement par une majorité de participants, notamment les nombreuses ONG qui le trouvait seulement déclaratif et sans aucune contrainte ni rupture avec le monde actuel ; positivement, au contraire, comme un bon point de départ, pour le pays organisateur, le *Brésil*, et sa présidente, *Dilma Rousseff*, soucieuse de donner une bonne image des capacités d'organisation de son pays. Les promoteurs de la conférence étaient également soucieux de gommer l'impression générale de confusion et d'irrésolution qui se dégageait des prises de positions irréconciliables de groupes de pays aux intérêts divergents. De fait, les leaders de nombreux grands pays, notamment *États-Unis, Allemagne, Royaume Unis*, étaient absents. Le président français, *François Hollande* qui s'était déplacé, se déclara déçu.

Au final, cette assemblée a fait couler beaucoup d'encre, suscité des espoirs, mais engendré aussi beaucoup de déceptions et de frustrations. Force fut de constater que la maîtrise de la croissance verte, objectif affiché de cette manifestation d'échelle planétaire, n'avait pas encore réussi à se forger une place solide et durable dans l'espace de la pensée politique mondiale de ce début de XXIème siècle.

La Convention-Cadre des Nations Unies sur le Changement Climatique (CCNUCC)

Plus connue, sur le plan internationnal, sous son vocable anglais UNFCCC : *United Nations Framework Convention on Climate Change*, cette « Convention Cadre des Nations Unies sur le Changement Climatique - CCNUCC » fut signée à la fin de la conférence de *Rio* de 1992, et ratifiée plus tard par plus de 160 pays incluant individuellement la Communauté Européenne. La Convention-Cadre est entrée en vigueur en mars 1994. Elle stipule dans son article 2 que « *Son objectif ultime est de stabiliser les concentrations de gaz à effet de serre dans l'atmosphère à un niveau qui empêche toute perturbation anthropique dangereuse du système climatique... dans un délai suffisant pour que l'adaptation aux changements climatiques des écosystèmes et des sociétés humaines soit possible* ». D'autres engagements ont été pris notamment sur les taux d'émission des pays développés et sur l'aide à apporter aux pays émergents et aux pays en développement. C'est ainsi que les pays développés, les pays émergents et la Communauté Européenne se sont engagés à adopter des mesures pour, d'ici l'an 2000, stabiliser leurs émissions de gaz à effet de serre à leur niveau de 1990. Par ailleurs, les pays développés et la Communauté Européenne se sont engagés à financer les coûts des aménagements structurels des pays émergents et en développement pour qu'ils puissent aussi respecter leurs engagements. Au final ces objectifs sont apparus assez « volatils » car peu contraignants, le Nord voulant protéger son industrie et le Sud garder sa liberté d'exploiter ses forêts en ne freinant pas son industrialisation naissante.

Pour appliquer concrètement ses résolutions, la convention-cadre s'est dotée d'un organe directeur appelé « La Conférence des Parties », en anglais COP : *Conference Of Parties*, qui doit se réunir annuellement et rassembler les États signataires pour mettre en pratique les engagements pris. C'est au cours des réunions successives de ces Conférences des Parties (COP 1, 2, 3….21)[63], à partir de 1995, que des négociations, parfois très difficiles, ont permis de franchir les obstacles conduisant finalement à la mise en œuvre d'un traité international, appelé le « *Protocole de Kyoto* », du nom de la ville où s'est réunie la COP 3, en 1997, pour signer ce traité visant à réduire les émissions de gaz à effet de serre.

[63] Les informations qui suivent sur les réunions des COP sont extraites de plusieurs articles de Wikipédia recoupés avec d'autres sources du WEB. Pour une documentation plus complète, mais volumineuse et peu lisible, voir www.ctes.org/fra/cop/index.shtml

Le Protocole de Kyoto

On peut distinguer dans le protocole de *Kyoto* un triple contenu : les objectifs de réduction des gaz à effet de serre, les mécanismes de flexibilité s'appliquant à ces réductions, les conditions d'entrée en vigueur du traité :

(i) Les objectifs de réduction sont individualisés par pays ou par groupe de Pays. Pour les pays développés, la réduction moyenne imposée est de - 5,2% par rapport aux niveaux atteints en 1990, pour une échéance située entre 2008 et 2012. Les pays en développement, y compris les pays émergents (*Chine, Brésil,...*) sont exemptés de contraintes chiffrées mais invités à limiter leurs émissions. Ces objectifs de réduction prennent en compte six gaz à effet de serre : dioxyde de carbone, méthane, oxyde nitreux et trois composés carbonatés complexes substituts aux CFC interdits par le protocole de *Montréal*.

(ii) Les mécanismes de flexibilité ont également trois objectifs :

- Faciliter les efforts des pays développés pour limiter leur usage de systèmes de production parmi les plus polluants et les moins efficaces ; pour cela il leur est proposé un mécanisme de permis négociables sur un marché de permis d'émission.
- Promouvoir des mécanismes de développement propres en permettant aux pays développés de réaliser leurs objectifs tout en investissant dans des projets initiés par des pays en développement. C'est, en partie, une réponse à la demande d'aide de ces pays en développement pour qu'ils puissent assurer un développement le plus propre possible.
- Mettre en œuvre conjointement des financements de projets visant à développer le stockage de carbone et la réduction des émissions.

(iii) Les conditions d'entrée en vigueur du traité sont strictes et assez complexes dans leurs détails. Il faut qu'au moins 55 pays signataires du traité l'aient ratifié (cette condition a été satisfaite en mai 2002) ; il faut aussi que le nombre et l'importance (en termes de quantité d'émission de dioxyde de carbone) des pays ayant ratifié le traité représentent au total au moins 55 % des émissions de dioxyde de carbone du monde entier, rapportées à l'année 1990 (cette condition a été satisfaite en novembre 2004 avec la ratification par la *Russie*). Le traité est validé et son application nationale est possible dans chaque pays signataire 90 jours après la ratification du dernier pays entrant dans le quorum validant le traité. La date d'entrée en vigueur du traité par les pays l'ayant ratifié est intervenue le 16 février 2005. En *France* la ratification du traité a fait l'objet d'un décret daté du 22 mars 2005. Les *États-Unis* puissance économique dominante, n'ont pas ratifié le Protocole de *Kyoto.*

Le protocole de *Kyoto* a fait l'objet d'innombrables commentaires négatifs et positifs. Parmi les commentaires négatifs, il y a ceux qui soulignent la modestie des objectifs envisagés face aux menaces d'un bouleversement climatique et qui mettent en avant les énormes difficultés rencontrées au cours des négociations, chaque catégorie d'intervenants défendant pied à pied ses intérêts avant celui de la planète. Mais une autre faiblesse plus fondamentale du traité apparaît en contrepoint dans l'évitement d'un problème de fond, à peine esquissé bien qu'au cœur des débats : celui des rapports entre le Nord et le Sud et l'opposition entre développement et environnement. Le traité n'oblige que les pays développés du Nord à réduire leurs émissions de gaz polluants. Or les émissions des pays émergents et des pays pauvres croissent rapidement et dépasseront bientôt celles des pays du Nord. Face à cette situation grevant lourdement le futur, certains pays développés, principalement les *États-Unis*, insistent pour que les pays émergents et pauvres contribuent eux aussi aux réductions des émissions. Mais ces pays refusent de se soumettre à ces contraintes environnementales qui freineraient leur développement. Ils mettent en avant le fait historique que le Nord a assuré son développement depuis plus de deux siècles, en puisant sans restriction dans les ressources naturelles et en émettant des pollutions de tous ordres sans se soucier de leurs conséquences. Pour eux, le Nord est responsable de la situation actuelle. Le Sud demande donc au Nord des compensations pour lui permettre un développement propre ; mais ces compensations, principalement financières, lui sont refusées sans des garanties solides, ce qui alimente d'interminables débats sur les conditions d'allocation de ces soutiens financiers au cours des réunions annuelles des COP depuis 1992.

Le côté positif du dossier est à trouver dans l'éveil de la communauté internationale et la prise de conscience, au niveau des chefs d'États, d'un problème de dimension planétaire qui, pour la première fois, dépasse de loin les conflits antérieurs liés à des affrontements d'intérêts nationaux ou à des oppositions, chaudes ou froides, entre blocs relevant de la géopolitique. En dépit de la modestie de ses objectifs, de l'étalage des égoïsmes nationaux, des doutes sur son efficacité, un tel traité représentait un tournant politique majeur aux conséquences économiques et diplomatiques encore difficilement imaginables. Pour la première fois, des pays industrialisés se sont engagés à réduire leurs émissions de gaz à effet de serre, en acceptant ainsi de compliquer sciemment leur approvisionnement énergétique. Les sources d'énergie du monde développé devront se diversifier, obligeant ces pays à reconsidérer les principes sur lesquels est fondé leur développement économique, ouvrant peut-être ainsi la porte à un autre monde.

Les COP « Conference Of Parties »

Les COP font l'actualité de la question climatique depuis maintenant plus de 20 ans. La première s'est tenue en 1995 à *Berlin*, la dernière à ce jour, la COP 21, s'est tenue à *Paris* du 30 novembre au 11 décembre 2015.

COP 1

La première Conférence des Parties (COP 1) s'est tenue à *Berlin en mars 1995*, un an après l'entrée en vigueur de la convention-cadre sur le changement climatique. Elle marque un certain désenchantement après l'euphorie qui avait marqué la conférence de *Rio* trois ans plus tôt. Les participants constatent qu'il est très difficile d'appliquer les engagements pris par la convention-cadre qui par ailleurs est assez floue sur bien des points. Il est alors décidé d'élaborer un instrument nouveau appelé « *Mandat de Berlin* », qui reconnaît l'inadéquation des engagements actuels de la convention, notamment ceux concernant l'aide des pays développés aux pays du sud, pour atteindre les objectifs généraux de la conférence de *Rio*. Le « *Mandat de Berlin* » étend et contraint plus rigoureusement les engagements des pays développés et initie un cycle de négociations pour mettre au point de nouveaux engagements pour la période au-delà de l'an 2000. Il est également donné mandat aux pays développés de mettre en place des engagements précis destinés à ramener leurs émissions au niveau de 1990, comme ils s'y sont engagés. Ce nouveau cycle de négociation aboutira à des propositions chiffrées de réduction par pays (ou groupes de pays), qui feront l'objet du protocole de *Kyoto* (voir plus loin).

COP 2

La COP 2 s'est tenue à Genève en juillet 1996. Elle a été principalement marquée par ce qui a été appelé la « *Déclaration de Genève* », précisant les orientations des négociations en cours et approuvant le deuxième rapport du GIEC, en considérant qu'il apporte une base de connaissance scientifique suffisamment solide pour justifier un renforcement immédiat des actions de lutte contre le réchauffement climatique. La « *déclaration de Genève* » approfondit aussi le « *mandat de Berlin* » en invitant les participants à fixer des objectifs de réduction d'émissions chiffrés et contraints juridiquement.

COP 3

La COP 3 s'est tenue à Kyoto en décembre 1997. Elle est surtout connue pour avoir lancé et signé le célèbre protocole de *Kyoto* (Voir paragraphe précédent). En fait, les modalités de ce traité étaient discutées depuis plusieurs années et avaient été à l'ordre du jour de toutes les réunions qui s'étaient tenues depuis la conférence de *Rio* de 1992, pour tenter de donner un contenu à la convention-cadre sur le changement climatique. Au cours de cette COP 3, qui aboutit au protocole de *Kyoto*, quatre groupes de pays se sont opposés :

(i) La Communauté Européenne ;

(ii) Un regroupement de 130 pays en développement ;

(iii) Les pays actuellement les plus directement menacés comme les « petits États insulaires » se déclarant les premières « victimes non coupables » du réchauffement climatique ;

(iv) Des opposants à l'instauration de quotas appelés un peu ironiquement les « membres du *carbon Club* » regroupant de nombreux pays développés incluant, l'*Amérique* du Nord, le *Japon*, l'*Australie* et les pays producteurs de pétrole du Moyen-Orient.

Néanmoins, un protocole fut signé, rassemblant les représentants des 160 pays présents sur une position commune. Ce fut un événement de portée mondiale, largement médiatisé, qui restera dans l'histoire sous son appellation de « Protocole de *Kyoto* ».

COP 4

La COP 4, qui s'est tenue à *Buenos Aires en décembre 1998,* était destinée à définir les modalités pratiques des décisions prises à *Kyoto* concernant la signature du Protocole de *Kyoto.* Cette conférence fut un échec, les 180 pays participants se divisèrent en trois groupes irréductibles : Certains pays du Nord autour des Américains réaffirmèrent leur volonté d'obliger les pays en voie de développement à participer, eux aussi aux réductions d'émissions arguant que la Chine, par exemple, va bientôt dépasser l'Occident par le taux d'émission de gaz carbonique de ses innombrables centrales à charbon. Mais les pays en développement refusèrent par principe de céder quoi que ce soit à des pays qui polluent 20 fois plus qu'eux par tête d'habitants. Les Européens, tentant de trouver une issue au conflit, demandèrent un geste aux Américains en leur proposant de s'engager à réduire leurs permis négociables de droits à émettre, et les poussant ainsi à réduire concrètement leurs émissions ; ils refusèrent obstinément tant que les pays en développement n'acceptaient pas le principe de leur participation aux réductions des émissions. La situation était bloquée et elle le resta durant toute la durée de la conférence qui se termina misérablement par un accord sur un calendrier de travail.

COP 5

La COP 5 à Bonn en novembre 1999 fut aussi un demi- échec comme la précédente. Les Américains restèrent sur leur position refusant de s'engager sur des réductions d'émissions si les pays en développement ne participaient pas eux-mêmes à ces réductions. Les pays pétroliers du Moyen-Orient tentèrent de tirer avantage de ces conflits pour faire capoter l'ensemble du processus de mise en pratique du traité. La Communauté Européenne, le *Japon* et les pays en développement durcirent leur position. Au final, aucun consensus majeur sur le contenu pratique du traité, notamment en terme d'engagement sur des taux de réduction d'émission, ne fut atteint. Quelques résultats cependant sur la précision de la mesure des émissions et les moyens de contrainte sur les pays émetteurs qui ne respectent pas leurs engagements. Face à ce nouvel échec, l'organisation des petits pays insulaires, AOSIS, déjà évoquée, premières victimes potentielles de l'élévation du niveau de l'océan menacées de disparition, émit une protestation solennelle qui eut un grand écho médiatique.

COP 6

La COP 6 à La Haye en novembre 2000 est également à oublier ; ce fut un échec total qui nécessita la tenue d'une COP 6 bis six mois plus tard. Devant des exigences américaines nouvelles, les pays européens, mal préparés et divisés, ont refusé le texte de l'accord final. Il fut alors décidé de poursuivre les négociations au cours d'une nouvelle conférence (COP 6 bis) qui se tint à *Bonn* six mois plus tard en juillet 2001. En l'absence des Américains, les 180 pays présents se sont enfin mis d'accord sur un texte explicitant l'application du protocole de *Kyoto*. Des compromis ont été trouvés sur l'usage du marché des droits à émettre et sur la création d'un fonds destiné à aider les pays en voie de développement à faire face aux dérèglements climatiques.

COP 7

La COP 7 à Marrakech en novembre 2001, fut marquée par la sortie de crise trouvée in extremis au cours de la COP 6 bis de *Bonn*, et s'est tenue sans les Américains. Ils maintinrent leur position de retrait adoptée en 2001 au cours de la COP 6 bis de Bonn, se contentant d'un siège d'observateur et refusant toute participation active dans les négociations en dépit des pressions de certains pays amis du Nord. Les négociateurs des pays représentés s'attachèrent à finaliser les détails opérationnels du protocole de *Kyoto,* ouvrant la voie à sa ratification par le plus grand nombre possible de pays, sachant qu'au moins 55 pays représentant plus de 55 % des émissions de gaz à effet de serre devaient le ratifier pour le rendre effectif. Le principal résultat de la conférence se traduisit par un document : « Les accords de *Marrakech* », qui propose une traduction juridique des règles de mise en œuvre du Protocole de *Kyoto*.

COP 8

La COP 8 à New Delhi en octobre 2002 a été principalement marquée par une « *Déclaration ministérielle* » dite de *Delhi,* appelant les pays développés à intensifier leurs efforts pour le transfert vers les pays pauvres des technologies modernes, de façon à atténuer l'impact du changement climatique sur ces pays en voie de développement. Les *États-Unis*, à la suite de l'élection de *George W. Bush* et l'annonce de leur refus de ratifier le protocole de *Kyoto*, apportèrent paradoxalement leur soutien aux pays du Sud pour privilégier le thème de l'adaptation et de la réduction de la vulnérabilité, opposé à celui de la réduction des émissions soutenu par les Européens et constituant le noyau dur du protocole de *Kyoto.*

COP 9

La COP 9 à Milan en décembre 2003 s'est principalement attachée à adapter le FEM : Fonds pour l'Environnement Mondial, créé depuis 1991 par la banque mondiale et deux agences techniques des Nations Unies : le PNUE pour l'environnement et le PNUD pour le développement, pour aider les pays en voie de développement à mieux s'adapter au changement climatique. Le fonds sera également utilisé pour le renforcement des capacités de transfert technologique du Nord vers le Sud.

COP 10

La COP 10 à Buenos Aires en décembre 2004 s'est penchée sur les dimensions éthiques du changement climatique et a analysé les progrès accomplis depuis la première Conférence des Parties, près de 10 ans plus tôt à *Berlin.* La COP 10 s'est aussi intéressé à la double question de l'atténuation et de l'adaptation aux changements climatiques. Un plan d'action, « *Buenos Aires Action Plan* », pour aider les pays en voie de développement à faire face à ces problèmes d'atténuation et d'adaptation, a été mis en place. Les délégués ont également commencé à discuter des mécanismes de répartition des réductions d'émission de gaz à effet de serre du post-*Kyoto*, lorsque, fin 2012, le protocole de *Kyoto* sera devenu caduque.

COP 11 – MOP 1

La COP 11 et la *MOP 1 à Montréa,l en décembre 2005,* réunirent une COP et la première MOP : *Meeting Of Parties,* du protocole de *Kyoto* qui venait d'entrer en vigueur le 16 février 2005. C'est cette première réunion des « Parties » du protocole de *Kyoto* enfin en action qui donne une importance particulière à ce rassemblement de *Montréal,* dont le sigle officiel devient : COP 11 - MOP 1. Ce fut une conférence gigantesque qui battit tous les records de participation avec plus de 10 000 délégués et une couverture médiatique considérable. Le principal résultat commun aux deux conférences, jointes pour l'occasion, est inclus dans un document appelé le « Processus de *Montréal* ». Il indique les pistes possibles de recherche pour de nouveaux accords pour la période post 2012, date de la fin des accords du protocole de *Kyoto.* À l'époque où le protocole de *Kyoto* avait été conclu, les négociateurs pensaient que les engagements post *Kyoto* (après 2012) se placeraient dans le prolongement des engagements de *Kyoto*. Mais en 2005, lorsque l'on commence à penser à la période post *Kyoto*, la situation internationale et le monde en général ont changé depuis 1997 lorsque le protocole de *Kyoto* a été lancé. Il devenait donc nécessaire de se remettre au travail dès 2005 pour penser à la construction de nouveaux accords, plus ambitieux, tenant compte de l'avancée des connaissances synthétisées dans le troisième rapport du GIEC et en profitant de l'expérience des difficultés, finalement surmontées, de la mise en route du protocole de *Kyoto*.

COP 12 - MOP 2

La COP 12 et la *MOP 2 à Nairobi en novembre 2006* furent marquées par des communiqués de presse assez désobligeants à l'égard de certains congressistes qualifiés de « touristes climatiques », dont le train de vie lié aux indemnités de mission et aux coûts des déplacements, coûts à la fois financiers et écologiques en terme d'émission de carbone, fut jugé exorbitant par certains au regard des restrictions et des problèmes des pays pauvres dont ces congressistes débattaient. La conférence prit ces remarques en compte et s'engagea à réduire ses frais de fonctionnement. Néanmoins, au-delà de ces polémiques et à l'issue des débats, des progrès furent enregistrés dans les domaines du soutien aux pays en développement et dans les mécanismes favorisant un développement propre. Ces résultats cependant, n'effacèrent pas totalement un certain malaise, suscité par les critiques de certains journalistes mentionnées plus haut et les photos publiées dans la presse locale montrant des milliers de congressistes au travail mais aussi s'égaillant dans les parcs animaliers du *Kenya*.

COP 13 – MOP 3

La COP 13 et la *MOP 3 à Bali en décembre 2007* ont eu pour principal résultat un accord des participants sur un calendrier de négociations pour la période post-2012 (fin de la première période d'engagement du protocole de *Kyoto*). Un nouvel organe subsidiaire a été créé pour mener à bien de toute urgence les négociations destinées à renforcer la mise en œuvre de la Convention-Cadre au-delà de 2012. Ces négociations se poursuivront en 2008 et jusqu'à la Conférence des Parties de *Copenhague* en décembre 2009 qui s'avère être une date clé pour la mise au point d'un accord prolongeant et/ou se substituant au protocole de *Kyoto* au-delà de 2012.

COP 14 – MOP 4

La COP 14 et la *MOP 4 à Poznan en décembre 2008* ont obtenu peu de résultats. La conférence a été dominée par les négociations en cours pour le post-*Kyoto* de 2012. La préparation de la prochaine COP 15/MOP 5 à *Copenhague* en décembre 2009 accapare les esprits. Cependant les délégués se sont mis d'accord sur les modalités de financement d'un fonds spécial destiné au soutien des nations les plus pauvres. Par ailleurs un projet a été approuvé pour incorporer la protection des forêts dans les différents mécanismes déjà en mis œuvre par la communauté internationale pour lutter contre le changement climatique.

COP 15 – MOP 5

La COP 15 et la *MOP 5 à Copenhague en décembre 2009*, qui avaient suscité tous les espoirs, se soldèrent par un grand désappointement. Son objectif était de renégocier un accord international sur le climat remplaçant ou prolongeant le protocole de *Kyoto* qui arrivait à son terme en décembre 2012. Les 192 pays ayant ratifié cette Convention-Cadre sur le changement climatique étaient présents. Depuis plusieurs années et au cours des précédentes réunions des COP, la suite du protocole de *Kyoto* après 2012 était dans tous les esprits.

Des groupes de travail avaient été mis sur pied pour préparer cette échéance et élaborer des textes qui seraient soumis aux délégués de cette conférence de *Copenhague*. Il y eut plusieurs réunions préparatoires de ces groupes de travail, au cours de l'année 2009 : En juin le « groupe de travail ad hoc du protocole de *Kyoto*, AWG-KP » chargé des négociations sur les objectifs de réduction des émissions s'est réuni à *Bonn,* sans résultat tangible, ni sur un objectif global de réduction des émissions, ni sur des objectifs individuels pour chaque pays. Le groupe de travail s'en est remis à la conférence de *Copenhague* elle-même pour éventuellement trouver une issue. En septembre, le « groupe de travail ad hoc sur la coopération à long terme, AWG-LCA », chargé de tracer des perspectives pour des accords futurs dans le but de maîtriser le changement climatique en fonction de son évolution et des connaissances scientifiques que l'on en aura (fournies par le GIEC), s'est réuni à *Bangkok*, puis à *Barcelone,* sans résultats concrets. Pourtant, certains pays étaient venus avec des chiffres de réduction d'émission sur lesquels ils étaient prêts à s'engager sous certaines conditions, principalement celles qu'un accord contraignant se dégage de la conférence, ce qui ne fut pas le cas.

L'organisation et le déroulement de la conférence furent « chaotiques » aux dires de certains. La tâche était peut-être démesurée pour plusieurs raisons : présence de milliers de participants à des titres divers : représentants nationaux, journalistes, ONG, scientifiques et au final, chefs d'États. L'échec des travaux préparatoires et l'absence d'accord préalable sur les points essentiels, a aussi pesé. Les objectifs démesurément ambitieux et une certaine naïveté, ou légèreté, de certains responsables et organisateurs -

démission en cours de travaux de la présidente Danoise de la conférence, par ailleurs ministre de l'environnement de son pays - a aussi compliqué les choses au regard des enjeux du « *premier accord réellement mondial* » selon les termes du secrétaire général de l'ONU.

La première semaine fut consacrée à la prise de parole des nombreux participants représentant, à des titres divers, leur pays, des organisations gouvernementales, intergouvernementales et non gouvernementales. Les derniers jours, à partir du 16 décembre, devaient être consacrés à la négociation finale des textes de l'accord soumis aux chefs d'États dont l'arrivée était prévue le 18 décembre. En principe, l'intervention des chefs d'États devait se limiter à quelques ajustements de détail sur les accords. La raison de leur rassemblement à *Copenhague* ce jour-là était la signature de ces accords, assortis de leurs discours de clôture. Mais les choses ne se déroulèrent pas comme prévu, le 18 décembre aucun texte n'avait

Chefs d'États à la COP15 - MOP5 Copenhague 12/2009

réussi à obtenir un accord même seulement majoritaire ; des groupes de pays poursuivaient leurs affrontements et une certaine nervosité commençait à s'emparer des délégués. On parla de situation « confuse », voire « désespérée » ; un vent de pessimisme et d'échec souffla sur l'assemblée. Cependant pour beaucoup de participants il fallait tout faire pour sortir de cette impasse et certains délégués s'y employèrent loyalement au-delà de l'heure prévue, 18 heure, pour la fin régulière de la conférence. Les débats se prolongèrent ainsi durant la soirée qui suivit et, au cours de la nuit, un texte se limitant à des intentions peu ambitieuses et très imprécises, fut soumis à l'approbation de la trentaine de délégués représentants leur pays, encore présents à cette heure. Une nouvelle difficulté fut surmontée de justesse : pour être valide le texte nécessitait l'unanimité des pays présents lors de son élaboration. Mais quels sont le contenu et la portée de ce texte ?

L'objectif général souhaité était d'arriver à un accord réduisant les émissions de gaz à effet de serre des pays développés de moitié en 2050 par rapport à ce qu'elles étaient en 1990. Ces chiffres, concernant les mesures à prendre en terme de limitation d'émissions, étaient issus de calculs proposés par les scientifiques et confirmés par le GIEC, pour satisfaire la demande sociale de ne pas dépasser un seuil de réchauffement moyen de la planète en 2100 de 2 °C par rapport à ce qu'il était à l'aube de l'ère industrielle, vers 1850. Ce qui était également souhaité et espéré tenait à des engagements de réductions des émissions par pays, certes négociés, mais relevant d'accords juridiquement contraignants. Enfin des engagements de soutien et d'aménagements financiers à l'égard des pays en développement, pour leur permettre de s'engager dans ces accords de restriction d'émissions de carbone, faisaient également partie du catalogue des souhaits des plus optimistes. Presque aucun de ces objectifs n'a été atteint, ni n'est inclus dans le texte signé dans la nuit du 18 au 19 décembre.

Ce texte est une simple déclaration d'intention qualifiée d'« accord » dans laquelle aucun objectif quantitatif de réduction des émissions de gaz à effet de serre n'est inscrit. L'« accord » renvoie à une annexe ouverte où les pays peuvent déclarer des chiffres précis d'intentions de réduction d'émission. Sur le plan financier, on en reste également au stade des promesses avec, jusqu'en 2012, 10 milliards de dollars par an à verser à un « fonds vert pour le climat », en principe destiné à aider les pays en voie de développement. D'ici 2020, l'« accord » vise 70 milliards de dollars d'aide annuelle. Et après 2020, les pays riches devraient contribuer à ces financements à hauteur de 100 milliards de dollars par an.

COP 16 – MOP 6 (CMP 6)

La COP 16 et la *MOP 6* appelée désormais *CMP 6, pour* « 6ème Conférence Meeting of the Parties » se sont tenues à *Cancun* en décembre *2010.* Après l'échec cuisant de la conférence de *Copenhague,* cette conférence de *Cancun* avait des ambitions limitées et raisonnables. Plusieurs sessions de préparation des négociations de *Cancun* s'étaient tenues au cours de l'année 2010, notamment à *Bonn* en *Allemagne* et à *Tiandjin* en *Chine*. Ces sessions préparatoires furent des échecs partiels, notamment la dernière à *Tiendjin* qui se solda par une rupture entre la *Chine* et les *États-Unis*. Cette conférence de *Cancun* ne s'annonçait donc pas sous les meilleurs auspices bien que le Secrétaire Général des Nations Unies, *Ban Ki-moon*, ait ouvert la voie à une nouvelle approche des États membres pour parvenir à un accord ; à savoir, plutôt que de rechercher un accord global par le haut, on commence par ce qui est faisable et rentable individuellement pour chaque pays.

En fait, la conférence de *Cancun* fut un demi-succès. Côté succès, elle donna partiellement corps à des engagements restés jusqu'alors non chiffrés, sans accords signés, ni contraintes, et qui étaient issus de la précédente conférence de *Copenhague.* Parmi ces avancées notons le « Fonds vert mondial », permettant aux pays en développement d'engager des actions d'adaptation au changement climatique, à l'aide de contributions financières substantielles obtenues des pays développés. Une autre avancée concerne la mise au point d'un processus destiné à endiguer l'exploitation forestière opérée par les pays en voie de développement, en les aidant financièrement à mettre en œuvre des actions d'atténuation dans la gestion de leur secteur forestier. Le côté négatif de cette conférence a été marqué par l'impuissance des pays à mettre en place la poursuite ou le remplacement du protocole de *Kyoto*, au-delà de sa fin normale en 2012, par un nouveau protocole plus contraignant pour les pays développés. La perspective de limiter les émissions pour contenir le réchauffement moyen dans une limite de température inférieure à 2 °C a été jugée d'ores et déjà comme difficilement accessible.

Notons cependant qu'au-delà de l'expression de profond désaccords entre pays développés et pays en voie de développement, la conférence de *Cancun* a atteint un accord global *a minima* qui a été ratifié par tous les pays participants, à l'exception de la *Bolivie*. Cet accord réaffirme que le changement climatique constitue une menace urgente et potentiellement irréversible pour l'ensemble de l'espèce humaine et qui doit être prise en considération par l'ensemble des parties en présence. Cet accord marque une avancée incontestable bien que l'avenir du protocole post-*Kyoto* soit renvoyé au prochain sommet de *Durban* en décembre 2011.

COP 17 – CMP 7

La *COP 17* et la *CMP 7* se sont tenues à *Durban* en *Afrique du Sud* du 28 novembre au 9 décembre 2011. La conférence de *Durban* s'est ouverte dans une atmosphère d'optimisme mitigé. La mise en place d'un accord faisant suite au protocole de *Kyoto* semble encore lointaine, bien que des progrès aient été enregistrés au cours de la conférence précédente de *Cancun* (COP 16 et MOP 6) en décembre 2010. Mais *Cancun* avait été marqué avant tout par l'abandon provisoire d'un accord global au sommet, au profit d'accords locaux par secteurs et d'actions, à la carte, non contraignantes, chaque pays décidant de sa contribution. *Cancun* fut le basculement d'une approche « *top-down* » vers une approche inverse *« Bottom-up »*, chaque pays décidant de ce qu'il mettait sur la table. L'Union Européenne, convaincue qu'une telle attitude mettait en péril le protocole de *Kyoto* et sa suite, ainsi que l'objectif de limiter le réchauffement global moyen à seulement 2 °C pour la fin du XXIème siècle, a voulu réagir contre cette orientation stratégique nouvelle. D'un commun accord, les 27 pays qui composent l'UE avaient décidé de replacer la question de l'avenir du protocole de *Kyoto* au centre des débats avec comme objectif d'atteindre un accord a minima pour une majorité des 193 pays présents à *Durban,* susceptible de donner une suite ou de remplacer le protocole de *Kyoto* qui arrivait à échéance en décembre 2012.

Pendant les deux semaines de la conférence, les discussions furent très vives et les oppositions blocs à blocs : *Europe*, *États-Unis*, pays émergents (*Chine, Brésil, Afrique du sud*), pays pauvres, semblaient irréductibles jusqu'au dernier jour, le vendredi 9 décembre, où la salle de la conférence plénière commença à se vider, les congressistes cherchant à attraper au plus vite leur avion, sans qu'aucun accord n'ait été ni discuté ni approuvé. Le pire semblait inévitable lorsque la présidente de la conférence, *Maite Nkoana-Mashaban,* ministre sud-africaine des affaires étrangères, décida de poursuivre les discussions durant le *week-end* avec les délégués encore présents et de tenter de trouver coûte que coûte un accord exprimable par un texte. C'est à la suite d'un marathon de plus de 60 heures de discussions incluant le samedi, la nuit qui suivit et le dimanche, qu'un accord engageant une partie des 193 pays participants fut finalement atteint. Cet accord n'est pas aussi précis ni contraignant que ce que les Européens avaient proposé. Néanmoins il trace une stratégie et une feuille de route possible pour les années à venir, esquissant une suite au protocole de *Kyoto*. Mais ce qui est capital, c'est que pour la première fois et à l'inverse du protocole de *Kyoto* qui n'engageait que les pays riches, à l'exception des *États-Unis* et de quelques autres non signataires, cet accord engage un ensemble de pays représentant la diversité des niveaux de développement, y compris certains pays riches non signataires du protocole de *Kyoto* comme les *États-Unis*, le *Japon*, la *Russie*, mais aussi des pays émergents comme la *Chine* et l'*Inde*. L'accord, dénommé « *Plate-forme de Durban* », stipule que les termes d'un nouveau traité doivent être définis pour 2015 et entrer en vigueur en 2020. L'accord précise également qu'à la fin du protocole de *Kyoto* (décembre 2012) il devra assurer l'intérim jusqu'au nouveau traité en 2020.

Enfin la conférence de *Durban* a fait avancer le « *fonds vert pour le climat* » destiné à aider les pays en développement à s'adapter au changement climatique par une dotation des pays riches en argent et en transfert de technologies, s'élevant à 100 milliards de dollars par an. Des mécanismes destinés à abonder et gérer ces fonds ont été discutés et mis au point sans que les « payeurs » aient été formellement identifiés, le fonds étant prévu pour être effectivement distribué seulement en 2020.

COP 18 – CMP 8

La *COP 18* et la *CMP 8* se sont tenues à *Doha* au *Qatar* du 26 novembre au 7 décembre 2012. Cette conférence de *Doha* était très attendue car elle devait, coûte que coûte, donner une suite au protocole de *Kyoto* dont la première phase allait se terminer officiellement le 31 décembre 2012, une vingtaine de jours seulement après la fin de cette réunion.

En fait la conférence de *Doha* avait deux objectifs principaux :

- prolonger le protocole de *Kyoto* (*Kyoto* 1) au-delà du 31 décembre pour une deuxième période d'engagement (*Kyoto* 2)
- amorcer les négociations pour donner un contenu à la « Plate-forme de *Durban* » mise en place lors de la COP 17 en 2011.

Le vide juridique dans lequel on entrait inexorablement après la fin du protocole de *Kyoto*, appelé maintenant *Kyoto* 1, le 31 décembre 2012, fut évité de justesse et se traduisit par un engagement *a minima* sur une prolongation du protocole jusqu'au 31 décembre 2020. Ce texte prolongeant *Kyoto* 1, appelé *Kyoto* 2, concerne un groupe de pays industrialisés, incluant les pays de l'Union Européenne, soit seulement 15 % des émissions de GES. Il est dit que chaque pays impliqué réexaminera ses objectifs chiffrés de réduction des GES, au plus tard en 2014.

À côté de ce prolongement du protocole de *Kyoto,* il est fait mention d'un « Accord de *Doha* » qui reprend la « plate-forme de *Durba*n » obtenue au dernier moment lors de la COP de *Durban*, pour limiter les émissions de GES et maintenir le réchauffement sous la barre des 2 °C. Contrairement à *Kyoto* 1 et 2, ce texte concernerait tous les pays, y compris les grands émergents et devrait constituer le socle d'une conférence de l'ONU prévue en 2015 où un accord ayant force juridique devrait être signé pour remplacer le prolongement du protocole de *Kyoto*, à partir de 2020.

Par ailleurs la conférence de *Doha*, s'est prononcée en faveur de la réparation des dommages causés aux pays du Sud par le réchauffement. Les discussions ont été très vives entre les pays pauvres du Sud, s'estimant victimes des actions du Nord ayant déréglé le climat et ces pays développés du Nord, principalement les *États-Unis* craignant des actions juridiques en cascade dans les années à venir. « L'accord de *Doha* » invite les pays développés à annoncer de nouvelles aides aux pays du Sud lorsque les circonstances financières (la crise économique) le permettront. L'objectif est de mobiliser pour le Sud des fonds atteignant 100 milliards de dollars par an d'ici 2020 !

COP 19 – CMP 9

La *COP 19* et la *CMP 9*, qui se sont tenues à *Varsovie* en *Pologne* du 11 au 23 novembre 2013, ont été des conférences de transition, principalement destinée à préparer la COP de *Paris* en 2015 pour accoucher d'un accord prenant la suite du protocole de *Kyoto* à partir de 2020, et spécifiant les engagements individuels chiffrés de chaque pays pour leurs émissions de GES.

Au-delà de cet objectif central, cette COP de *Varsovie* s'est déroulée suivant la dramaturgie habituelle de ce type de réunions, qui a vu certaines ONG se retirer de la conférence avant sa fin, pour protester contre la tenue parallèle d'une réunion d'un « Sommet du charbon » jugée provocatrice ; et aussi de l'absence de résultat dans les discussions sur les financements publics et le fonds vert : GCF (*Green Climate Fund*) !

Cependant un résultat positif peut être mis au crédit de cette conférence, c'est la reconnaissance du rôle des villes et des régions pour réduire les émissions de GES. Cet intérêt pour le local est une orientation nouvelle, qui devra être confirmée et prolongée à la COP de *Paris* et qui pourrait représenter une approche concrète plus efficace pour maîtriser les émissions.

Un participant à cette conférence, élu municipal de Nantes, *Ronan Dantec* résume bien, dans la presse locale, l'atmosphère et le contenu de cette conférence de *Varsovie* : « *…Si les compromis de Varsovie ouvrent la route de Paris, les difficultés restent très nombreuses. Peu* *d'engagement sur les financements de la part des pays industrialisés, opposition systématique du nouveau gouvernement australien, repli du Japon, fortes réticences des grands émergents à s'engager sur leurs propres réductions d'émissions, lobbyings des industriels du charbon.... Varsovie a aussi mis en scène les opposants et les obstacles à un accord ambitieux. La route pour Paris 2015 reste donc, plus que jamais, pavée d'embûches, mais l'étape piège de la COP polonaise est désormais derrière nous. En trouvant les moyens de créer des dynamiques nouvelles, en mettant en avant les réalisations positives qui se multiplient, en s'appuyant sur la volonté de la société civile, et en faisant mieux le lien avec l'agenda 2015 du développement, très absent à Varsovie, la France peut réussir à trouver à Paris un accord permettant de s'éloigner d'un climato-fatalisme, qui condamnerait le XXIe siècle à un terrible désastre humain...* ».

COP 20 – CMP 10

La *COP 20* et la *CMP 10* se sont tenues à *Lima* au *Pérou* du 1er au 12 décembre 2014. Elle a fait le point sur l'état d'avancement des projets d'accord qui doivent constituer le nouveau protocole à soumettre à la COP 21 à *Paris,* à la suite de l'échec de la conférence de *Copenhague* (COP 15), qui devait renégocier un accord international sur le climat remplaçant ou prolongeant le protocole de *Kyoto* arrivé à son terme en décembre 2012. Cette étape de la COP 20 de *Lima* était déterminante pour arriver à un accord au cours de la COP 21 en décembre 2015 à *Paris*. Aussi, plusieurs membres du gouvernement français, dont le ministre des affaires étrangères, *Laurent Fabius*, étaient présents à *Lima* pour préparer cette échéance.

COP 21 – CMP 11

La *COP 21* et la *CMP 11* se sont tenues à *Paris* en *France* du 30 novembre au 11 décembre 2015. Cette COP était particulièrement importante puisqu'elle devait définir le nouvel accord qui prendra la suite du protocole de *Kyoto* en 2020. Ce fut donc un succès historique puisqu'accord il y eut, effaçant ainsi l'échec de la COP 15 de Copenhague en 2009. C'est un succès important puisque l'accord a reçu l'approbation des représentants des 195 États présents dont les *États-Unis*, qui n'avaient pas ratifié le protocole de *Kyoto* et aussi du *Canada* qui s'en était retiré. Une dynamique est ainsi créée qui ne sera sans doute pas remise en cause au moment de la ratification par les États car, à la différence du protocole de *Kyoto*, il n'est contraignant que sur la méthodologie de mise en œuvre de l'accord et pas sur les objectifs chiffrés de réduction des gaz à effet de serre ou de financement des mesures d'atténuation et d'adaptation des pays en voie de développement par les pays développés

Réduction des Gaz à effet de serre.

Tirant les leçons des expériences passées, plutôt que de chercher à imposer des taux de réduction comme c'était le cas pour le protocole de *Kyoto*, il a été demandé à chaque État de présenter son plan de réduction pour faire une analyse de la somme de ces contributions et en tirer des conclusions, pour l'action, par rapport à l'objectif affiché de limiter à 2 °C en 2100 l'augmentation moyenne de la température de la Terre par rapport à l'ère dite préindustrielle (1880). Pour éviter la débandade finale de la COP 15 de Copenhague, les représentants des États ont été invités à intervenir à l'ouverture de la COP pour présenter leur contribution et non à la fin pour conclure. 187 États ont rendu leur copie, «INDC - *Intended Nationally Determined Contributions* », ce qui correspond à 97 % des émissions mondiales de 2011. C'est en soi un succès, car cela montre que la quasi-totalité des États a pris conscience du problème et est déterminée à agir. Néanmoins la COP a aussi pris acte, avec inquiétude, qu'en l'état, avec ces contributions, on était assez loin du compte pour maintenir l'accroissement de la température moyenne de la Terre en-dessous de 2 °C (le minimum d'augmentation serait 2,7 °C en l'état des contributions annoncées). C'eut pu être une butée conduisant à l'échec. Heureusement la diplomatie profitant de la participation volontaire de la quasi-totalité des États a su faire preuve de souplesse et, en l'occurrence, on peut dire que la COP 21 a su être pragmatique en adoptant la méthode expérimentale.

Il est demandé aux parties de communiquer, d'ici 2020, une nouvelle contribution et de faire ensuite une mise à jour tous les cinq ans. *Le Groupe de travail spécial de l'Accord de Paris,* (qui succède à celui de *Durban* mis en place à la COP 17 de 2011 pour préparer le nouvel accord), a été créé pour analyser ces contributions et en tirer les conclusions aux Conférences des Parties. Ainsi, pas à pas, pourra être faite la confrontation entre la décroissance mesurée des émissions des gaz à effet de serre, la prévision de leur évolution, l'évolution prévisible du climat et son observation. La COP 21 va même plus loin : pour répondre à la demande des États Insulaires particulièrement exposés, elle « Invite le Groupe d'experts intergouvernemental sur l'évolution du climat à présenter un rapport spécial en 2018 sur les conséquences d'un réchauffement planétaire supérieur à 1,5 °C par rapport aux niveaux préindustriels et les profils connexes d'évolution des émissions mondiales de « gaz à effet de serre». Sachant que depuis l'ère préindustrielle la température a déjà augmenté de près de près de 1 °C, c'est évidemment peu crédible mais ainsi va la diplomatie : en échange les États Insulaires acceptent qu'au titre des pertes et préjudices « l'accord ne peut donner lieu ni servir de fondement à aucune responsabilité ni indemnisation ».

Adaptation et financement

Le changement climatique ou plutôt les changements climatiques (car chaque région de la Terre aura son « changement propre ») auront bien lieu et il faudra nécessairement s'y adapter. Les pays en voie de développement qui ont le besoin impératif de continuer à se développer pour réduire la pauvreté sont souvent les plus exposés. Il est donc nécessaire qu'ils aient le soutien des pays développés : soutien technologique pour leur développement en réduisant au maximum les émissions de gaz à effet de serre et soutien financier. Le point crucial est évidemment financier. Il avait été décidé lors des COP 15 et 16 de créer pour ce faire un fonds de 100 milliards de dollars par an à l'échéance 2020. Là encore, il y a un écart entre les « promesses » et la réalité. La date retenue par l'accord pour atteindre ces 100 milliards par an est 2025, mais il s'agit là maintenant d'un plancher et ce fonds devra augmenter ensuite pour tenir compte des besoins et des priorités des pays en développement. Ici encore pas de contraintes imposées, mais une évaluation permanente par les comités ad hoc mis en place dans le cadre de la CCNUCC.

Pertes et préjudices

C'est un élément récent soulevé par les pays les plus vulnérables au changement climatique, pour que les conséquences du changement climatiques sur la durée, comme l'élévation du niveau de la mer et les évènements météorologiques extrêmes (inondations, cyclones), soient pris en compte. La question était au programme de la COP 18 de Doha en 2012. À la COP 19 de *Varsovie* en 2013 le « *Warsaw International Mechanism for Loss and Damage associated with Climate Change Impacts* » a été créé et son programme fut fixé à la COP suivante de *Lima* en 2014. On l'a vu précédemment, « l'Accord [de *Paris*] ne peut donner lieu ni servir de fondement à aucune responsabilité ni indemnisation ». Néanmoins le « Mécanisme international de *Varsovie* » est maintenu et son Comité exécutif est chargé d'élaborer des recommandations relatives à des démarches intégrées propres à prévenir et réduire les déplacements de populations liés aux effets néfastes des changements et à y faire face.

Nombreux sont ceux qui ont manifesté une déception certaine face aux résultats de cette COP 21 qui effectivement ne débouche pas sur des plans concrets, chiffrés et contraignants. Ils redoutent ainsi un avenir climatique catastrophique. Il faut néanmoins retenir qu'une nouvelle dynamique est enclenchée, confortée par la prise de conscience affirmée par 195 États, dont les plus grands émetteurs de gaz à effet de serre, de la réalité du changement climatique et des difficultés auxquels ils exposent l'humanité ; confortée aussi par l'affirmation de leur volonté d'agir. Et il y a urgence, car par rapport à

1990 l'année de référence du protocole de *Kyoto* et 18 COP plus tard, les émissions de CO_2, loin de diminuer, augmentent toujours (plus de 56 % par rapport à 1990) et de plus en plus vite (plus de 2.6 % en 2012). Le traité de Paris, élément essentiel de l'accord de Paris, a été signé par 175 pays le 22 avril 2016, en attendant une ratification ultérieure soumise à des conditions juridiques très précises.

Chapitre XIII

-

Une nouvelle couche de science : la socio-économie du climat

Il ne se passe pas de semaine sans que les médias ne se fassent l'échos, de par le monde, de canicules, d'inondations, de sécheresses, de famines .... Il peut sembler que ces événements météorologiques extrêmes battent des records par leur nombre et leur intensité. Ce n'est peut-être qu'une illusion car les météorologues ont encore du mal à déceler une tendance nette à l'accroissement de ces événements et surtout la relation avec le changement climatique n'est toujours pas établie. Néanmoins une évidence s'impose : le climat et ses sautes d'humeurs sont une donnée essentielle de la vie humaine. Nombre d'événements, malheureux, mais quelquefois heureux, frappant les sociétés et relevant peu ou prou de l'histoire, sont directement liés à des événements météorologiques ou climatiques. *Emmanuel Le Roy Ladurie* nous en donne des exemples en reliant le refroidissement des XVIIème et XVIIIème siècles du nord de l'Europe à des successions de famines ayant pu avoir un effet sur l'agitation révolutionnaire que l'on sait. On peut trouver d'autres exemples, sous d'autres latitudes et sur d'autres continents, de cette relation entre événements météorologiques ou climatiques et sociétés humaines, comme ceux des cultures préhispaniques de la façade occidentale de l'Amérique du sud qui connaissaient les manifestations du phénomène climatique périodique, que l'on appela par la suite au XIXème siècle El Niño. Ces événements provoquaient d'intenses précipitations, détruisant fréquemment les infrastructures et engendraient des perturbations dans la vie quotidienne des populations, pouvant aller jusqu'à des troubles politiques.

On mesure ainsi l'importance des impacts socio-économiques que peuvent avoir les variations plus ou moins brutales du temps et du climat. Dans beaucoup de pays, le climat est un élément essentiel de l'économie. Dès lors, l'étude du changement climatique en cours appelle aussi des considérations socio-économiques et l'implication des sciences humaines. Celles-ci se sont installées progressivement dans le paysage scientifique de la question climatique à partir des années 1960. Le GIEC a, en quelque sorte, institutionnalisé cette nouvelle dimension scientifique dans le faisceau des recherches menées sur le changement climatique en l'inscrivant dans deux groupes de travail identifiés : le groupe II, dédié à l'étude des impacts dus aux changements climatiques et à celle de la vulnérabilité des sociétés humaines ainsi qu'aux moyens de s'y adapter ; le groupe III qui étudie les solutions envisageables pour limiter les émissions de gaz à effet de serre (GES) et ainsi atténuer le changement climatique. Cependant, avant la création du GIEC, des économistes avaient perçu l'émergence des questions environnementales et l'importance que les sociétés allaient leur accorder. C'est ainsi que naquit le concept de l'« économie de l'environnement » qui préfigurait l'implication, qui allait ensuite devenir massive, des sciences sociales et de l'économie dans la question climatique.

L'émergence d'une économie de l'environnement

C'est au milieu des années 1960 que la pensée économique s'est progressivement impliquée dans l'étude de l'environnement à travers une sous-discipline appelée « l'économie de l'environnement » qui s'est construite progressivement. Certes, l'intérêt des économistes pour l'environnement n'était pas totalement nouveau. L'environnement considéré comme une ressource naturelle durable ou éphémère, publique ou privée, faisait déjà partie des concepts utilisés en économie. Un exemple en est donné par l'économie de la pêche qui, depuis les années 1950, manipulait des modèles de dynamique des populations dans lesquels intervenait la prédation, encore appelée « effort de pêche », d'une ressource naturelle : « le stock » de poissons, à l'origine supposé illimité, puis progressivement évalué en fonction de cette prédation. Des facteurs environnementaux étaient également pris en compte, notamment les conditions de survie des larves, le recrutement, susceptible de permettre, ou non, au stock de se renouveler. Ces informations étaient sensées donner des assurances sur le niveau de prédation au-delà duquel le stock initial se réduisait inexorablement, mettant à mal le rendement de la pêche, et à terme sa survie même, par extinction de la ressource. En d'autres termes, le but de cette approche était d'évaluer comment pêcher seulement les intérêts du capital sans mettre en danger le capital lui-même. On touchait ainsi, avant sa généralisation ultérieure, au concept d'exploitation durable, rattaché plus tard au « développement durable ». Il existe certainement d'autres domaines que celui de la pêche où l'économie d'une ressource environnementale naturelle a été mise en équation pour gérer au mieux son exploitation. Mais, jusqu'aux années 1960, ces études économiques s'appliquant à des domaines très limités et sectorisés ne prenaient pas en compte l'environnement dans sa globalité tel qu'on l'entend actuellement pour le climat. L'environnement et le climat posent maintenant aux sociétés des problèmes d'une toute autre envergure.

C'est ainsi qu'*Olivier Godard*, dans « *La pensée économique face à la question de l'environnement*, édition École Polytechnique, 2013 » distingue trois approches distinctes dans l'économie de l'environnement.

La première approche dite : « néoclassique » qui considère l'économique comme un univers en soi, indépendamment des objets traités et du contexte des institutions sociales. L'environnement est considéré comme un bien collectif qui obéit cependant toujours à des logiques individuelles de préférence, de choix et à terme de marché, comme n'importe quel bien. L'idée centrale est celle de la recherche d'un équilibre et d'une priorité accordée à la coordination par les prix et par les contrats. Cette approche néoclassique s'est imposée à une majorité d'économistes pour qui elle constitue un cadre naturel d'analyse des problèmes environnementaux et pour lesquels elle possède déjà des outils qu'elle maîtrise. Cette vision des choses s'est aussi imposée aux institutions internationales comme l'OCDE et aux administrations nationales françaises. Le fameux principe « pollueur-payeur » est l'exemple type le plus connu de cette logique issue de la pensée néoclassique. *Olivier Godard* conclut sur ce point que, en matière d'environnement : « *De nombreux décideurs ont vu dans cet outillage néoclassique la base la plus solide, parmi les contributions possibles des sciences sociales à la rationalisation des processus publics de décision et de choix des instruments de politique…* ».

La deuxième approche est plus fondamentale. Elle a pour ambition, non seulement de se saisir de l'environnement comme d'un objet nouveau porteur de ses propres enjeux et de ses exigences particulières, mais, compte tenu de sa singularité et de son caractère universel et collectif, de repenser à la fois les fondements et les outils d'une nouvelle économie. Celle-ci a pu prendre les noms, au gré des auteurs engagés dans cette voie, de « bio-économie », « économie écologique », ou encore « physico-économie ». Citons encore *Olivier Godard* : « *… la question de l'environnement était si décisive pour le devenir humain qu'il fallait constituer une nouvelle science. L'objet qui lui était assigné était l'étude des interactions complexes entre l'économie humaine et le fonctionnement physique et biologique de la planète Terre dont cette économie dépend ….* ». Cette approche encore relativement minoritaire et hétérogène par les personnalités scientifiques qui s'en réclament a pour référant général la « théorie des systèmes » qui s'inspire de la thermodynamique, de la théorie de l'information, de la biologie des systèmes, de la biologie intégrative. etc. Mais cet usage trop exclusif de ce qui est désigné d'un terme plus général par l'« écologie systémique », semble avoir enfermé les tenants de cette approche dans une forme de réductionnisme qui leur est reproché : « *La visée d'une meilleure adéquation aux conceptions des sciences de la nature s'est révélée si prenante qu'une partie des chercheurs en question en sont venus à délaisser ce qui fait qu'une société humaine n'est pas un système naturel* » nous dit encore *Olivier Godard*.

La troisième approche est centrée sur le caractère « collectif » du, ou des, biens qui constituent l'environnement. Ce ne sont plus l'expression de préférences individuelles, ni les marchés, ni les contrats qui fournissent les repères conceptuels de cette vision socio-économique, mais au contraire, c'est sa nature collective qui doit dominer et conduire à privatiser les profits et socialiser les coûts par des instances de planification décentralisées et participatives permettant d'engager le dialogue citoyens-producteurs. C'est ce renversement des valeurs qui s'est opéré dans les théories normatives du développement lorsque l'approche de l'écodéveloppement a été formulée en 1973. En clair et en simplifiant outrageusement, sans pouvoir éviter cependant l'usage d'un vocabulaire un peu usé et qui peut encore fâcher, c'est d'une « économie collectiviste » qu'il s'agit ici pour gérer l'usage d'un environnement par nature collectif et, lorsqu'il s'agit du climat, « offert » à l'ensemble de l'espèce humaine sans distinction de frontières ou de niveaux de développement. Le collectivisme aurait-il une nouvelle chance avec la prise en considération de « biens et services naturels » environnementaux comme le climat ? L'espèce humaine doit maintenant gérer collectivement non seulement l'usage actuel qu'elle fait de son environnement, mais son futur même, dont elle est devenue à son insu partiellement maître et responsable de son emballement.

Quoi qu'il en soit des approches méthodologiques de la science économique pour prendre en compte les inquiétudes environnementales et climatiques, les questionnements socio-économiques issus de la quasi-certitude du changement climatique en cours s'organisent autour de trois thèmes : Impacts, adaptation et atténuation, inspirant en cela l'organisation même du GIEC qui en fait état à travers les travaux de ses groupes II et III. Cependant, avant de développer ces thèmes appliqués au changement climatique, on peut illustrer la question des impacts par une étude pionnière des années 1980 sur les impacts d'une oscillation climatique naturelle : El Niño, qui fit prendre conscience de la vulnérabilité des sociétés humaines soumises à un environnement climatique variable.

Première étude d'impacts économiques d'un phénomène climatique : Le cas El Niño

El Niño est une oscillation climatique naturelle de fréquence pluriannuelle, plusieurs fois évoquée antérieurement dans cet ouvrage. Rappelons que ce phénomène, qui prend sa source dans le vaste océan Pacifique, se manifeste par une variabilité, parfois dramatique, des conditions météorologiques affectant les continents qui le bordent. La vie des habitants de la côte Ouest de l'Amérique du Sud, notamment les Incas, a été épisodiquement perturbée par ce phénomène depuis des
siècles. Mais qu'est-ce qu'El Niño plus précisément ? (encart 2 ci-dessous). Et quels sont ses impacts sur l'économie et la vie des pays riverains du Pacifique ?

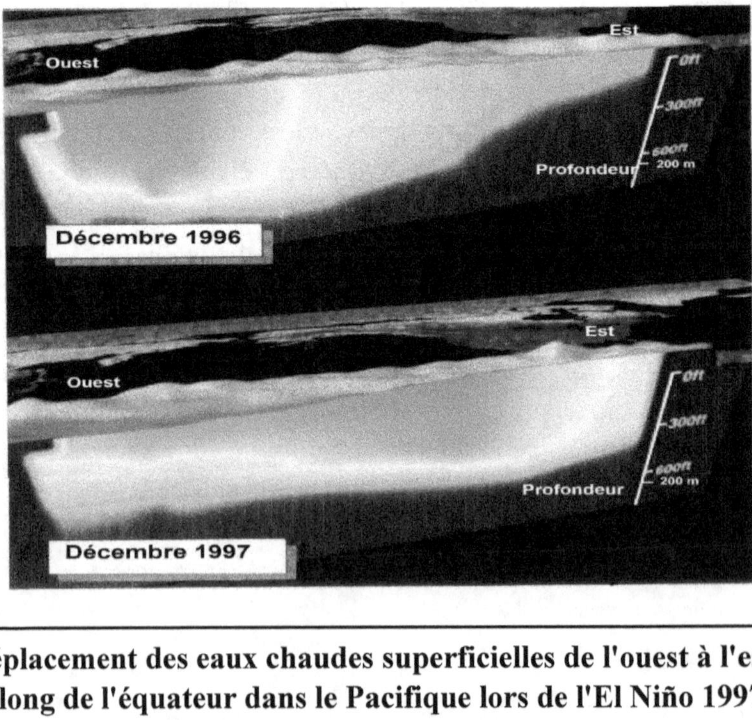

Déplacement des eaux chaudes superficielles de l'ouest à l'est le long de l'équateur dans le Pacifique lors de l'El Niño 1997.

Encart 2

El Niño et l'Oscillation Australe (ENSO)

Si la zone côtière du *Pérou* est un désert brûlant, l'océan qui la borde est froid et très productif biologiquement, car enrichi en sels nutritifs du fait de remontées d'eaux profondes et froides : c'est l'upwelling. Cependant, tous les ans, en décembre-janvier, un courant côtier chaud venant du nord recouvre et tempère ces eaux froides. Ce courant fut appelé El Niño (l'enfant), parce qu'il apparaît à l'époque de Noël et qu'il avait des effets plutôt bénéfiques pour la pêche. Certaines années, il est plus intense, plus chaud, et s'étend beaucoup plus au sud et au large, et persiste pendant plusieurs mois, voire une année. Il est alors accompagné de pluies diluviennes et d'un effondrement de la productivité marine et donc de la pêche. Cette catastrophe économique locale aux effets souvent dramatiques, a marqué les esprits, et le terme El Niño n'a bientôt plus désigné que cet événement malheureux qui se manifeste en moyenne 2 à 3 fois par décennie.

Mais ceci n'est que l'aspect océanique d'un phénomène qui implique aussi l'atmosphère et qui fut découvert dans les années 1920, par un officier britannique en poste aux Indes, *Gilbert Walker*, qui découvrit une corrélation liant la pression atmosphérique superficielle entre les régions situées aux deux extrémités de l'océan Pacifique tropical. Lorsque la pression baisse à l'extrémité orientale du Pacifique, au large des côtes d'Amérique du Sud et vers les îles orientales de la *Polynésie française*, elle s'élève à son extrémité occidentale, au nord de l'Australie et au voisinage de la *Nouvelle-Guinée*, à plus de 10 000 km de distance, et inversement. C'est ce que les météorologues appelleront plus tard une « téléconnexion ». *Walker* l'appela « *Southern Oscillation* », « Oscillation Australe » en français, déjà présentés chapitre IV et VI.

Plus tard, c'est un météorologue norvégien, *Jacob Bjerknes* qui, le premier, en 1969, associa le réchauffement océanique anormal au large du *Pérou*, El Niño, à l'oscillation australe des pressions atmosphériques découverte 40 ans plus tôt par *Gilbert Walker*.

Bjerknes montra que lorsque l'index de l'oscillation australe est faible et donc que le gradient de pression est-ouest et les vents alizés sont également faibles, alors des eaux anormalement chaudes venant de l'ouest envahissent le Pacifique central et apparaissent quelques semaines plus tard au large de l'*Équateur* et du *Pérou.* C'est le début d'un épisode El Niño. L'association des deux phénomènes, océanique et atmosphérique, a été appelée ENSO pour « *El Niño and Southern Oscillation* ».

Par la suite, on identifia un phénomène inverse d'El Niño, que l'on appela « La Niña » et qui se manifeste par une situation opposée, avec des eaux anormalement froides dans le Pacifique oriental, accompagnée d'un index de l'oscillation australe élevé générant des vents alizés forts, poussant ainsi vers la rive ouest de l'océan Pacifique (Nord de l'*Australie, Indonésie…*) les eaux réchauffées après leur parcours à travers le Pacifique. ENSO devint ainsi à partir des années 1970 le plus célèbre des signaux climatiques naturels, se présentant sous la forme d'une oscillation entre un pôle chaud : El Niño et un pôle froid : La Niña et couplant ainsi l'océan et l'atmosphère. Il passionna les chercheurs, qui avaient sous les yeux un exemple spectaculaire et illustratif de phénomènes d'interaction entre l'océan et l'atmosphère, mais aussi les médias qui eurent la tentation de mettre tous les phénomènes météorologiques malheureux apparaissant sur la planète sur le compte de cette oscillation ENSO. Ils n'avaient cependant pas toujours tort car ENSO est bien à l'origine de perturbations météorologiques majeurs affectant une grande partie de la planète.

Les impacts d'ENSO

Le déplacement d'eaux chaudes le long de l'équateur de l'ouest à l'est et inversement sous l'influence de l'oscillations El Niño (chaud) – La Niña (froid) s'accompagne d'un déplacement associé des perturbations atmosphériques, appelées « zones de convection », qui se caractérisent par des basses pressions à la surface et des ascendances d'air chaud et humide générant des pluies fréquentes et intenses. La phase chaude de l'oscillation, historiquement appelée El

Niño, est la plus dévastatrice pour les pays de la bordure orientale de l'océan Pacifique : *Équateur, Pérou, Nord Chili* qui sont soumis à des inondations catastrophiques bouleversant leur agriculture et détruisant leurs infrastructures : habitations, routes, ponts. etc.

À l'inverse, la phase froide du phénomène, La Niña, au large de l'*Équateur* et du *Pérou*, est caractérisée par un refoulement de ces eaux

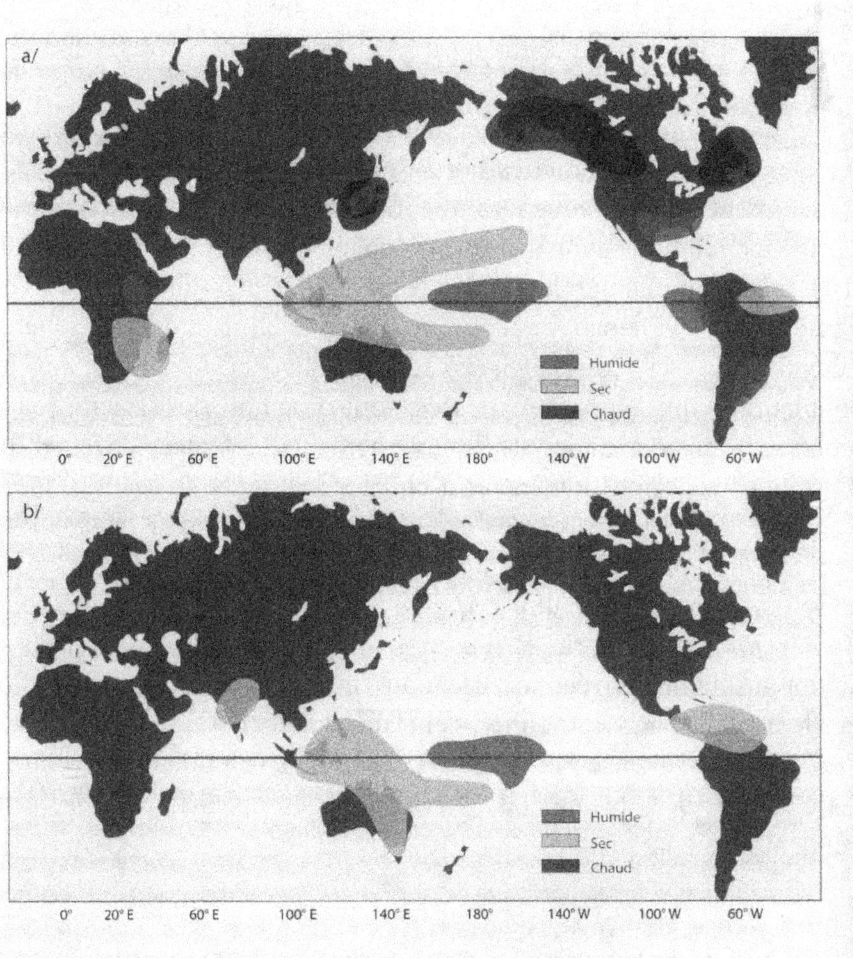

Impacts climatologiques d'un El Nino en hiver boréal (en haut) et en hiver austral (en bas)

chaudes dans le Pacifique central jusqu'à sa frontière ouest où une convection atmosphérique intense provoque des précipitations et des inondations catastrophiques dans le Nord de l'*Australie* et sur la région *Nouvelle Guinée, Indonésie, Philippine.* Elle s'accompagne, sur les
côtes équatoriennes et péruviennes, d'un temps sec et plus froid, avec très peu de précipitations et même une sécheresse absolue dans le fameux désert de l'*Atacama*, à cheval sur la frontière du *Pérou* et du *Chili,* où il ne pleut que lorsqu'il y a un El Niño, 2 ou 3 fois par décennie.

Un tel phénomène de balancement climatique est-ouest, s'étendant sur les 15 000 kilomètres de l'océan Pacifique équatorial, a évidemment des conséquences très importantes pour l'économie et la vie des populations avoisinantes, occupant les pourtours continentaux et les très nombreux archipels qui parsèment l'intérieur de cet univers liquide. La violence de cette oscillation climatique naturelle et l'étendue de ses conséquences économiques et humaines sur les populations qui y sont exposées, ont conduit des scientifiques, répondant aux demandes des gouvernements, à tenter d'évaluer les impacts d'un tel phénomène et à chiffrer les coûts de ses nuisances. Ce fut la première étude impliquant les sciences sociales et l'économie, appliquées à un phénomène climatique. On la doit à un océanographe de formation, *Michael Glantz* du NCAR « *National Center for Atmospheric Research* », qui alerta des économistes et devint lui-même un économiste pour faire le bilan des coûts d'un événement El Niño particulier, celui des années 1982 – 1983. C'était l'un des plus intenses et désastreux événement climatique connu à cette époque dont les médias américains et européens se firent l'écho pendant plusieurs mois.

Nuisances et bilan économique de l'El Niño 1982 - 1983

Pour faire le bilan économique des impacts du phénomène, il faut prendre en compte leur localisation, les domaines auxquels ils s'appliquent (santé, agriculture, infrastructures. etc.) et leurs incidences économiques.

Glantz, reprenant des travaux de *Kevin Trenberth* et les estimations de la NOAA, a identifié plusieurs régions sévèrement touchées lorsqu'un El Niño majeur se développe :

(i) les régions du Pacifique directement affectées par le phénomène : à l'Est *l'Équateur,* le *Pérou* et le Nord du *Chili*; à l'Ouest le Nord de l'*Australie*, l'*Indonésie*, les *Philippines* et au centre les petits États insulaires immergés dans l'océan.

(ii) les régions de la ceinture tropicale au-delà de l'océan Pacifique : l'*Amazonie*, le *Sahel* africain, l'*Angola*, le *Mozambique*, *l'Afrique du Sud,* la côte sud-ouest des *États-Unis*.

(iii) les régions extratropicales, tempérées, voire appartenant aux hautes latitudes : le centre des *États-Unis*, le *Canada,* la *Chine.*

Glantz a répertorié les différentes catégories d'impacts correspondant aux paramètres météorologiques affectés par cet El Niño : précipitations, inondations, sécheresses, incendies. Ces impacts touchent les domaines de la santé, l'agriculture, la pêche, l'habitat ainsi que les infrastructures, la navigation, le tourisme ....

Sur ces bases, *Glantz* a analysé les dégâts ayant affecté les principales régions touchées par les impacts de l'El Niño 1982-1983 : L'*Équateur* et le nord du *Pérou* ont été frappés par des précipitations diluviennes qui, ne pouvant s'évacuer par le réseau hydrographique, ont détruit une partie des infrastructures : habitations (90 000 familles ont vu leurs habitations détruites), routes, chemins de fer, digues et ponts, ainsi que 50 % des récoltes. Mais dans le Sud du *Pérou*, au Nord du *Chili* et en *Bolivie*, au contraire, une grande sécheresse a accentué les migrations humaines vers les côtes.

Une autre nuisance importante a été causée par les températures élevées de la surface de l'océan au large du *Pérou* et de l'*Équateur*. Ces eaux chaudes, recouvrant soudainement les eaux plus froides venant des profondeurs et riches en sels nutritifs, ont inhibé la photosynthèse phyto-planctonique et bouleversé l'écosystème et la chaîne alimentaire jusqu'aux poissons. Les bancs d'anchois et de sardines, principales espèces pêchées dans ces deux pays et représentant l'essentiel de leurs revenus, disparurent fuyant les eaux chaudes.

Au total, les dommages, pour l'*Équateur* et le *Pérou,* les deux pays principalement touchés par El Niño, ont été estimés à près d'un milliard de dollars.

À l'autre extrémité du Pacifique, l'*Indonésie* et les *Philippines*, privés des précipitations associées à la convection atmosphériques qui a suivi les eaux chaudes vers le Centre et l'Ouest du bassin *Pacifique*, ont été affectées par des incendies de forêt dévastateurs, conséquence d'un déficit hydrique prononcé. Une sécheresse sévère s'est ainsi installée limitant considérablement les récoltes de riz et entraînant des malnutritions et des famines responsables de plusieurs centaines de morts. Des incendies de forêt incontrôlés pendant plusieurs mois se propagèrent dans l'humus des sols. L'estimation financière des dommages causés dans ces régions dépasse le demi-milliard de dollars.

Par ailleurs, cette sécheresse, coïncidant avec une période de récession économique, a entraîné un énorme déficit de la balance commerciale extérieure de l'*Indonésie* et poussé le pays dans une spirale de dettes dont il n'est sorti que plusieurs années plus tard.

L'*Australie,* dans sa partie tropicale nord, a été également affectée par la sécheresse, la pire que ce continent ait connue depuis un siècle, chiffrant ses dommages à plus de 100 millions de dollars. Au contraire, les atolls du Pacifique central (*îles Marshall, Gilbert, Christmas, Polynésie*), où ont migré les eaux chaudes et la convection atmosphérique, ont été frappés par des pluies diluviennes et des cyclones.

Au-delà de la zone du Pacifique équatorial directement affectée par le phénomène, le Sud-Est des *États-Unis* a bénéficié d'un hiver 1982-83 particulièrement doux et chaud et a pu économiser ainsi près de 500 millions de dollars, mais de violentes tempêtes le long des côtes du Sud de la *Californie* ont causé des dégâts considérables aux habitations proches de la mer avec des glissements de terrains spectaculaires qui firent la une des journaux américains pendant des mois. Les États du centre et du nord des *États-Unis* furent également affectés par des sécheresses intenses mettant à mal les cultures de maïs et de soja, tandis que les États du Sud, au contraire, furent soumis à des inondations catastrophiques. Au total les *États-Unis* estiment que les dégâts causés par cet épisode El Niño de 1982-1983 se chiffrent pour leur pays à plus de deux milliards de dollars sans compter plusieurs centaines de victimes.

Le *Nordeste* brésilien a aussi été affecté par une grande sécheresse affectant les récoltes et amenant les habitants de cette région au bord de la famine avec comme conséquences, des mouvements importants de populations des campagnes vers les grandes villes de la côte est.

En *Afrique* c'est surtout le *Sahel*, et particulièrement sa façade occidentale, qui a été affecté par une sécheresse amplifiant celle du précédent épisode El Niño de 1972-1973 et renforçant en le prolongeant l'épisode de déficit hydrique à long terme le plus marqué depuis près d'un siècle. Le Sud de l'Afrique fut aussi touché par une grande sécheresse qui frappa tous les pays de la région : *Zimbabwe, Mozambique, Angola, Zambie* et *République Sud-Africaine* ; ces pays habituellement producteurs de céréales durent la survie d'une partie de leurs populations à des importations massives. Enfin, des régions comme la *Chine* ou le Nord du *Canada*, ainsi que *l'Europe Occidentale* ont été aussi inclus dans la liste des zones affectés par El Niño, peut-être abusivement selon certains car les tentatives de corrélations statistiques ont montré des niveaux de signification assez bas.

Au total l'estimation immédiate des dommages de cet El Niño 1982 – 1983 réalisée par la NOAA et *Glantz* a été de 13 milliard de dollars de dégâts et plus de 2 000 décès. Mais avec un recul de quelques années, l'impact économique a été jugé beaucoup plus important à long terme et a conduit à doubler, voire tripler, le bilan de ces dommages, car des secteurs comme la santé et certaines ressources comme la pêche peuvent réagir avec un temps de réponse bien au-delà de la durée de l'événement climatique lui-même.

Cependant, tous les effets de ces accidents climatiques ne sont pas négatifs. On a vu que certaines régions, comme la côte sud-ouest des États Unis, pouvaient jouir d'un hiver clément pendant un El Niño, conduisant à des économies d'énergie. De même, la phase froide de l'oscillation, La Niña, est considérée comme moins pénalisante, voire même bénéfique pour certains de ses impacts. C'est ainsi que, durant un épisode La Niña, des eaux froides et riches en sels nutritifs remontent des profondeurs au large du *Pérou* et de l'*Équateur* et repoussent les eaux chaudes vers le *Pacifique* central. Ces eaux, froides en surface, très productives biologiquement, contribuent à régénérer les stocks de poissons pélagiques et donc les capacités de pêche de ces pays.

Impacts, adaptation et atténuation du changement climatique

ENSO et ses impacts, traduit en coûts économiques et humains, sont restés l'exemple historique illustrant les rapports étroits et complexes entre un phénomène climatique et les sociétés humaines soumises à cet aléa. Mais au-delà des études d'impacts, les scientifiques, à la demande des politiques et de leurs gouvernements, se sont rapidement penchés sur les possibilités d'adaptation à cette variabilité climatique. Et l'adaptation passe évidemment en premier par la prévision. C'est encore ENSO qui fut à l'origine des premières tentatives de prévisions et d'adaptation à ces phénomènes climatiques brutaux.

Les premières tentatives d'adaptation réussies : le cas ENSO

On a vu (Chapitre VI) que les premiers modèles océaniques des années 1970 ont vu le jour dans le Pacifique intertropical, justement pour mieux comprendre et prévoir ENSO. Au début, on réalisa des modèles très simples, schématisant l'océan tropical par seulement 2 couches ; ils furent pour cela appelés en anglais « *shallow-water* ». Puis vinrent les premiers modèles couplés entre l'océan et l'atmosphère avec l'ambition affirmée de prévoir ENSO pour permettre aux responsables gouvernementaux des pays les premiers touchés, principalement le *Pérou* et l'*Équateur*, de prendre des dispositions en conséquence. C'est en 1991 que le premier modèle couplé mis en œuvre par deux chercheurs américains : *Mark Cane* et *Stephen Zebiak,* réalisa une prévision à 12 mois d'échéance. Le modèle prédit un El Niño de forte intensité pour janvier 1992, ce qui se vérifia.

Les autorités du *Pérou* furent informées de ce retour possible des eaux chaudes et de la pluie à partir de janvier 1992 et elles prirent des mesures de protection de leurs populations et de leurs infrastructures tout en prodiguant des conseils à leurs agriculteurs sur les cultures à privilégier (riz plutôt que coton en périodes arrosées). Les autorités gouvernementales avertirent aussi leurs pêcheurs que les anchois seraient absents cette année. La prévision des impacts permit au gouvernement du *Pérou* d'atténuer considérablement le choc de l'arrivée d'un des plus puissants El Niño du XXème siècle, au moins par sa durée (deux années d'anomalies thermiques positives en 1992-1993). Les économistes estimèrent que l'exactitude de cette prévision réussie avait permis au pays d'économiser 50 % du coût total des dégâts constatés en pareille circonstance, lorsque l'événement n'est pas prévu, comme ce fut le cas en 1982-1983. En 1992, pour la première fois, on croyait donc avoir réussi à lier avec succès science et décisions gouvernementales, voire politiques, en passant par des évaluations économiques autour d'un événement climatique dont l'imprévisibilité avait eu dans le passé des conséquences malheureuses sur les populations. Il devenait ainsi possible en théorie d'atténuer les impacts d'un événement climatique prévu.

Mais la performance de ce modèle ne fut pas confirmée et il fallut attendre des modèles plus sophistiqués, à haute résolution, pour obtenir une meilleure qualité de prévision[64] encore loin cependant de pouvoir être opérationnelle. Le succès du modèle *Cane Zebiak* fut cependant salué par les médias et amena les pays les plus impliqués

[64] Plus tard le problème de la prévisibilité théorique de cette oscillation météo-océanique se posa dans le contexte de la théorie du chaos. Est-il possible de prévoir longtemps à l'avance vers quel pôle, chaud ou froid, l'oscillation va converger ? La réponse à cette question est restée longtemps incertaine et il semble que la prévision du système ne soit possible que s'il est déjà engagé vers un des pôles, chaud (El Niño) ou froid (La Niña), ce qui raccourcit considérablement l'échéance de la prévision.

dans l'étude du phénomène ENSO, sous l'impulsion de l'OMM et des *États-Unis*, à proposer la création en 1996 d'un institut international de prévision du climat : l'IRI : « *International Research Institut for Climate Prediction* ». Cet institut avait pour objectif de développer une prévision de la variabilité interannuelle du climat, principalement dans les basses latitudes, en analysant et en synthétisant les prévisions établies par une dizaine de centres de recherche à l'aide de modèles couplés ou de modèles statistiques. Au-delà de ces prévisions, l'objectif principal de ce centre international était tourné vers les applications des prévisions dans les différents domaines (santé, agriculture, protection des infrastructures) affectant la vie et l'économie des pays soumis à ces aléas. Le slogan de l'IRI : « *Linking science to society* » était de ce point de vue significatif d'un pas important accompli vers l'adaptation.

Mais, si on est maintenant en mesure de s'adapter partiellement aux caprices d'El Niño, ce n'est pas encore le cas pour le changement climatique global, qui pose un problème d'une toute autre dimension. Les politiques d'adaptation et d'atténuation du réchauffement climatique sont encore au stade de leur énoncé et font l'objet de débats passionnés, notamment au sein des COP, comme on en a rendu compte au chapitre précédent. Cependant les impacts de ces changements commencent à se faire sentir et les derniers rapports du GIEC en rendent compte.

Les premiers impacts perceptibles du changement climatique actuel

Les rapports III (2001), IV (2007) et V (2014) du GIEC sont sans équivoque. Il y a bien, à l'échelle du globe, une hausse des températures moyennes de l'atmosphère et de l'océan qui s'accélère, une fonte massive de la neige et de la glace des régions arctiques et une élévation du niveau moyen de la mer.

Á l'exception de 1998, les dix années les plus chaudes depuis 134 ans ont été observé depuis 2000 et les records absolus ont été atteints successivement en 2014 et 2015. Alors que dans le troisième rapport de 2001 on estimait le réchauffement à 0,6 °C entre 1901 et 2000, un glissement de cinq années, sur la période s'étendant de 1906 à 2005, fait apparaître, dans le quatrième rapport de 2007, un réchauffement de 0,74 °C. Les températures ont augmenté presque partout dans le monde avec un maximum de près de 2 °C dans les latitudes élevées de l'hémisphère Nord.

L'élévation du niveau moyen des océans montre une tendance parallèle à la tendance au réchauffement ; il s'est élevé de 1,8 mm/an jusqu'en 1962, de 3,1 mm/an jusqu'en1993 et de 3,26 mm/an de 1993 à 2013, marquant ainsi une accélération impressionnante due à une double cause : la dilatation de la masse liquide sous l'effet de son réchauffement et l'augmentation de cette masse par la fonte des glaciers continentaux et des calottes polaires du *Groenland* et de l'*Antarctique*. La diminution des surfaces englacées est également corrélée avec le réchauffement ; plus marquée dans l'*Arctique* que dans l'*Antarctique* où la tendance serait plutôt inverse, cette déglaciation est spectaculaire et ouvre de nouvelles routes de navigation au nord du *Canada* et de la *Sibérie*. Ainsi l'année 2012 fut marquée par un minimum record d'extension de la banquise qui ne fut que de 3,4 millions de km^2 en septembre, ce qui représentait une réduction de près de 30% par rapport à l'extension moyenne des années 1981-2010.

Les rapports du GIEC mentionnent également que le régime des précipitations s'est modifié entre 1900 et 2005 ; elles ont fortement augmenté dans l'Est de l'Amérique du Nord et du Sud, dans le nord de l'Europe et de l'*Asie* ainsi que dans le centre de l'*Asie* ; par contre elles ont diminué au *Sahel*, sur le pourtour méditerranéen, en *Afrique Australe* et partiellement en *Asie du Sud-Est*. Les observations semblent aussi mettre en évidence une augmentation de l'activité cyclonique dans l'*Atlantique Nord,* mais elles ne permettent cependant pas de conclure à une influence directe possible du changement climatique anthropique sur l'activité cyclonique. Des évolutions diurnes du temps ont aussi été constatées dans les régions tempérées. Les nuits froides accompagnées de gel sont moins fréquentes, tandis qu'au contraire les nuits chaudes sont plus fréquentes. La fréquence de phénomènes météorologiques extrêmes, comme des précipitations orageuses intenses générant des inondations brutales ou des périodes de canicule prolongées, s'est également accrue.

Des évolutions saisonnières sont aussi constatées telles que celles affectant les systèmes hydrologiques perturbés par l'intensité du ruissellement et la précocité des crues de printemps, conséquence de la fonte prématurée de la neige et des glaciers. De même, les écosystèmes terrestres présentent des évolutions saisonnières telles que le caractère hâtif du débourrage des arbres et de leur floraison printanière ainsi que les dates des migrations animales, les plus spectaculaires étant celles des oiseaux. Des évolutions interannuelles apparaissent aussi dans le milieu vivant en réponse au réchauffement : Des écosystèmes végétaux et animaux migrent en direction des pôles ou en altitude pour trouver des conditions environnementales plus favorables et voisines de celles qu'ils connaissaient antérieurement. Des migrations semblables affectent aussi le milieu marin où les aires de répartition des espèces de poissons se modifient, bien que d'autres causes puissent expliquer ces mouvements comme la pollution et la surpêche mettant en péril certaines espèces.

Les politiques d'adaptation

Une adaptation au changement climatique est en cours dans certains pays mais elle est encore très limitée. De tous temps les sociétés ont appris à s'adapter aux aléas météorologiques et climatiques. Mais le changement climatique actuel, du fait notamment de sa rapidité d'évolution et de son caractère global, fait peser des risques nouveaux qui vont bien au-delà des expériences d'adaptations acquises antérieurement dans les domaines de l'agriculture, de la gestion de l'eau et des événements météorologiques extrêmes. Il est par ailleurs difficile d'isoler des adaptations liées spécifiquement aux changements climatiques à long terme de certains ajustements répondant à des politiques locales d'adaptation pour des risques divers. C'est ainsi que les économistes sont encore incapables de faire des estimations exhaustives des coûts et des bénéfices des mesures d'adaptation au changement climatique. Ceci tient en partie au fait que les capacités d'adaptation sont très inégalement réparties entre les sociétés et à l'intérieur même de ces sociétés et qu'un long travail serait nécessaire pour aboutir à des estimations complètes et multisectorielles de ces coûts.

Mais en prenant un peu de hauteur dans l'examen de ces questions, on peut constater qu'il existe des liens étroits entre adaptation au changement climatique et développement durable. D'un côté, la vulnérabilité au changement climatique est très liée au niveau de développement d'un pays et aux politiques adoptées pour tel ou tel schéma de développement. Mais, d'un autre côté, les politiques d'adaptation (et d'atténuation) peuvent avoir un impact positif sur le développement et le rendre plus durable. Ceci conduit, en termes d'orientations politiques, à deux choix stratégiques possibles :

(i) le choix de politiques privilégiant « Le climat d'abord » en intégrant le développement dans ce cadre. C'est ce que préconisent pour le futur les mouvements écologiques de certains pays développés.

(ii) le choix de politiques privilégiant au contraire « Le développement d'abord », ce que préconisent une majorité de pays en développement ; les facteurs conduisant à la fois à l'adaptation et à l'atténuation du changement climatique s'intègrent alors dans le développement durable. Lier la question du changement climatique, incluant ses réponses en termes d'adaptation et d'atténuation plutôt qu'en privilégiant l'environnement seul, peut permettre à certains pays, notamment ceux qui sont en développement, de mieux faire face aux défis qui leur sont imposés.

Les politiques d'atténuation

La question de l'atténuation du changement climatique, c'est-à-dire des mesures qui permettraient de limiter ce changement, est encore plus intimement liée au développement que ne l'est celle de l'adaptation. Bien que l'opposition entre environnement et développement soit en partie dépassée, il est clair que les politiques visant à une atténuation du changement climatique sont en prise directe, sinon en opposition, avec celles du développement. L'ajout fréquent du qualificatif de « durable » au mot « développement » ne fait que tenter de masquer l'opposition sous-jacente toujours existante entre développement et environnement. Néanmoins ces questions se posent pour tous les pays, autant ceux qui sont en développement que ceux qui sont déjà développés.

Cette relation entre développement et capacité d'atténuation du changement climatique peut être appréhendée dans deux sens opposés :

(i) on accorde une attention prioritaire à la vulnérabilité du développement face au changement climatique. On considère alors que cette vulnérabilité est en partie dépendante du type de développement, de son niveau, de ses revenus par habitant. Ainsi plus un pays serait développé, plus il serait vulnérable au changement climatique ;

(ii) on privilégie le développement qui offre des possibilités techniques pour trouver des sources d'énergies non dépendantes du carbone fossile (pétrole, charbon…) et donc susceptibles à long terme d'atténuer l'impact des activités humaines sur le changement climatique en stoppant, ou en réduisant fortement, ses émissions de gaz à effet de serre. Sous cet angle de vue, plus un pays est développé et plus il possède de moyens de trouver de nouvelles ressources énergétiques non polluantes et ainsi de contribuer, très en amont, à maîtriser le changement du climat. À contrario, un bas niveau de développement rend plus difficile, voire impossible sans aides spécifiques, cette substitution de ressources énergétiques pour des pays dont le développement est impératif et le besoin d'énergie très pressant, quelle que soit son origine.

Une abondante littérature économique a tenté d'identifier des approches méthodologiques permettant d'analyser en profondeur les interactions entre le développement durable et les réponses au changement climatique dans les deux sens opposés explicités plus haut. Pour certains auteurs, le concept de développement durable est à prendre en compte en premier pour encadrer et traiter de façon conjointe toutes les questions possédant des dimensions humaines, sociales, environnementales ou économiques. Il est alors possible de ramener ces dimensions à un certain nombre d'indicateurs ou d'index, économiques, environnementaux, humains et sociaux qui permettent d'évaluer les effets ou les impacts de telles ou telles politiques publiques liées au développement durable. Mais de tels modèles d'aide à la décision n'ont de valeur que si les incertitudes qui affectent certains paramètres en cause ont été évaluées et traitées. Ces incertitudes relèvent de situations particulières où les données pertinentes sont fragmentaires ou absentes, ce qui peut être le cas lorsque les facteurs humains sont déterminants.

Le GIEC a abondamment illustré la question de l'atténuation pour les paramètres physiques définissant le climat ; comment atténuer ou réduire l'élévation de la température, le niveau de la mer, le régime des précipitations, que les modèles nous prédisent pour la fin du siècle et qui dépendent des incertitudes de l'action humaine en termes d'émissions de gaz à effet de serre ? Ces incertitudes sur les émissions peuvent s'étager sur un large éventail, allant d'une division par 4 (humanité sage) à une multiplication par 4 (humanité irresponsable) des émissions par rapport à ce qu'elles étaient en 1990. Les prévisions de la température moyenne qui en résultent varient de 1,4 °C à 5,8 °C. On voit donc qu'il est possible pour l'humanité d'avoir une action sur l'atténuation du changement climatique. Mais cette atténuation ne sera perceptible qu'à une échéance assez lointaine, distante d'une trentaine d'années, après qu'une baisse notable des émissions aura été réalisée. L'enjeu officiel actuel est de limiter le réchauffement moyen de la planète à 2 °C en 2050 avant d'amorcer la décroissance ; pour cela les émissions doivent être progressivement réduites très substantiellement par rapport à ce qu'elles étaient en 1990. La COP 21 de décembre 2015 a permis d'aboutir à un nouvel accord qui fait suite au protocole de *Kyoto* qui n'a pas atteint ses objectifs loin s'en faut. Mais beaucoup reste à faire, car les objectifs de réduction proposés par les États à la COP 21 ne suffisent pas pour rester en-deçà des fatidiques 2 °C et encore moins des 1,5 °C souhaités par les États insulaires du groupe AOSIS (Voir chapitre XI)

Les scénarios socio-économiques du GIEC

Mais comment est-on arrivé à ces chiffres permettant de définir l'effort à fournir en termes de réduction des émissions de gaz à effet de serre, pour atteindre un plafonds de réchauffement de la température moyenne du globe limité à 2 °C ? On a vu qu'il existait une panoplie de modèles physiques complexes capables de simuler l'évolution du climat à partir de données sur les émissions de carbone. Les prévisions de ces modèles font état d'une large incertitude ; pour la température moyenne, par exemple, on vient de le voir, à l'échéance de la fin du XXIème siècle, cela va de 1,4 °C à 5,8 °C (4ème et 5ème rapport du GIEC). La grande diversité de ces prévisions tient à deux facteurs :

(i) la diversité des processus physiques pris en compte dans chaque modèle, inhérente aux insuffisances de connaissance des mécanismes physiques régissant le climat ;

(ii) et surtout les différents scénarios d'émission qui reflètent les comportements futurs de l'humanité. Ce qui importe surtout et qui constitue la donnée initiale d'entrée dans les modèles de prévision du climat, c'est la concentration en gaz à effet de serre de l'atmosphère. Elle peut être calculée à partir de l'histoire, ou de l'intégrale en terme mathématique, des émissions depuis une date de référence donnée (1990), connaissant les temps de résidence de ces gaz dans l'atmosphère. Au final, le problème se ramène donc à prévoir les taux d'émission des gaz à effet de serre en fonction du temps.

C'est à ce niveau qu'entrent en jeu des modèles socio-économiques qui pourraient permettre d'élaborer un ensemble de scénarios possibles d'émission en fonction des nombreux facteurs jalonnant l'évolution des sociétés : la démographie, les modes de développement, les avancées technologiques … etc. Tous ces facteurs sont importants et conditionnent en partie les émissions de gaz à effet de serre. Beaucoup sont difficilement prévisibles et des ruptures brutales dans les tendances socio-économiques, énergétiques et technologiques pourront se produire rendant ces projections sur l'avenir très incertaines. Néanmoins, des modèles économiques sont construits pour pouvoir estimer les émissions de gaz à effet de serre dans les différentes situations socio-économiques correspondant à ces scénarios. Ces constructions de scénarios d'émissions possibles ont débuté en 1990 et ont attiré l'attention du GIEC qui a produit un rapport spécial sur le sujet : le SRES : « *Special Report on Emission Scenario* ». Ce rapport rassemble ces scénarios d'émission en 4 grandes catégories se diversifiant au total en une quarantaine de variantes. Ce sont ces quarante scénarios socio-économiques sur lesquels se sont appuyés une vingtaine de modèles climatiques, qui ont tenté de cerner avec le plus de précision possible l'évolution du climat pour la fin du siècle. Le cinquième rapport du GIEC de 2014, dans un nouveau rapport spécial sur les RCP : « *Representative Concentration Pathways* » a élaboré de nouveaux scenarios qui fixent *a priori* différents niveaux d'augmentation de température (2 °C ou 1,5 °C) correspondant à des niveaux de concentration en GES, compatibles. C'est seulement à partir de ces concentrations en GES qu'ont été déterminés des scénarios d'émission de GES qui en retour permettent maintenant de calculer des scénarios socio-économiques compatibles. Cette double diversité, à la fois des scénarios d'émission et des modèles physiques, explique le large éventail des prévisions.

Entre science et politique les relations se compliquent

Avec les concepts d'adaptation et d'atténuation, on est à la charnière de la science et de la politique. On a vu précédemment que le fonctionnement du GIEC fait intervenir des représentants nationaux pour la mise au point définitive des rapports qu'il produit lors de ses assemblées plénières annuelles. Celles-ci associent des centaines de participants : scientifiques, représentants gouvernementaux, associations. etc. Au-delà de la pure expertise scientifique, ces rapports incluent donc un certain point de vue des politiques, notamment dans les chapitres II et III traitant respectivement de l'adaptation aux impacts du changement climatique et de l'atténuation par des mesures appropriées.

Par ailleurs, le GIEC délivre et commente ses expertises aux réunions annuelles des COP, l'organe directeur de la convention-cadre CCNUCC. Les réunions des COP, dont on a rendu compte au chapitre précédent, sont des forums de négociations sur le changement climatique, souvent agités et parfois confus, destinés à suivre et promouvoir les applications de la convention-cadre. Celle-ci était régie jusqu'à maintenant par le protocole de *Kyoto*. Elle le sera à partir de 2016 par le traité de *Paris* issu de l'accord obtenu à la COP 21 de décembre 2015. Les débats qui se tiennent aux rassemblements des

COP sont avant tout politiques. Les acteurs de ces réunions annuelles sont nombreux et divers, comprenant des scientifiques et des représentants gouvernementaux délégués par leur pays, mais aussi des représentants de nombreuses ONG, dont les plus connues : Greenpeace, WWF, les amis de la Terre. etc. Sont également présents des représentants des institutions scientifiques nationales et internationales, de l'industrie et de lobbies divers. Au total, ces réunions annuelles peuvent rassembler plusieurs milliers de participants dans ce qui a été qualifié ironiquement par certains d'une « foire au climat » partagée entre science, intérêts catégoriels multiples, groupements de pays motivés par la défense de leurs intérêts et gouvernance globale. Dans ces assemblées, les « savants » côtoient des politiques, des négociateurs et aussi des membres de la société civile, sur un théâtre de plus en plus hétérogène où se jouent simultanément plusieurs pièces sur la même scène.

Le GIEC a dû faire face, dès son origine, en 1988, à des problèmes, que l'on peut qualifier de croissance, lorsque certains pays du Sud, loin de voir le changement climatique comme un problème global s'adressant à tous les pays de la planète, le perçurent comme étant avant tout celui des pays du Nord, avec leurs scientifiques, inquiets de leur surconsommation énergétique. Prenant conscience de la dimension politique du problème, les pays du Sud décidèrent alors en 1991 de créer un organisme séparé du GIEC, pour prendre en charge les négociations politiques sur le sujet : ce fut le « Comité Intergouvernemental de Négociation – CIN », en anglais INC : pour « *Intergovernmental Negociating Committee* ». La distance entre science et politique s'élargissait. Le GIEC, pour atténuer les tensions, tenta alors de se réorganiser pour donner l'image d'un organisme purement scientifique excluant toute prise de positions politiques. Mais ceci ne désarma pas la méfiance des gouvernements des pays du Sud à son égard, de telle sorte que, lors de la signature de la Convention-Cadre CCNUCC à *Rio* en 1992, ils proposèrent qu'un organe subsidiaire, le « Conseil Scientifique et Technique Auxiliaire et d'Evaluation - CSTAE » ; en anglais : SBSTA pour *« Subsidiary Body for Scientific and Technical Advice* » soit créé ce qui fut fait en 1995 et, après beaucoup de discussions, rassembla 192 pays.

Les pays du Sud avaient ainsi réussi à isoler et à extraire du champ des compétences du GIEC, des questions liées au changement climatique qui pouvaient apparaître comme politiques. Par la suite l'INC et le SBSTA vont servir de tampon entre les scientifiques, représentés par le GIEC, et les négociateurs politiques. Les missions du SBSTA recoupaient celles du GIEC[65], mais son objectif principal était de fournir directement des avis aux gouvernements en s'appuyant sur le socle des connaissances scientifiques apportées par le GIEC, mais interprétées à sa façon. Ainsi le SBSTA s'inscrivait entre le GIEC et les gouvernements, assumant les clivages proprement politiques découlant de l'expertise scientifique et se positionnant comme un médiateur entre science et politique. Ce rôle du SBSTA a inévitablement créé des tensions au sein des différentes « instances climatiques » notamment avec le GIEC, mais en revanche il a ouvert l'étendue du dispositif institutionnel et proposé un chaînon manquant entre science et politique. Comme le dit l'historienne des sciences *Amy Dahan Dalmedico*[66] : « *Le SBSTA, organisme qui fait le lien entre les gouvernements et le GIEC, assume l'expression politique des controverses apparues au sein des COP et des forums qui les accompagnent* ».

Ainsi les inévitables tensions surgissant au fil des jours entre la science, qui faisait progresser la connaissance des mécanismes intimes du changement climatique, particulièrement les sciences physiques (pour ne pas dire dures), les plus difficilement contestables, et la politique, eurent tendance à se distancier à la fois au niveau des États et au plan intergouvernemental. C'est cette distanciation progressive des deux pôles, encadrant la question climatique, la connaissance et l'action politique, qui fut à l'origine de la complexification des

---

[65] Ainsi l'article 9 de la Convention-Cadre qui porte sur le SBSTA stipule entre autres que : « L'organe, agissant sous l'autorité de la Conférence des Parties (COP) et s'appuyant sur les travaux des organes internationaux compétents, a pour fonction : a) de faire le point des connaissances scientifiques sur les changements climatiques et leurs effets ; b) de faire le point, sur le plan scientifique, des effets des mesures prises en application de la Convention ...... »

[66] *Amy Dahan Dalmedico* : « Les modèles du futur », Edition : La Découverte, 2007

mécanismes de coordination suscitant la création d'instruments tels que le SBSTA qui s'ajoutait aux COP et autres MOP. Ces nouveaux instruments s'intercalèrent entre les instances scientifiques et politiques avec d'autant plus de facilité que les sciences socio-économiques avaient déjà ouvert la voie et trouvé leur place en apportant un maillon scientifique intermédiaire entre sciences physiques « dures » et négociations politiques.

Chapitre XIV

-

Le temps de l'action

En une dizaine d'années (autour des années 1990), la question climatique est passée d'un domaine scientifique complexe, où convergent plusieurs disciplines des sciences de l'environnement terrestre, au domaine politique, avec des enjeux économiques, sociaux, culturels, voire philosophiques, de dimension planétaire mais contenant aussi les germes d'affrontements géopolitiques possibles, potentiellement violents, opposant notamment les pays développés du Nord aux pays pauvres du Sud. Mais entre la science et la politique, ou entre la connaissance avec ses incertitudes et l'action avec ses impotences, il y a le public, l'opinion publique, sans l'adhésion de laquelle, en démocratie au moins, l'action politique est impossible. Cette opinion publique est sous la dépendance de différents flux d'informations dominés et orchestrés par les médias qui se positionnent entre la quête scientifique de la connaissance, dont ils s'efforcent de suivre les progrès, et ce public citoyen dont l'opinion est guettée avec attention. Mais entre ces trois entités : scientifique, médiatique et publique, les relations sont complexes et des intérêts catégoriels peuvent être divergents, sous le regard embarrassé du politique qui doit décider et agir. On a perçu clairement ces difficultés en 2010, au cours de l'offensive de « climato-sceptiques » niant la responsabilité de l'homme dans le changement climatique en cours et tentant de mettre à mal le consensus scientifique de la grande majorité des climatologues représentés par le GIEC. La plupart des médias privilégièrent le côté excessif et passionnel de l'affrontement au détriment d'un débat rationnel soumis à la rigueur à laquelle sont habitués les scientifiques. Une présentation fondée sur des faits scientifiques aurait pu utilement éclairer ce public. Mais son opinion fut incontestablement troublée par la remise en cause par certains scientifiques de ce qui était une quasi-évidence pour la majorité d'entre eux : nous vivons un changement climatique causé par l'homme. En *France*, en 2010, la décision avortée de l'institution d'une « Taxe carbone » sur les produits pétroliers, ou plus récemment, en 2014, une « Ecotaxe », sont d'autres exemples des difficultés qu'éprouvent les instances politiques pour prendre des mesures mal comprises des citoyens.

De la connaissance à l'action : faire savoir, convaincre, décider

Retour sur le GIEC et son histoire

Le GIEC a très tôt dû s'adapter et composer avec la dimension politique de la question climatique, comme on l'a vu précédemment (chapitre XIII). C'est ce qui explique son évolution au cours de ses vingt premières années d'existence (jusqu'en 2010). Dès son origine le GIEC, soucieux de ne pas interférer avec les politiques, a dû centrer son action sur l'expertise scientifique, dont il a implicitement assuré le leadership, en la déclinant en trois volets distincts représentés par 3 groupes de travail : GT I (bases physiques), GT II (impact, vulnérabilité et atténuation) et GT III (adaptation). C'est principalement le groupe I, sur les bases physiques du climat qui, au début au moins, l'a fait connaître et a assuré sa légitimité, les groupes II et III étant plus fréquemment contestés bien que moins connus du public. Cette contestation s'est manifestée très tôt. C'est ainsi que dès 1989 le GIEC a dû faire face aux revendications des pays du Sud qui, tout en revendiquant une plus grande liberté de choix politique (voir chapitre précédent), refusèrent la vision globale centrée sur le concept d'*atténuation,* impliquant un effort commun mondial pour réduire les émissions de GES. Ils opposèrent à cette stratégie d'*atténuation* une stratégie d'*adaptation*, plus favorable à leur situation de « pays en développement », car elle ne les obligeait pas à des mesures susceptibles de freiner leur développement.

En fait, tout au long de la décennie 1990, c'est le souci de promouvoir des mesures destinées à l'atténuation qui a prévalu, d'ailleurs inclus dans la convention-cadre CCNUCC. Cette convention stipulait, dans son article 2, que son objectif ultime était de : « *stabiliser... les concentrations de gaz à effet de serre dans l'atmosphère à un niveau qui empêche toute perturbation anthropique dangereuse du système climatique...* ». Ce sont cet objectif et les modalités de son application qui sont âprement discutés depuis plus de vingt ans dans les réunions des COP auxquelles le GIEC apporte son expertise. Ce fut notamment le cas lors de la COP 3 qui élabora le protocole de *Kyoto* en décembre 1997. Et ce fut encore le cas des débats de la COP 15 à *Copenhague* en 2009, ainsi que des suivantes pour donner une suite au protocole de *Kyoto,* arrivé à son terme en 2012 et prolongé à la COP 18 de *Doha*. La COP 21 qui s'est tenue à Paris en novembre-décembre 2015 a débouché sur un nouvel accord international, devenu un traité, comme on l'a vu au chapitre XI.

Cependant, pour les pays du Sud, l'enjeu principal reste le développement et dans l'opposition environnement-développement, l'environnement reste une préoccupation secondaire pour eux. Ils cherchent cependant à tirer parti de la priorité que les pays développés accordent de plus en plus à l'environnement et au climat pour obtenir d'eux des soutiens financiers censés leur permettre de faire face à ces contraintes environnementales ; mais ils refusent de prendre des engagements précis et le contrôle tatillon que les donateurs veulent leur imposer. C'est là que se situe actuellement un nœud de tensions très fortes au cœur du débat politique entre le Nord et le Sud. La question climatique a ramené les pays du Sud sur le devant de la scène politique internationale comme cela ne l'avait plus été depuis la décolonisation qui avait suivi la Deuxième Guerre mondiale.

Priorité à l'atténuation ou à l'adaptation ?

Les pays du Sud privilégient l'adaptation et demandent avec insistance au Nord de leur transférer les moyens technologiques et financiers nécessaires à l'adaptation de leurs économies au changement climatique, insistant sur la responsabilité du Nord dans la perturbation de l'environnement, causée par sa surconsommation d'énergies fossiles liées au carbone. Ainsi, des groupes de pays particuliers servent d'emblèmes pour promouvoir, auprès du public et des médias, l'adaptation. Actuellement les plus visibles sont les petits pays insulaires (42 pays regroupés dans une organisation : AOSIS, « *Alliance Of Small Islands States* », très influente aux Nations Unies). Ils sont constitués principalement d'atolls de quelques mètres d'altitude, menacés bientôt de disparition par la montée générale du niveau de l'océan. Ces nations se déclarent les premières victimes non coupables du changement climatique et demandent que les moyens de leur adaptation - Digues, habitats en dur, protection et gestion de l'eau douce et des déchets, aménagement des sols - leur soient fournis immédiatement, sinon leur disparition de la carte du monde en tant qu'États souverains serait inéluctable avant le milieu du XXIème siècle. De même, plutôt qu'invoquer en priorité le taux de CO_2 dans l'atmosphère et le contrôle de ses émissions, des pays émergents comme la *Chine*, l'*Inde*, le *Brésil*, proposent aussi d'aborder prioritairement le problème climatique par le biais de l'adaptation.

Curieusement ce sont les *États-Unis* qui, à la suite de l'élection de *George W. Bush,* refusant toujours de ratifier le protocole de *Kyoto*, qui apportèrent leur soutien aux pays du Sud au cours de la COP 8 de *New Delhi* en 2002, privilégiant eux aussi l'adaptation et la réduction de la vulnérabilité par rapport à la réduction des émissions. Ainsi, à partir de la décennie 2000, le thème de l'adaptation est monté en puissance et a été finalement reconnu comme une priorité au même titre que la réduction des émissions. L'Europe, toujours favorable aux objectifs de réduction des émissions, a été contrainte d'accepter que l'adaptation devienne aussi un thème prioritaire. Dès lors, pour le GIEC, les groupes de travail II et III, qui avaient été un peu marginalisés et dont la légitimité même au sein du GIEC avait parfois été contestée, se sont trouvés renforcés par le soutien des pays du Sud, qui en compensation obtinrent d'être présents dans chacun des groupes de travail du GIEC. Ces instances furent donc systématiquement co-présidées à partir de 2002 par un représentant issu des pays développés et un représentant issu des pays en développement.

Du débat scientifique à l'expertise et au politique

L'expertise scientifique est l'expression de l'état des connaissances dans un domaine scientifique donné et à un moment donné. Elle procède de l'analyse de la littérature scientifique la plus exhaustive possible pour en extraire ce que l'on connaît avec certitude ou seulement partiellement et ce que l'on ignore encore. Elle est pratiquée par des « experts » qui le sont à un double titre : par leurs compétences scientifiques en leur qualité d'acteurs de la recherche sur le sujet traité et aussi par leur aptitude à analyser et à synthétiser l'ensemble des travaux qui relèvent du sujet à expertiser. Les experts du GIEC possèdent cette double qualification. Ils sont choisis pour leur excellence et leur notoriété confirmés par leurs pairs, mais également pour leur capacité à synthétiser l'information la plus précise et la plus complète possible sur l'état des connaissances qui émergent de l'ensemble des publications scientifiques disponibles. Une des règles propres aux expertises du GIEC est aussi qu'elles doivent aboutir à un consensus de l'ensemble des experts et des représentants nationaux qui les accompagnent avant d'être soumises aux étapes ultérieures plus proches de l'étage politique.

Cette recherche du consensus est parfois longue et difficile et nécessite un débat scientifique qui peut être vif sur des questions où la communauté scientifique est divisée ou exprime des doutes concernant la pertinence de certaines théories ou de certains concepts. Un exemple en a été donné dans le domaine du climat par les prises de positions d'un météorologue américain, professeur au MIT, *Richard Lindzen*, très connu et très respecté par ses pairs dans son domaine, qui réfuta longtemps l'affirmation d'une majorité de climatologues déclarant que l'on était presque sûr (à 95 %) que les émissions de GES produites par l'activité humaine étaient la cause du réchauffement climatique constaté. Pour *Lindzen,* la méconnaissance de l'évolution de la teneur en vapeur d'eau de l'atmosphère, principal GES naturel, ne permettait pas d'exclure que d'autres phénomènes encore incompris, impliquant, entre autres, le cycle de l'eau et la formation des nuages, pouvaient être à l'origine de ce réchauffement. Ces désaccords furent débattus en profondeur par les experts du groupe I du GIEC, ce qui fit avancer la connaissance et au final contribua à affiner la teneur de l'expertise. C'est ce que des historiens des sciences[67] appellent : la « pratique réflexive de l'expertise ». Autrement dit, l'expertise fait aussi avancer la connaissance à travers un débat scientifique approfondsissant les données scientifiques initiales.

On s'éloigne ainsi de l'intuition commune d'une relation graduée entre science à la base, puis expertise et politique. Cette vision d'un ordonnancement linéaire des étapes à franchir, s'appuyant en premier sur un socle solide de connaissances à travers des expertises soigneusement argumentées pour en extraire enfin des propositions d'actions claires offertes aux « décideurs » est trop simpliste. Elle fait de ce socle scientifique une boite noire qui ne peut être remise en cause et sur laquelle sont construits les étages supérieurs, économiques, sociétaux, politiques, conduisant à des accords internationaux. Mais réduire ainsi la science à un domaine clos entre les mains d'un petit nombre de spécialistes suscite de multiples réactions de défiance : défiance d'une moitié de l'humanité, les pays du Sud, qui ne possèdent pas les moyens de participer concrètement à cette avancée des connaissances, défiance aussi des politiques en général qui acceptent mal la « dictature » de la science lorsque leurs modes d'action sont en jeu et qui tentent alors d'imposer la primauté du politique. C'est ainsi que des instances nouvelles comme le CIN et le SBSTA (présentés antérieurement chapitre XIII) ont été créées pour redonner la main aux politiques. C'est ce qui a fait dire à *Amy Dahan Dalmedico* : « *Chaque fois qu'une instance se purifie d'un point de vue scientifique et cherche à mettre en boîte noire certaines questions scientifiques qui pourraient lui sembler tranchées, se crée à ses côtés*

[67] *Amy Dahan Dalmedico* dans : « Les modèles du futur », Editeur La découverte, 2007.

une autre instance - un comité, un panel technique, un groupe - qui assume plus explicitement les contradictions avec le politique ».

De ce fait la relation entre les étages scientifiques et politiques dans les institutions internationales et nationales se complexifie et l'on assiste à un foisonnement d'instances intermédiaires, évoqué au chapitre précédent, qui ralentissent la prise de décision, obscurcissent auprès du public l'image de ces mécanismes internationaux et génèrent un certain pessimisme sur l'issue finale de ces négociations, sans parler des « climato-sceptiques » dont les affirmations négationnistes trouvent là un terreau favorable à la propagation de leur dissidence.

Le rôle de la psychologie dans la perception publique du changement climatique

Les sciences de la communication, et particulièrement la psychologie, ont fait d'énormes progrès ces dernières décennies. C'est ainsi qu'un nombre croissant d'études de psychologie se sont donné pour objet la question climatique et sa perception par le public. Deux auteurs américains, *Ben Newell* et *Andrew Pitman*, psychologues de formation, ont publié, en 2010, une synthèse[68] de ce domaine à l'intention des lecteurs de BAMS : « *Bulletin of American Meteorological Society* » pour mieux communiquer leurs résultats auprès du public. Il est en effet surprenant qu'en dépit de l'évidence, admise par la presque totalité des scientifiques qu'il existe bien un réchauffement climatique causé par les activités humaines, une fraction importante du public, des journalistes et des politiques puisse encore faire état de son scepticisme s'élevait à l'égard de ce phénomène. Plus étonnant encore, il semble que ce scepticisme se soit accru à mesure que le niveau de certitude scientifique s'élevait. C'est

[68] *Ben R. Newell* and *Andrew J. Pitman* : "*The psychology of global warming, Improving the fit between the science and the message*". BAMS August 2010.

ainsi que *Newell* et *Pitman* relèvent qu'en 2010, aux *États-Unis* seulement 57 % des américains croyaient à la réalité d'un réchauffement climatique en cours, alors qu'ils étaient plus de 70 % à le penser deux ans plus tôt.

Pourquoi et comment en est-on arrivé à ce divorce entre les scientifiques et le public dans la perception du problème climatique ? Certes le changement climatique est d'une grande complexité, avec de multiples paramètres et des inconnues encore nombreuses. De plus, un tel domaine de la connaissance touche les sociétés humaines au plus profonds de leurs préoccupations à court et long terme avec des incidences lourdes sur la vie quotidienne, l'économie, la politique, la géopolitique, ce qui rapproche ces questions du champ émotionnel. Cependant on peut aussi s'interroger sur la façon dont les scientifiques eux-mêmes tentent de transmettre leur message à ce public. Pour eux, qui sont généralement peu ou mal préparés à communiquer au-delà de leur cercle scientifique et de leur domaine de compétence, exposer de façon convaincante au grand public leur savoir sur un sujet aussi étendu et complexe est un exercice difficile. C'est pour pallier ces difficultés que *Newell* et *Pitman* ont fait en 2010 une analyse des études récentes qui font appel aux progrès de la psychologie dans la vulgarisation des sciences. S'étant penchés plus particulièrement sur la perception de la science du climat par le public, ils la rattachent à quatre questions :

(i) À partir de quels concepts ou fractions d'informations sur le réchauffement climatique le public se forge-t-il une opinion ? (*Sampling issue*).

(ii) Comment la présentation des données du réchauffement climatique influe-t-elle sur la perception que le public en a ? (*Framing issue*).

(iii) Comment la compréhension de l'exposé du problème du réchauffement climatique s'intègre-t-elle dans le « modèle mental » simplifié que chaque personne, non spécialiste, en a ? (*Understanding issue*).

(iv) Comment la dynamique scientifique interne et la recherche d'un consensus peuvent-elles affecter la formulation du message sur le réchauffement climatique auprès du public ? (*Consensus building issue*).

À quels concepts climatiques le public se rattache-t-il ?

Les auteurs précités identifient deux concepts auxquels se rattache préférentiellement une partie du public : météorologie et climat, est-ce la même chose ? Et y a-t-il vraiment un réchauffement du climat ? Pour le premier point, l'évidente réponse négative des familiers du domaine climatique n'est pas aussi facilement tranchée pour tout le monde, même pour des scientifiques lorsqu'ils sont étrangers au domaine climatique ! À fortiori pour une majorité du public la confusion entre météorologie et climat est fréquente. Le climat est perçu comme une extension dans le temps de la météorologie et sa prévision comme une prévision météorologique à très long terme. D'où l'objection fréquente de sceptiques déclarant que l'on ne peut pas faire sérieusement une prévision climatique à l'échéance de plusieurs décennies, voire jusqu'à la fin du siècle, étant donné qu'il est impossible de faire une prévision météorologique au-delà de deux semaines, l'atmosphère étant un système physique chaotique. Pour redresser ces erreurs d'appréciation, il est nécessaire de définir précisément ce qu'est le climat et de bien distinguer climat et météorologie.

Le deuxième point relatif à la réalité du réchauffement climatique s'inscrit souvent, dans l'esprit du public, dans le même registre que le précédent. On se réfère mentalement à ses souvenirs personnels : les étés d'autrefois étaient plus chauds que ceux d'aujourd'hui, l'année dernière il a fait plus froid que d'habitude en hiver, ou encore, depuis dix ans la température semble baisser ou monter (ce qui d'ailleurs peut être vrai !). Ainsi, puisqu'on ne le perçoit pas, il n'y a pas de réchauffement du climat ! Cette conclusion erronée peut être corrigée par une représentation de la réalité du réchauffement qui passe par une détermination précise de la température moyenne de la Terre, obtenue à partir de stations de mesures inégalement réparties dans l'espace, mais traitées par des méthodes statistiques rigoureuses. Cette température moyenne peut osciller dans le temps d'années en années, voire de décennies en décennies, sans que la tendance au réchauffement à l'échelle du siècle puisse être contestée.

L'importance de la présentation des données

C'est ce que les Anglo-saxons désignent par le terme de « *framing* » qui décrit la façon de présenter les faits et les données dans l'exposition d'un sujet, d'un résultat, d'une théorie, ici du réchauffement climatique, pour susciter la compréhension et l'adhésion du public. Plusieurs paramètres psychologiques peuvent entrer en jeu :

(i) L'influence des nombres et des unités utilisées pour exprimer *une donnée*. Ainsi utiliser l'expression « Il se produit tel ou tel événement tous les 100 ans » sera plus frappant que de dire que cet événement a 1 % de chances ou une probabilité de 0,01, de se produire cette année.

(ii) *La plus ou moins grande charge émotionnelle du sujet traité* influence aussi considérablement sa perception. La question climatique est hautement émotionnelle pour la majorité des individus ; aussi l'opinion qu'ils peuvent en avoir est fortement influencée par ce contexte émotionnel qui peut être « chaud » et prévaloir sur la « froide » exposition des faits et des chiffres. Il faut tenir compte de ce paramètre émotionnel.

(iii) La dissymétrie de perception entre événements proches ou lointains.

La tendance à accorder beaucoup plus d'importance à l'occurrence d'événements possibles proches qu'à des événements probables, et même presque certains, mais dans un futur lointain, est une donnée de la psychologie. Cette réaction différenciée tient au fait que les événements lointains et les événements proches relèvent de constructions mentales différentes. Un événement prévu dans un futur lointain, comme l'élévation du niveau de la mer d'un mètre dans 50 ans, appartient au domaine de l'abstraction et/ou de manifestations de la nature qui appartiennent à notre environnement « normal » et auxquelles on est soumis. Au contraire un événement proche possible, comme l'inondation de sa maison par le débordement d'une rivière voisine, fait appel à des représentations mentales concrètes faites de détails désagréables. Dans la présentation des prévisions à l'échelle du siècle, il faudra insister sur les détails, tels qu'on les perçoit aujourd'hui, des désagréments auxquels les générations futures seront presque certainement soumises pour mieux sensibiliser la génération actuelle à ces événements lointains.

(iv) L'impact psychologique très différent des pertes et des gains.

Le plaisir de recevoir une somme d'argent est moins ressenti psychologiquement que la peine de perdre la même somme. Cette asymétrie de la réaction psychologique à la perte et au gain conduit à privilégier une présentation des prévisions climatiques en mettant l'accent sur ce que l'on perdra. Il est préférable d'insister sur les dégâts auxquels on sera exposé si ces prévisions se réalisent parce qu'on ne prend pas aujourd'hui les mesures conservatoires nécessaires, plutôt qu'insister sur le gain des générations futures, en termes de conditions climatiques favorables, imputables à la sagesse de notre génération. Cet accent mis sur les aspects négatifs des choses a cependant des limites à ne pas dépasser. Des études récentes ont montré que l'accumulation de perspectives désastreuses, comme peut être traité parfois le futur de notre environnement, peut conduire à une forme de saturation qui se traduit par un désengagement des individus qui se disent : « À quoi bon ! » et prennent leur distance vis-à-vis du problème en se laissant porter par des sentiments de fatalisme proches de l'apathie.

Le rôle du « modèle mental » individuel

Un « modèle mental » est une représentation intérieure personnelle que l'on se fait d'un sujet à travers l'ensemble des informations partielles ou des croyances qu'on en a et qui nous aide à comprendre et à prendre des décisions. Le réchauffement climatique est une question complexe qui rend difficile pour chacun la formulation de modèles mentaux appropriés, susceptibles de rendre compte correctement de la réalité quel que soit son niveau de connaissance (un seuil minimal est cependant nécessaire). Si un modèle mental peut faciliter la compréhension de l'exposé plus détaillé du problème climatique, un modèle mental erroné freinera ou interdira cette compréhension et pourra même aller jusqu'à un refus d'entendre les arguments avancés et à une réaction de dénégation hostile comme certains scientifiques en ont fait l'expérience dans des assemblées publiques.

La difficulté de construire un modèle mental correct tient à une caractéristique psychologique propre au comportement humain qui fait que les individus privilégient une stratégie tendant à confirmer plutôt qu'à infirmer leur hypothèse initiale. Ainsi toute information présentée de façon à appeler une réponse négative a moins de chance d'être acceptée par notre esprit pour s'intégrer à notre vision schématique de la réalité que si elle est présentée dans un sens appelant une réponse positive. À titre d'exemple, et pour illustrer la réalité de ce comportement psychologique appliqué à la question climatique, des tests ont été réalisés par des psychologues sur des groupes équivalents extraits du public américain. Ces tests ont montré que l'affirmation : « L'homme est responsable du réchauffement climatique » recueillait plus de réponses positives que l'affirmation contraire : « La responsabilité de l'homme dans le réchauffement climatique est un mythe » n'en recueillait de négatives. Ceci explique la propension des climato-sceptiques à présenter leurs ouvrages et leur propos sous la forme d'affirmations qui appellent plus facilement une confirmation et une adhésion de la part d'un public mal informé.

La formulation du consensus scientifique et son acceptation par le public

La science n'est pas consensuelle. La méthode scientifique procède au contraire d'une remise en cause permanente des résultats acquis par les pairs pour avancer dans la connaissance, la consolider et la débarrasser de ses erreurs, des concepts et des théories un moment inappropriées ou fausses, pour purifier son contenu. La question scientifique du réchauffement climatique, on l'a vu, nécessite un consensus minimal pour rassurer les politiques et leur permettre de prendre des décisions en s'appuyant sur un socle d'évidences scientifiques incontestables. Un tel consensus peut apparaître antinomique avec la méthode scientifique dans sa quête de la vérité scientifique. On a vu aussi avec quelle rigueur les experts du GIEC procèdent pour atteindre ce consensus, tout en étant eux-mêmes parfaitement au fait de cette contradiction entre la science qui avance en débattant et l'expression d'un consensus sur ses résultats, car ils sont impliqués dans le débat scientifique à la fois comme professionnels de la science et comme experts chargés de l'élaboration de ce consensus.

Mais le public est en droit de se poser des questions autour de l'expression de ce consensus. En premier, il peut s'interroger sur sa validité. Bien que les experts soient de très haut niveau, ils peuvent avoir une vision partielle et biaisée des sujets qu'ils traitent à travers la littérature scientifique qu'ils ont l'habitude de consulter et qui peut influencer leur expertise. Plus insidieux encore est le risque que l'ensemble du groupe d'experts partage cette vision approchée de la connaissance d'un sujet donné. Le consensus est alors rapidement atteint, mais l'absence de contradicteur laisse dans l'ombre certains points dont la discussion aurait permis avantageusement d'approfondir le sujet traité. C'est pour pallier cette faiblesse possible de l'expertise entre les mains d'un groupe d'experts dédiés (GIEC) qu'au cours de l'élaboration des documents qui en rendent compte elle est largement ouverte, notamment à tous les scientifiques, y compris ceux professant des opinions contraires, et aux organismes de recherche qui auraient des remarques à faire sur un point scientifique particulier.

Au-delà de ces interrogations sur la valeur de l'expertise sur le fond et sur la solidité du consensus, le public peut aussi être troublé par la façon dont les médias traitent la question du réchauffement climatique. Il n'y a pas de désaccord fondamental au sein de la communauté scientifique internationale sur les bases scientifiques du réchauffement climatique, mais il est toujours possible de trouver une minorité qui défendra des positions contraires ; c'est la règle du jeu du débat scientifique contradictoire. Fréquemment, l'intérêt des médias pour augmenter leur audience est d'organiser des débats bruyants opposant de façon apparemment équilibrée des camps scientifiques favorables et défavorables à la thèse de l'implication humaine dans le réchauffement climatique en cours. Cette présentation à égalité de « pour » et de « contre » favorise les minoritaires et désoriente le public qui face à ces disputes de scientifiques, soigneusement entretenues, se dit : « *Puisque les scientifiques ne sont pas d'accord, j'en pense ce que je veux et pourquoi ferais-je seulement confiance aux opinions officielles, au GIEC et à la majorité* ? » décrédibilisant ainsi la valeur de l'expertise et l'expression du consensus défendu par le GIEC.

Incertitudes, inquiétudes, désarrois

L'avenir du climat de la Terre est encore très imparfaitement dessiné et les prévisions de son évolution demeurent contenues dans une large fourchette de futurs possibles ; des poches d'incertitudes scientifiques demeurent qui parsèment un corpus de connaissances acquis seulement au cours des dernières décennies, et considéré néanmoins comme solide par une majorité de scientifiques, ceux-là même qui œuvrent au sein du GIEC. Ces scientifiques nous disent que le système climatique constitué de l'atmosphère, des océans, des calottes polaires, des glaciers continentaux, des banquises, des sols, et des êtres vivants, sont des milieu complexes et fragiles qui interagissent en permanence au travers de processus à la fois mécaniques, physiques, chimiques et biologiques pour définir le climat en un lieu donné. Des phénomènes astronomiques, faisant varier le flux énergétique solaire reçu par la Terre au sommet de l'atmosphère, sont également en jeu, faisant alterner aux échelles géologiques des périodes glaciaires et interglaciaires plus chaudes. Nous sommes actuellement, depuis près de 10 000 ans, dans un interglaciaire prolongé qui a vu l'épanouissement de l'espèce humaine et qui est caractérisé par sa stabilité, si ce n'est la perturbation anthropique récente. Cette stabilité, marquée par une composition chimique de l'atmosphère variant peu, nous garantit des conditions climatiques au sol relativement clémentes, grâce à un effet de serre naturel produit principalement par la vapeur d'eau et le gaz carbonique ainsi que d'autres gaz contenus dans ladite atmosphère. Mais cette stabilité est remise en cause depuis environ deux siècles par l'activité humaine comme en témoigne l'augmentation continue des températures au sol et dans l'océan, ainsi que les teneurs en CO_2 de l'atmosphère qui sont passées d'une enveloppe naturelle d'environ 180 ppm pour les périodes glaciaires et 265 ppm pour les périodes interglaciaires, à plus de 400 ppm aujourd'hui, teneur atteinte en moins de deux siècles et jamais connue auparavant depuis un million d'années !

Un niveau d'incertitudes encore élevé

Les processus physiques, chimiques et biologiques liant la teneur en GES de l'atmosphère à la température moyenne au sol sont maintenant suffisamment bien connus pour être pris en compte dans des modèles numériques susceptibles de simuler l'évolution du climat sous la contrainte des émissions de GES et d'autres polluants industriels associés à l'activité humaine. Ces modèles peuvent être utilisés en mode « diagnostique » pour réaliser des expériences virtuelles et comprendre ainsi des phénomènes géophysiques hors de portée de l'expérimentation pratique, et en mode prédictif, on dit aussi « prognostique », pour anticiper le futur. Les modèles de prévision climatiques montrent pour la fin du siècle une augmentation de la température moyenne au sol de plus de 2 °C et localement, comme dans l'arctique, jusqu'à près de 10 °C !

Il existe cependant beaucoup d'incertitudes concernant ces prévisions. Elles sont de deux ordres : incertitudes des niveaux d'émission de GES à venir qui dépendent des politiques énergétiques choisies par les États, des accords internationaux consentis et d'une façon générale de la plus ou moins grande sagesse de l'humanité vis-à-vis de ses modèles de développement en relation avec ses sources d'énergie. Incertitudes également des modèles eux-mêmes, toujours imparfaits dans la prise en compte des processus physico-bio-géo-chimiques des milieu en cause et de leurs interactions extrêmement complexes. La somme de ces incertitudes qui affectent dans un rapport de 1 à 3 l'amplitude des prévisions d'évolution des principaux paramètres climatiques, température, précipitations, élévation du niveau moyen des océans, à l'échelle de la fin du XXIème siècle, alimente les polémiques déclenchées par une frange de climato-sceptiques. Mais surtout, elle freine la perception, par l'opinion publique et ses représentants politiques, de l'urgence climatique. Cette question des rapports entre la science et sa perception par le public est cruciale car elle conditionne sa prise en charge par les politiques. On a vu au début de ce chapitre le poids de la psychologie dans cette relation, mais il existe aussi des ressorts encore plus complexes inhérents à la nature humaine qui ont récemment fait l'objet d'études approfondies par des philosophes qui s'interrogent sur le comportement humain face aux catastrophes.

L'incapacité de l'action

Les incertitudes et les intérêts corporatistes de quelques groupes de scientifiques qui alimentent le climato-scepticisme ne sont pas les seules explications possibles de l'inaction ou de la confusion actuelles qui frappent gouvernements et citoyens face au péril climatique. Depuis presque 30 ans, les scientifiques savent qu'il y a péril et en ont informé les politiques. Les risques sont connus mais on ne fait rien ou presque, ni au niveau national, ni au niveau international, comme en ont longtemps attesté les échecs successifs des conférences internationales (COP) sur le sujet depuis la mise en pratique du premier et seul traité international, jusqu'en 2015, destiné à encadrer les émissions de GES anthropiques des pays développés : le « protocole de *Kyoto* », aux ambitions pourtant limitées et impliquant moins du quart de l'humanité. Ce traité est devenu caduc à la fin de l'année 2012 et il n'a pas été pleinement respecté, mais toutes les discussions pour le prolonger ou le remplacer ont échoué jusqu'à la COP 21 de 2015, suscitant un certain désarroi de l'opinion publique. Pourquoi cette impuissance et ces échecs face à un péril donné comme quasi certain et à peine tempéré par des incertitudes résiduelles sur son ampleur et son calendrier (fin XXIème siècle) ?

Des philosophes se sont penchés sur cette question et ont analysé ce qu'ils considèrent comme un paradoxe qui tient de l'irrationnel. *Jean Pierre Dupuy*[69] résume cette pensée en une phrase : « *Ce qui*

---

[69] *Jean-Pierre Dupuy*, philosophe, professeur à l'Ecole polytechnique et à l'Université de *Standford*, dans : « Climat une planète et des hommes » édition du Cherche Midi, 2011. Et dans : « Pour un catastrophisme éclairé », Edition du seuil – 2004.

bloque l'action ce n'est pas l'incertitude mais l'impossibilité de croire que le pire va arriver ... Même lorsqu'ils sont informés, les peuples et leurs gouvernements ne croient pas ce qu'ils savent ». Il faut expliquer cette curieuse contradiction apparente et préciser le sens des mots qui sous-tendent cet argumentaire philosophique. *Dupuy* nous explique qu'une *croyance* est un *savoir* intégré dans une culture, c'est-à-dire dans un amas de croyances préexistantes organisées en un tout cohérent, donnant sens à notre existence et à nos actions. La *connaissance* est une croyance justifiée et considérée comme vraie. Un savoir nouveau peut déranger des croyances antérieures et être rejeté, il ne s'intègre alors pas dans la connaissance. Ainsi, à titre d'exemple, on sait que le mode de développement actuel épuise les ressources naturelles, nous inonde de déchets et modifie le climat rendant à terme notre planète invivable, mais on a du mal à y croire, en ce sens que nous ne pouvons admettre immédiatement ce savoir nouveau qui remet en cause la conception du progrès et du développement perpétuel qui a été notre terreau intellectuel et culturel depuis l'enfance. Ainsi, les savoirs acquis de la science climatique n'ont pas encore atteint les profondeurs de la conscience du public, des citoyens et des politiques pour être rangés au niveau d'une croyance et être ainsi totalement intégrés à la connaissance.

Par ailleurs la croyance est indispensable à l'action. Jean-Pierre Dupuy écrit encore : « *La croyance est définie comme ce qui, avec les désirs, cause l'action. Si je n'agis pas en fonction d'une croyance .... C'est que... je n'ai pas cette croyance* ». Ainsi, l'action est paralysée si on ne croit pas à la catastrophe avant qu'elle se soit produite, ce qui explique que nos sociétés et nos politiques se montrent incapables de prendre des mesures fortes face au péril climatique. Bien qu'ils aient connaissance de ce péril, ils ne peuvent y croire tant qu'une catastrophe ne l'aura pas rendu crédible ; cet état de fait nous condamne à une catastrophe inévitable puisque presque rien ne sera fait pour l'éviter alors qu'on la sait quasi certaine. On touche ici au paradoxe fondamental de la question climatique ; il rejoint une autre curieuse contradiction apparaissant également fréquemment dans le fonctionnement de nos sociétés : le principe de précaution. Ces précautions que les gouvernements invoquent à tout propos pour se protéger d'éventuelles catastrophes n'a plus de raison d'être si on est incapable en amont de prendre des mesures de prévention. Que seraient des mesures de précaution concernant le réchauffement climatique qui ne s'appuieraient pas sur des mesures de prévention préalables pour contrecarrer ou limiter ce réchauffement ?

Un certain désarroi

Cette situation, récemment analysée par une nouvelle couche de chercheurs et de penseurs des sciences sociales : philosophes, psychologues, sociologues, économistes, conduit à une prise de conscience des difficultés dans lesquelles se trouvent nos sociétés face au pouvoir croissant de l'homme sur la nature, aux dangers nouveaux qu'il suscite, particulièrement apparents dans la quasi-certitude d'un changement climatique à venir, lourd de conséquences sociales, économiques et politiques. On a vu (chapitre XI) que les conférences internationales destinées à trouver des accords et à élaborer des traités comme le « protocole de *Kyoto* », signé dans les années 1990, tendant à limiter les émissions de GES pour *atténuer* le changement climatique ou à prendre des mesures pour s'*adapter* à ce changement, instillait un clivage parmi les nations entre les développées, les émergentes et celles en voie de développement. Les pays de la première catégorie, principalement les européens avec d'autres pays développés, veulent privilégier les mesures d'atténuation par une politique énergique et contraignante de baisse des émissions, applicable à tous les pays du monde, qu'ils possèdent des économies développées ou pas. Les autres, les pays émergents ou en développement, soucieux de préserver leurs capacités de développement sans contraintes environnementales excessives, privilégient au contraire les mesures d'adaptation dont ils demandent le financement aux pays riches. Cette première ligne de fracture au sein de la communauté internationale, mais il y en a d'autres, a donné lieu à de nombreux et houleux débats entre les représentants de ces nations aux intérêts opposés. Ces débats ont été rapportés dans le sous-chapitre rendant compte des réunions annuelles des COP (Chapitre XII).

Ces affrontements ont assombri l'atmosphère de ces grands rassemblements associant, parmi des milliers de participants, des personnalités aussi diverses que des représentants politiques nationaux avec leurs fonctionnaires, des scientifiques, des ONG, des associations diverses aux objectifs parfois obscurs, des journalistes, voire des organisations religieuses. Les plus « bruyantes » de ces conférences qui laissèrent parfois un souvenir peu favorable aux participants et aux médias, contribuèrent à diffuser un certain malaise dans l'opinion internationale et suscitèrent une forme de désarroi de cette opinion. Les conférences les plus significatives à cet égard, mais il y en eu d'autres, furent la COP 12 qui se tint à *Nairobi* en novembre 2006 et la COP 15 qui se tint à *Copenhague* en décembre 2009.

La conférence de *Nairobi*, aux résultats très légers, fut marquée par des communiqués de presse très critiques à l'égard de certains congressistes plus pressés de visiter le pays que de faire avancer les objectifs de la conférence. Des photographies à la une des journaux locaux montraient des centaines de congressistes, aux indemnités de mission confortables pour un pays pauvre, s'égaillant dans les parcs animaliers du *Kenya*, ayant déserté leurs salles de réunion.

La conférence de *Copenhague* qui avait suscité beaucoup d'espoirs pour donner enfin une suite au *protocole de Kyoto* se solda aussi par un grand désappointement et elle frisa le chaos. Elle devait se clôturer par l'intervention des chefs d'États des principaux pays en présence, qui étaient censés signer des accords, instituant un nouveau protocole faisant suite à celui de *Kyoto*. À la fin normale de la conférence et avant l'arrivée des chefs d'États, aucun texte n'avait réussi à rassembler un accord même seulement majoritaire. La confusion était totale, des délégués quittaient en masse les salles de réunions pour prendre leur avion. L'échec à la face du monde devant les plus hauts dirigeants de la planète allait devenir criant lorsqu'une prolongation de séance avec les participants encore présents permit d'atteindre in extremis un accord a minima sur un texte qui était une simple déclaration d'intention ainsi que nous l'avons montré au chapitre XII.

Cet échec de la conférence de *Copenhague*, dont on attendait beaucoup, fut douloureux et eut un retentissement considérable dans les médias et l'opinion publique, contribuant à créer une inquiétude généralisée confinant parfois au désarroi. L'humanité prenait conscience qu'un seuil avait été franchi dans les rapports entre l'homme et la nature et que des modes de développement nouveaux plus respectueux de celle-ci devaient être recherchés rapidement sans attendre qu'une catastrophe climatique ait rendu crédible une détérioration irréversible de son environnement pour légitimer enfin des actions vigoureuses de prévention.

L'avenir de l'humanité est-il en jeu ?

La conquête spatiale et la possibilité d'embrasser d'un seul coup d'œil la rotondité de la planète nous ont fait prendre conscience de sa finitude et de sa fragilité, suscitant un certain pessimisme concernant la responsabilité de l'homme et l'avenir même de notre espèce. Un ancien directeur du CNES et de Météo-France, *André Lebeau*[70], était bien placé pour être frappé par ce sentiment et percevoir la condition nouvelle de l'homme, « enfermé planétaire » sur une sphère aux ressources limitées, perdue dans l'espace. Il tente de prévoir rationnellement, à la lumière des connaissances scientifiques actuelles et au-delà de considérations éthiques, philosophiques ou religieuses, les différentes voies que peut prendre l'évolution de notre espèce face au défi de la « finitude » de son environnement terrestre et de ses ressources. Il passe en revue les issues possibles et conclut de façon assez pessimiste que l'explosion démographique prévue pour la fin du siècle, ajoutée au défi du changement climatique, mettra l'humanité dans une situation très difficile. Il ajoute que nous ne devons pas nous laisser aller au rêve optimiste infondé consistant à penser que « la technologie fournira des solutions ». Certes l'espèce humaine s'est construite sur la création des outils et sur la technologie, mais la technologie conduit maintenant à épuiser les ressources naturelles de la planète nous obligeant à changer de mode de développement pour gérer une pénurie à partager entre une multitude croissante.

---

[70] *André Lebeau* est l'auteur de « L'engrenage de la technique, essai sur une menace planétaire », Galimard, 2005 et de « l'enfermement planétaire », Folio actuel 2011.

Ces considérations sur l'emprise de plus en plus prégnante de l'humain sur la nature conduisent des penseurs à suggérer que l'avenir de l'humanité est en jeu en ce moment même et que nous assistons à un tournant sans précédent de sa relation avec la nature et l'environnement pouvant conduire prochainement, pour les plus pessimistes, à sa disparition. Certains, comme le prix Nobel *Paul Crutzen,* voient dans la modification de la composition chimique de son atmosphère, l'acidification de ses océans ou encore la destruction

La mince pellicule d'atmosphère et d'océan dans laquelle la vie terrestre est enfermée (Crédit NASA).

massive d'espèces vivantes, les manifestations d'une nouvelle force géophysique : l'homme, susceptible de modifier à jamais la géologie terrestre. Nous pensions vivre encore dans l'holocène, nous dit *Paul Crutzen*, cette ère géologique qui a débuté à la fin du dernier épisode glaciaire il y a environ 10 000 ans et qui est caractérisée par une température stable et clémente propice à la socialisation de notre espèce. Mais nous venons seulement très récemment de prendre conscience que notre espèce, très particulière, contient en germe des forces susceptibles de modifier les caractéristiques de cet holocène qui a vu son développement et d'engendrer ainsi une nouvelle ère que

Crutzen a appelée l'*anthropocène*[71]. Ce nouvel étage géologique n'existe pas seulement dans le cerveau inventif du prix Nobel de chimie. Son début et son origine ont été datés très précisément par les experts en histoire des sciences. Pour certains c'est la construction de la première locomotive à vapeur en 1784 qui marque pour la première fois la capacité d'une espèce vivante, l'homme, d'extraire de l'énergie des entrailles de la Terre pour la transformer en force mécanique, se substituant ainsi à la force humaine et à la force animale domestiquée depuis des millénaires. Les géologues en charge de la mise à jour de l'échelle stratigraphique des temps géologiques qui divise l'histoire de la Terre en ères et en étages, prennent très au sérieux la proposition de *Paul Crutzen,* relayée maintenant par de nombreux scientifiques des sciences de la Terre. Ils envisagent sérieusement de faire officialiser la création de cette nouvelle ère géologique par l' *« Union Internationale des Sciences Géologiques ».*

Ainsi le problème du réchauffement climatique d'origine humaine, induit par une surconsommation d'énergies non renouvelables enfouies depuis des millions d'années au fond des océans et dans les sédiments terrestres, pourrait conduire l'humanité à repenser ses modes de développement. Ils ne pourraient plus être fondés sur la consommation à outrance qui conduit à l'accumulation de déchets et de nuisances diverses, tout en épuisant des ressources naturelles limitées. Mais, si on est optimiste, ils reposeraient sur de nouveaux concepts de développements encore à inventer mais dont on perçoit les prémices qui émergent du brouillard des utopies. L'anthropocène aurait alors trouvé en l'homme l'expression d'une nouvelle force géophysique appliquée à la planète dépassant sa situation naturelle d'espèce vivante dominante, comme les dinosaures le furent au Jurassique. Mais aucune autre espèce vivante avant la nôtre n'a eu la perspective d'être à la fois soumise à son environnement et en même temps maîtresse de lui.

---

[71] Voir aussi l'ouvrage du glaciologue français *Claude Lorius*, auteur avec *Laurent Carpentier* de : « voyage dans l'anthropocène », éditions *Actes Sud*, 2011.

Bibliographie

Ouvrages généraux

Bard E. et J. Chappellaz, Sur les origines de l'effet de serre et du changement climatique**,** Edition La ville brûle, 2010.

Berger A., Le climat de la Terre : un passé pour quel avenir ? - De Boeck Université, 1992.

Bolin B., *A History of the Science and Politics of Climate Change. The Role of the Intergovernmental Panel on Climate Change,* Cambridge University Press, 2007.

Brundtland G.H., *Our common future*, Oxford University Press, 1987.

Dahan Dalmedico A., *Les modèles du futur*, Edition La découverte, 2013.

Duplessy JC., *Quand l'océan se fâche* , Odile Jacob, 1996.

Duplessy JC. et P. Morel, *Gros temps sur la planète* , Odile Jacob, 1990.

Dupuy JP., *Pour un catastrophisme éclairé*, Edition du Seuil, 2004.

Emiliani C., *Planet Earth*, Cambridge University Press, 1992.

Fleming J.R., *Historical perspectives on climate change*, Oxford University Press, 1998.

Gautier C. et J.L. Fellous, *Eau, pétrole, climat : un monde en pane sèche,* Odile Jacob, 2008.

Godard O., La pensée économique face à la question de l'environnement, Edition Ecole Polytechnique, 2013.

Jouzel J., C. Lorius et D. Raynaud, *Planète blanche,* Edition Odile Jacob, 2008.

Labeyrie J., *L'homme et le climat*, Nouvelle Edition Sciences, 1993.

Laval K. et G. Laval, *Incertitudes sur le climat*, Belin éditeur, 2013.

Lebeau A., L'engrenage de la technique, essai sur une menace planétaire, Edition Galimard, 2005.

Lebeau A., *L'enfermement planétaire*, Edition Folio –Actuel, 2011.

Le Roy Ladurie E., *Histoire du climat depuis l'an Mil,* Flammarion, 1967.

Lorius C., et L. Carpentier, *Voyage dans l'anthropocène*, Edition Actes Sud, 2002.

Merle J., *L'océan gouverne-t-il le climat ?*, Edition Vuibert-IRD, 2009.

Milanković M., Kanon der Erdbestrahlung und seine Anwendung auf des Eiszeitenproblem, Royal Serban Sciences, 1941.

Minster JF., *La machine océan*, Flammarion, 1997.

Ouvrage collectif-club des Argonautes, direction M. Petit, *Climat une planète et des hommes*, Edition Cherche Midi, 2011.

Ouvrage collectif-club des Argonautes, direction M. Petit, *Climat le temps d'agir*, Edition Cherche Midi, 2015.

Philander S.G. H., *El Niño, La Nina, and the Southern Oscillation,* NY Academic Press, 1990.

Stommel H. and E. Stommel, Volcano Weather : The story of 1816, the year without a summer, Seven sea Press, 1983.

Voituriez B., *Le Gulf Stream*, Edition UNESCO, 2006.

Weart S. R.,*The discovery of global warming,* Harvard University Press, 2004.

Articles scientifiques

Arrhenius S., On the influence of carbonic acid in the air upon temperature of the ground, The London Edinburg and Dublin Philosophical Magazine and Journal of Sciences, 1896.

Berger A., Milankovitch Theory and Climate, Reviews of Geophysics, 1988.

Bolin B., The Carbon Cycle, *Scientific American*, 1970.

Bjerknes J., Atmospheric teleconnection from the equatorial Pacific, MWR, 1969.

Broecker W. et al., Does the ocean-atmosphere system have more than one mode of operation ?, Nature, 1985.

Bryan K., and M. Kox, A numerical investigation of the oceanic general circulation, Tellus, 1967.

Busalacchi A.J., and J.J. O'Brien, The seasonal variability in a model of the tropical Pacific, JPO, 1988.

Cane M.A., S.C Dolan, and S.E Zebiak, Experimental forecasts of the 1982-1983 El Niño, Nature, 1986.

Cane M.A., and E.S. Sarachik, Equatorial oceanography, Rev. Geophys., 1983.

Chamberlin T., A group of hypothesis Bearing on Climate Change, The Journal of Geology, 1897.

Charney J. G., Dynamics of deserts and drought in the Sahel, Quaternaly Journal of the Royal Meteorological Society, 1975.

Croll J., On the Physical Causes of the Change of Climate during Geological Epochs, The London Edinburg and Dublin Philosophical Magazine and Journal of Sciences, 1864.

Crutzen P., Geology of mankind, Nature, 2002.

Dansgaard W. et al., The abrupt termination of the Younger Drias climate event, Nature, 1989.

Dupuy JP.,Climat une planète et des hommes, Edition du Cherche Midi, 2011.

Fourier J., Théorie analytique de la chaleur, Annale de chimie et de physique de l'Institut de France, 1822.

GIEC AR 1 (1990), AR 2 (1995), AR 3 (2001), AR 4 (2007), AR 5 (2014) : Les éléments scientifiques, OMM/PNUE.

Gill A., An overview of the dynamics of the tropical oceans and global atmosphere, WCRP Publications Series N° 4, 1985.

Glantz, M., Current change :Impacts of El Niño and La Nina on climate and society, Cambridge University Press, 2001.

Hays J.D., J.Imbrie and N.J. Shackleton, Variations in the Hearth's orbit : pacemaker of the ice ages, Science, 1976.

Heinrich, H., Origin and consequences of cyclic ice rafting in the northeast Atlantic Ocean during the past 130,000 years, Quaternary Research, 1988.

Imbrie J. et al., On the structure and origin of major glaciations cycle – Linear response of Milankovitch forcing, Paleoceanography, 1992.

Keeling D., The Concentration and Isotopic Abundances of Carbon Dioxide in the Atmosphere, Tellus,1960.

Lorenz E., Atmospheric predictability as revealed by naturally occurring analogues, J. of Atmospheric Sciences, 1969.

Lorenz E., Deterministic Nonperiodic Flow, J. of Atmospheric Sciences, 1991.

Manabe S. and K. Bryan, Climate calculation with a combined Ocean-Atmosphere Model, J. of Atmospheric Sciences, 1969.

Mc Creary, J.P., Jr., A model of tropical ocean-atmosphere interaction, MWR, 1983.

Mc Phaden, M.J., et Al., Tropical Ocean Global Atmosphere (TOGA) observing system : A decade of progress, JGR, 1998.

Masson Delmote V., L'apport des forages profonds dans les glaces polaires, Rayonnement du CNRS N° 24, 2010.

Newell B. and A. Pitman., The psychology of global warming - Improving the fit between the science and the message, BAMS, 2010.

O'Brien J. J., D. Adamec, and D. Moore, A simple model of equatorial upwelling in the Gulf of Guinea, GRL, 1978.

Oort A.H., and T.H. Vonder Haar, On the observed annual cycle in the ocean-atmosphere heat balance over the northern hemisphere, JPO, 1976.

Philander S.G.H., and R.C. Pacanowski, The mass and heat budget in a model of the Tropical Atlantic Ocean, JGR, 1986.

Plass G.N., The Carbon Dioxide Theory of Climatic Change, *Tellus*, 1956.

Plass G.N., Carbon Dioxide and Climate, Scientific American,1959.

Rasmussen E.M., and T.H. Carpenter, Variation in tropical sea surface temperature and surface vind fields associated with the Southern Oscillation / El Niño, MWR, 1982.

Revelle R. and H. Suess, Carbon Dioxide Exchange Between Atmosphere and Ocean and the Question of an Increase of Atmospheric CO2 during the Past Decades, Tellus,1956.

Shackleton N., and N. Opdyke, Stable oxygen isotope analysis on sediment core V28-238, Quaternary Research, 1973.

Smagorinsky J., The beginnings of numerical weather prediction and General Circulation Modelling : Early recollection, Advances in Geopgysics, 1983.

Tyndall J., On the Absorption and Radiation of Heat by Gases and Vapours, and on the Physical Connexion of Radiation, Absorption and Conduction, The London Edinburg and Dublin Philosophical Magazine and Journal of Sciences, 1861.

Trenberth K. and J. Fasullo, Tracking Earth's Energy : From El Niño to Global Warming, Surveys in geophysics, 2011.

Vonder Haar T., and A.H. Oort, New estimate of annual poleward energy transport by Northern Hemisphere oceans, JPO, 1973.

Walker G.H., Correlation in seasonal variations of weather : a further study of world weather, Mem. Indian Meteorol. Dep., 1924.

Wyrtki K., El Niño - The dynamic response of the equatorial Pacific Ocean to atmospheric forcing, JPO, 1975.

Wyrtki K., Water displacements in the Pacific and the genesis of El Niño cycles. JGR, 1985.

Wunsch C., Towards the World Ocean Circulation Experiment and a bit of aftermath, in Physical Oceanography: Developments Since 1950, Springer-Verlag Editors, 200

Acronymes

AOSIS : Alliance Of Small Islands States. Association d'une quarantaine d'États insulaires menacés par l'élévation du niveau de l'océan.

AGI : Année Géophysique Internationale (1957 – 1958)

ARGO : système de flotteurs autonomes dérivant en profondeur et délivrant des observations à un satellite à la surface.

ARGOS : Système de positionnement par satellite.

BAMS : Bulletin of the American Meteorological Society.

BNDO : Bureau National des Données Océaniques. Première dénomination du centre de données océaniques français mis en place par le CNEXO devenu IFREMER.

CCCO : Committee for Climatic Changes and the Oceans. Instance scientifique internationale créée en 1979 par le SCOR (dépendant du CIUS) et la COI pour coordonner les programmes d'océanographie dans l'étude du climat.

CCNUCC : Convention-Cadre des Nations-Unies sur le Changement Climatique. En anglais UNFCC.

CEA : Commissariat à l'Energie Atomique.

CFR : Centre des Faibles Radioactivités, laboratoire créé par le CEA à Gif sur Yvette.

CIUS : Conseil International des Unions Scientifiques, en anglais ICSU. Organisation scientifique internationale non gouvernementale.

CLIVAR : CLImate VARiability. Programme international d'étude du climat du WCRP.

CNRS : Centre National de la Recherche Scientifique.

CNES : Centre National d'Etudes Spatiales.

CNEXO : Centre National d'Exploitation des Océans. Précurseur de l'IFREMER

CNUED : Conférence des Nations Unies sur l'Environnement et le développement. En anglais UNCED : United Nations Conference on Environment and Development. Appelée le « Sommet de la Terre », s'est tenu à *Rio* en 1992.

COI : Commission Océanographique Intergouvernementale (IOC en anglais), dépend de l'UNESCO.

COP : Conferences Of Parties. Instance d'application du protocole de *Kyoto*. Se réunie annuellement

COSPAR : Committee On Space Research. Organisation internationale de coordination de la recherche spatiale.

EPF : Expéditions Polaires Françaises.

EPICA : European Project for Ice Coring in Antarctica.

ESA : European Space Agency. En français : Agence Spatiale Européenne

ESSP: Earth System Science Partnership. Création de l'ICSU rassemblant 4 grands programmes dédiés à l'étude de l'environnement terrestre : WCRP, IGBP, Diversitas et IHDP.

ERS (1 et 2) : European Research Satellite. Satellites de l'agence Spatiale Européenne lancés en 1991 et 1995 pour l'observation de la Terre.

FGGE : First GARP Global Experiment. En français PEMG : Première Expérience Mondiale du GARP.

FOCAL : Programme Français Océan et Climat dans l'Atlantique Equatorial.

GARP : Global Atmospheric Research Programme. En français : Programme de Recherche sur l'Atmosphère Globale, mis en place par l'OMM en 1970. Précurseur du Programme Mondial de Recherche sur le Climat.

GATE : GARP Atlantic Tropical Experiment. En français ETGA :Expérience Tropicale du GARP dans l'Atlantique .

GCOS : Global Climate Observing System. Instance internationale créée par l'OMM et la COI pour coordonner les systèmes d'observation du climat.

GCTE : Global Change and Terrestrial Ecosystem.

GEOSAT : Satellite d'observation de la Terre américain lancé en 1984 par la *Navy* américaine.

GEOSECS : Geochemical Sections. Programme Américain des années 1970 destiné à l'observation des traceurs géochimiques de l'océan.

GES : Gaz à Effet de Serre

GEWEX : Global Energy Water Experiment. Programme du WCRP

GFDL : Geophysical Fluid Dynamic Laboratory, célèbre institut de la NOAA dédié à l'étude de la dynamique de l'atmosphère et de l'océan à l'Université de *Princeton.*

GIEC : Groupe Intergouvernemental d'Etude du Climat. En anglais IPCC : Intergovernmental Panel on Climate Change, créé en 1988 au sein de l'OMM.

GODAE : Global Ocean Data Assimilation Experiment.

GOES : Geostationary Operational Environmental Satellite.

GOOS : Global Ocean Observing S*ystem.* Sous le contrôle conjoint de la COI et de l'OMM.

GPS : Global Positionning System. Système de positionnement par satellites américain.

ICSU : International Council of Scientific Unions. En français « Conseil International des Unions Scientifique – CIUS ».

IFREMER : Institut Français de recherche pour l'exploitation de la mer.

IGN *:* Institut Géographique National

IHDP : International Human Dimension Programme. Créé par l'ICSU.

INC : Intergovernmental Negotiating Committee. En français : « Comité intergouvernemental de Négociations – CIN ».

IRD : Institut de Recherche pour le Développement. Anciennement ORSTOM.

IRI : International Research Institut for Climate Prediction.

JASON : Nom donné à un programme spatial franco-américain qui fait suite à TOPEX-POSÉIDON.

J-GOFS : Joint Global Ocean Flux Study.

JSC : Joint Scientific Committee. Comité scientifique principal de l'OMM.

LGG : Laboratoire de Glaciologie de Grenoble

LGI : Laboratoire de Géochimie Isotopique

LODYC : Laboratoire d'Océanographie Dynamique et de Climatologie, établi au sein de l'Université Paris VI. Devenu LOCEAN.

MIT : Masachussetts Institut of Technology (Boston - USA).

MODE : Mid-Ocean Dynamics Experiment.

NAO : North Atlantic Oscillation.

NASA : National Aeronautic and Space Administration (USA).

NCAR : National Center for Atmospheric Research. Se situe à Denver au Colorado et dépend de la NOAA.

NODC : National Oceanographic Data Center (USA).

NOAA : National Oceanographic and Atmospheric Administration (USA).

NORPAC : North Pacific. Programme international d'étude du Pacifique nord entre Japon, USA, et Canada en 1955.

NSF : National Science Foundation . Agence de financement américaine pour la science

OMI : Organisation Météorologique Internationale. Fondée en 1873 cette organisation internationale a été remplacée par l'OMM en 1951.

OMM : Organisation Météorologique Mondiale. En anglais WMO : World Meteorological Organization. Agence technique de l'ONU pour la météorologie créée en 1951.

ONR : Office of Naval Research

ORSTOM : Office de la Recherche Scientifique et Technique Outre-Mer. Ancienne dénomination de l'IRD (Institut de Recherche pour le Développement).

PAGES : Past Global Change. Programme international de IGBP.

PEMG : Première Expérience Mondiale du GARP. Traduction de FGGE : First GARP Global Experiment.

IGBP : Programme International Géosphère Biosphère. Traduction de IGBP : International Geosphere Biosphere Programme

PMRC : Programme Mondial de Recherche sur le Climat. En anglais : "World Climate Research Programme – WCRP ".

PNEDC : Programme National d'Etude de la Dynamique du Climat.

PNUE : Programme des Nations Unies pour l'Environnement. En anglais UNEP.

POES : Polar Operationnal Environmental Satellite

SBSTA : Subsidiary Body for Scientific and Technical Advisory

SCOR : Scientific Committee on Oceanic Research. Dépend de l'ICSU.

SEASAT : Satellite d'observation de l'océan lancé par la NASA en 1978.

SEQUAL : Seasonnal Equatorial Experiment. Programme américain associé au programme français FOCAL.

SHOM : Service Hydrographique et Océanographique de la Marine.

SIO : Scripps Institution of Oceanography.

TOGA : Tropical Oceans and Global Atmosphere. Programme international du WCRP.

TOPEX-POSÉIDON : Rassemblement de deux programmes spatiaux, l'un français : POSEIDON, et l'autre américain : TOPEX, destinés à observer la topographie de la surface de l'océan avec un altimètre (radar).

UNCED : United Nations Conference on Environment and Development. En français CNUED. S'est tenue à Rio en 1992.

UNFCC : United Nations Framework for Climate Change. Version anglaise de CCNUCC : Convention-Cadre des Nations Unies pour le Changement Climatique.

WCRP : World Climate Research Programme. En français : Programme Mondial de Recherche sur le Climat (PMRC), mis en place par l'OMM et L'ICSU en 1980.

WOCE : World Ocean Circulation Experiment. Programme du WCRP.

WWW : World Weather Watch. Veille Météorologique Mondiale (VMM), dépend de l'OMM.

Table des matières

PRÉSENTATION **9**

CHAPITRE I - LE SYSTÈME CLIMATIQUE ET SES ACTEURS **13**

Le Soleil 15
L'atmosphère 16
L'océan 19
La cryosphère 21
La lithosphère 23
La biosphère 24

CHAPITRE II - DES PRÉCURSEURS INTUITIFS MAIS LONGTEMPS IGNORÉS **29**

Joseph Fourier (1768 - 1830) 31
John Tyndall (1820 -1893) 34
Louis Agassiz (1807 - 1873) 36
Svante Arrhenius (1859 - 1927) 38
James Croll (1821 - 1890) 41
Thomas Chamberlin (1843 - 1928) 43
Milutin Milanković (1879 - 1958) 46
Steward Callendar (1898 - 1964) 48
Pourquoi cet oubli des pionniers ? 49

CHAPITRE III - L'ÉMERGENCE DE LA DYNAMIQUE DU CLIMAT **51**

La climatologie « stable » des années 1950-60 52
Les débuts d'une ère nouvelle : L'Année Géophysique Internationale (1957-1958) 58

CHAPITRE IV - LES PIÈCES DU PUZZLE CLIMATIQUE **63**

Tout commence par l'histoire et la géographie 64
La dynamique de l'atmosphère et de l'océan 66
La chimie de l'atmosphère et de l'océan 72
La biosphère s'invite dans le débat 82
La mémoire de la glace 86
Paléoclimatologie marine et continentale 93
Astronomie et physique solaire 95

CHAPITRE V - DE NOUVEAUX OUTILS BOULEVERSENT LE PAYSAGE SCIENTIFIQUE 101
LES ORDINATEURS ET LA MODÉLISATION 102
LES OBSERVATIONS SPATIALES 113
LES MODÈLES ET L'OBSERVATION SPATIALE RESSERRENT LES PIÈCES DU PUZZLE CLIMATIQUE 126

CHAPITRE VI - LES DYNAMIQUES DE L'ATMOSPHÈRE ET DE L'OCÉAN SE REJOIGNENT 129
LA PROGRAMMATION DE LA RECHERCHE SUR LE CLIMAT 130
UNE PRÉFIGURATION DE TOGA DANS L'ATLANTIQUE 135
TOGA REPREND SES DROITS DANS LE PACIFIQUE 139
LA CIRCULATION GÉNÉRALE DE L'OCÉAN : LE PROGRAMME WOCE 142
L'EAU ET L'ÉNERGIE IRRIGUENT LE SYSTÈME CLIMATIQUE : LE PROGRAMME GEWEX 146

CHAPITRE VII - LA BIOSPHÈRE ENTRE EN JEU 149
LA GALAXIE DES PROGRAMMES DÉDIÉS À L'ENVIRONNEMENT ET AU CLIMAT 150
LE RÔLE DE LA BIOSPHÈRE OCÉANIQUE 156
LE RÔLE DE LA BIOSPHÈRE CONTINENTALE 165

CHAPITRE VIII - LES ARCHIVES GLACIAIRES DU CLIMAT 171
LES GLACIOLOGUES FRANÇAIS INITIENT UNE PREMIÈRE COOPÉRATION INTERNATIONALE EXEMPLAIRE 173
L'ÉPOPÉE SCIENTIFIQUE DES FORAGES ANTARCTIQUES DE « VOSTOK » 175
RETOUR AU GROENLAND 181
L'EUROPE REVIENT EN ANTARCTIQUE AVEC LE PROGRAMME EPICA 184
UNE BASCULE CLIMATIQUE NORD-SUD DANS L'ATLANTIQUE 185

CHAPITRE IX - L'APPORT DE LA « PALÉOCÉANOGRAPHIE » 189
NAISSANCE DE LA PALÉOCÉANOGRAPHIE 190
LA PALÉOCÉANOGRAPHIE RECONSTITUE LES CLIMATS DES DERNIERS 80 MILLIONS D'ANNÉES 195
LES OSCILLATIONS CLIMATIQUES DES DERNIERS MILLIONS D'ANNÉES ET LA THÉORIE ASTRONOMIQUE 201

CHAPITRE X - DES ÉNIGMES CLIMATIQUES TROUBLANTES 209
DES OSCILLATIONS CLIMATIQUES RAPIDES RECONNUES AVEC PRUDENCE 210
VRAIES ET FAUSSES OSCILLATIONS CLIMATIQUES RAPIDES 214
D'AUTRES OSCILLATIONS CLIMATIQUES DE PLUS BASSES FRÉQUENCES 216
PALÉOCLIMATOLOGUES, ET DYNAMICIENS DU CLIMAT SE REJOIGNENT 220

CHAPITRE XI - L'IMPLICATION DE NOUVEAUX ACTEURS : NATIONS UNIES, PUBLIC, MÉDIAS, POLITIQUES **227**
LES CONFÉRENCES GÉNÉRALISTES SUR L'ENVIRONNEMENT 230
LES CONFÉRENCES SCIENTIFIQUES FONDATRICES 234

CHAPITRE XII - LES CONFÉRENCES ET LES INSTITUTIONS INTERGOUVERNEMENTALES **249**
LA CONFÉRENCE DES NATIONS UNIES SUR L'ENVIRONNEMENT ET LE DÉVELOPPEMENT (CNUED), RIO DE JANEIRO, 1992 251
LES CONFÉRENCES DE JOHANNESBURG EN 2002 ET DE « RIO PLUS 20 » EN 2012 252
LA CONVENTION-CADRE DES NATIONS UNIES SUR LE CHANGEMENT CLIMATIQUE (CCNUCC) 253
LE PROTOCOLE DE KYOTO 255
LES COP « CONFERENCE OF PARTIES » 257

CHAPITRE XIII - UNE NOUVELLE COUCHE DE SCIENCE : LA SOCIO-ÉCONOMIE DU CLIMAT **279**
L'ÉMERGENCE D'UNE ÉCONOMIE DE L'ENVIRONNEMENT 280
PREMIÈRE ÉTUDE D'IMPACTS ÉCONOMIQUES D'UN PHÉNOMÈNE CLIMATIQUE : LE CAS EL NIÑO 284
IMPACTS, ADAPTATION ET ATTÉNUATION DU CHANGEMENT CLIMATIQUE 292

CHAPITRE XIV - LE TEMPS DE L'ACTION **305**
DE LA CONNAISSANCE À L'ACTION : FAIRE SAVOIR, CONVAINCRE, DÉCIDER 306
LE RÔLE DE LA PSYCHOLOGIE DANS LA PERCEPTION PUBLIQUE DU CHANGEMENT CLIMATIQUE 311
INCERTITUDES, INQUIÉTUDES, DÉSARROIS 318
L'AVENIR DE L'HUMANITÉ EST-IL EN JEU ? 324

BIBLIOGRAPHIE **327**
ACRONYMES **335**
TABLE DES MATIÈRES **343**

Environnement, Écologie et Développement aux éditions L'Harmattan

Dernières parutions

LE NOUVEAU MANUEL DE GESTION
des associations et ONG de développement (CD inclus)
Vincent Fernand
Ce manuel est un outil de travail et de gestion pour les dirigeants d'ONG/OP des pays du Sud. Il est composé d'un manuel de 320 pages et d'un CD permettant d'accéder à 200 outils de gestion et d'organisation d'ONG/OP ainsi qu'aux textes complets des cinq premiers manuels de gestion de l'auteur. Une mine d'exemples qui vous permettront d'améliorer la gestion, le développement et l'autonomie financière de votre organisation.
(35.00 euros, 316 p., Broché, Illustré en noir et blanc) ISBN : 978-2-343-05489-6, ISBN EBOOK : 978-2-336-37297-6

THÉORIE DU STOCK FROID
Développer rapidement les pays pauvres
Ducrocq François
Les pertes colossales en récoltes, parfois jusqu'à la moitié de ce qu'un paysan peut retirer de la terre, constituent le frein économique majeur pour les pays en développement. Cet ouvrage propose une approche nouvelle du stockage de produits alimentaires frais dans la théorie microéconomique, laquelle perçoit traditionnellement le stock comme un résidu. Tout au contraire, le stock a un impact déterminant dans l'accumulation primitive du capital des pays les plus pauvres.
(Coll. Rue des écoles, série Essais, 26.00 euros, 250 p.) ISBN : 978-2-343-04660-0, ISBN EBOOK : 978-2-336-37278-5

COMMENT ENTREPRENDRE EN AFRIQUE ?
Balises du porteur de projet de création d'entreprise
Lam Ibrahima Théo
Préface de Dr. Alain Capo Chichi – Postface de Cheikh Ahmed Tidiane Ba
Ce précis, basé sur une étude de cas d'entreprise durable et inclusive, donne le ton pour la valorisation des ressources locales, la promotion de l'entrepeneuriat chez les jeunes, l'*empowerment* surtout des femmes pour leur autonomisation continue, des solutions adaptées aux réalités africaines et surtout une création de valeur collective sûre. Sur tout le continent, des jeunes courageux, des femmes infatigables s'organisent, représentant une force économique indéniable.
(14.50 euros, 142 p.) ISBN : 978-2-343-05783-5, ISBN EBOOK : 978-2-336-37293-8

PAYS (LES) ACP DANS LE COMMERCE MONDIAL
Foé Aristide
Depuis les années 2000, l'Union européenne négocie avec les pays ACP des Accords de Partenariat Économique (APE) en substitution aux anciens accords de Lomé et de Cotonou. Dans ce cadre, les pays du Sud concernés seraient amenés à ouvrir leurs marchés à la plupart des produits en provenance de l'Union européenne. Selon l'auteur, les pays africains n'ont rien à craindre des accords de partenariat économique. Il implore les gouvernements et autres autorités compétentes d'informer et sensibiliser leurs populations de la nécessité d'une relation nouvelle, gagnant/gagnant, avec les partenaires occidentaux.
(24.00 euros, 238 p.)
ISBN : 978-2-343-04638-9, ISBN EBOOK : 978-2-336-36097-3

UN EXEMPLE DE COOPÉRATION NORD-SUD
Margny-lès-Compiègne et Méhanna (France-Niger)
Hellal Dany - Préface de Jacques Arrignon
Par ce témoignage, l'auteur a souhaité évoquer les jalons d'un échange Nord-Sud, qui pourrait être l'histoire de n'importe quelle commune autre que Margny ou Méhanna, afin de donner à de nouvelles générations l'envie d'entreprendre des échanges et des projets à taille humaine, dans un monde où tout semble difficile. La coopération décentralisée permet de s'enrichir les uns les autres par les différents savoir-faire et fait ici découvrir un continent ou «solidarité» et «sens du bonheur» ont toute leur authenticité.
(10.50 euros, 70 p.)
ISBN : 978-2-343-03967-1, ISBN EBOOK : 978-2-336-36065-2

GUIDE DE L'ACCOMPAGNEMENT DES PORTEURS DE PROJETS D'AUTO-EMPLOI
Rosanvallon André
En Afrique, la crise de l'emploi constitue un défi majeur pour les politiques de développement. Il faut créer massivement des emplois dans le secteur moderne (privé, public ou semi-public) et dans le secteur informel (à condition qu'il s'agisse d'emplois décents). Ces opportunités sont limitées. Il reste alors la création d'emploi par l'auto-emploi au sein d'activités génératrices de revenus. Il convient aujourd'hui de renforcer les dispositifs, d'accompagner les porteurs de projets et de renforcer les compétences de leurs agents.
(Coll. La Librairie des Humanités, 18.00 euros, 174 p.)
ISBN : 978-2-343-00319-1, ISBN EBOOK : 978-2-296-53114-7

TERRES RARES : ENJEU GÉOPOLITIQUE DU XXIe SIÈCLE
Chine, Etats-Unis, Europe, Japon, Groenland
Degeorges Damien - Préface de Per Stig Moller, ancien ministre danois des Affaires étrangères (2001-2010) ; postface de Palle Christiansen, ministre groenlandais de l'Éducation, de la Recherche et de la Coopération nordique
Groupe de métaux aux caractéristiques indispensables pour de nombreuses applications civiles et militaires, les terres rares se retrouvent dans les technologies vertes ainsi que dans les technologies au coeur de notre société (téléphones portables, écrans plats). Elles revêtent une dimension géopolitique majeure depuis que la Chine, qui contrôle 97% de la production mondiale, a réduit ses exportations. États-Unis, Europe et économies de l'Asie-Pacifique se tournent désormais vers un des principaux eldorados en la matière : le Groenland.
(Coll. Un autre regard / Paris School of Business, 10.50 euros, 78 p.)
ISBN : 978-2-336-00222-4, ISBN EBOOK : 978-2-296-50837-8

DES EXTRÊMES DANS LE MONDE, DE DHAKA À DOHA
Le Quément Joël
Cet essai interpelle sur des réalités économiques et sociales fortement inégales dans le monde, en particulier en Asie et dans le golfe Persique. Le XXIe siècle se caractérise par une forte croissance de la population dans certaines régions du monde et par des flux migratoires puissants. Que dire des tensions nées de ces déséquilibres ? Comment répondre à l'explosion des besoins en alimentation, énergies, infrastructures ? Y a-t-il des formes nouvelles de partage des richesses possibles ?
(14.00 euros, 126 p.)
ISBN : 978-2-336-00313-9, ISBN EBOOK : 978-2-296-50933-7

DIMENSION (LA) SACRIFICIELLE DE LA GUERRE
Essai sur la martyrologie politique
Mashimango Abou-Bar Abelard
Préface de Pascal Hintermeyer
Voici une analyse polémologique fondée sur une approche multidisciplinaire et une culture de la sociologie politique dont les suggestions - comme la ritualisation de la guerre, la martyrologie, les mythes, la question de l'honneur et du prestige, et la dimension sacrificielle des stratégies

- conduisent, à la fois, à l'examen exploratoire de la dynamique guerrière et à une réflexion approfondie des conflits armés contemporains.
(Coll. Questions contemporaines, 22.50 euros, 226 p.)
ISBN : 978-2-336-00363-4, ISBN EBOOK : 978-2-296-50824-8

DIMENSIONS OF WAR
Understanding War as a Complex Adaptive System
Solvit Samuel
With today mutable identities and various kinds of warfare, how do we further our understanding of war? Reviewing influential war theories from Machiavelli to the present, this book analyses how they reduce war in terms of time, space, interaction, purpose, aim, and/or evolution. Considering war as a complex adaptive system allows us to increase our overall comprehension of contemporary wars.
(Coll. Diplomacy and Strategy, 15.50 euros, 152 p.)
ISBN : 978-2-296-99721-9, ISBN EBOOK : 978-2-296-50839-2

UN MONDE DE FEU
Réchauffement environnemental et surchauffe sociale
Berger Corinne, Roques Jean-Luc
Les phénomènes de surchauffe environnementaux et sociaux observés de nos jours semblent difficilement maîtrisables. Le monde est plus que jamais en feu. N'existe-t-il pas un certain parallélisme entre réchauffement environnemental et embrasement social ? Pour se protéger, on assiste à un retour au foyer que l'on retrouve dans des dynamiques de ségrégations territoriales. Ces comportements n'attisent-ils pas le feu ? Existe-t-il des solutions ?
(Coll. Sociologies et Environnement, 20.00 euros, 202 p.)
ISBN : 978-2-336-00453-2, ISBN EBOOK : 978-2-296-50940-5

SOLIDARITÉS (LES) À L'ÉPREUVE DES CRISES
Sous la direction de Béatrice Muller, Jean-Claude Barbier, Maryse Bresson
Notre système de protection sociale n'a pas échappé aux réformes engagées en Europe dans le contexte de crise. Il est perçu à la fois comme un rempart à la crise et comme un obstacle à une reprise économique. Les auteurs tentent donc de comprendre comment ces différentes idées pénètrent les réalités des solidarités publiques et privées.
(Coll. Institut de la Ville et du Développement, 25.00 euros, 246 p.)
ISBN : 978-2-336-00322-1, ISBN EBOOK : 978-2-296-50987-0

ÉVALUATION (L') DES POLITIQUES PUBLIQUES
Défi d'une société en tension
Sous la direction de Gaëlle Baron et Nicolas Matyjasik
L'évaluation des politiques publiques constitue un instrument à disposition des pouvoirs publics pour engager les mutations nécessaires de leur action. Elle doit accompagner et si possible précéder ces évolutions. L'implication des citoyens et la diffusion grand public sont par exemple des réponses aux attentes de participation à la décision publique. L'évaluation doit aussi adapter ses méthodologies et identifier les priorités d'intervention.
(Coll. La Librairie des Humanités, 29.00 euros, 282 p.)
ISBN : 978-2-336-00445-7, ISBN EBOOK : 978-2-296-50864-4

ÉDUQUER À LA BIODIVERSITÉ POUR UN DÉVELOPPEMENT DURABLE
Réflexions et expérimentations
Matagne Patrick
Il était utile d'aborder d'une autre façon ce champ où biodiversité et développement s'entrecroisent dans une perspective pédagogique et expérimentale. Ce livre croise les scènes de la nature avec les scènes de l'homme et de la société. Voici un manuel utile aux étudiants, enseignants, formateurs, chercheurs et éducateurs en environnement et développement durable.
(Coll. Biologie, écologie, agronomie, 13.00 euros, 112 p.)
ISBN : 978-2-296-99354-9, ISBN EBOOK : 978-2-296-50914-6

TERRE (LA), QUESTION VITALE AU XXIe SIÈCLE
Sous la direction de Belkacem Belmekki, Madhu Benoit, Michel Naumann, Joëlle Weeks
Comment l'Inde et l'Afrique ont-elles construit le rapport de l'homme à la terre ? C'est la quête d'une unité perdue et celle d'une possible reconquête de la terre que restitue cette étude. Elle se décline en trois mouvements : mythologies et religions offrent à la réflexion contemporaine un cadre intellectuel, spirituel et écologique. Le récit se clôture sur le thème d'une reconquête vitale qui allie spiritualité et développement durable, économie et écologie, richesse linguistique et patrimoniale.
(Coll. Discours identitaires dans la mondialisation, 23.00 euros, 230 p.)
ISBN : 978-2-336-00120-3, ISBN EBOOK : 978-2-296-50991-7

GENRE, CHANGEMENTS AGRAIRES ET ALIMENTATION
Sous la direction de Christine Verschuur
Cet ouvrage propose de donner matière à réfléchir sur les processus d'appauvrissement des paysannes et paysans. Près d'un milliard de personnes ont faim dans le monde et paradoxalement 70 % d'entre elles font partie de familles paysannes. Les ressources naturelles et techniques sont pourtant suffisantes pour assurer une alimentation correcte de l'humanité. Cet éclairage nouveau prétend contribuer à expliquer les inégalités d'accès à l'alimentation dans le développement rural.
(Coll. Cahier du genre et développement, 47.00 euros, 480 p.)
ISBN : 978-2-296-99303-7, ISBN EBOOK : 978-2-296-50608-4

ÉCOLOGIE ET ÉVOLUTION DU MONDE VIVANT (Volume 1)
Le vie est une transmission d'information
Godron Michel
Comment résoudre les problèmes écologiques mondiaux qui se posent aujourd'hui ? Quels changements de nos mentalités et quelles innovations techniques seront nécessaires ? Ce volume répond à la question «Qu'est-ce que la vie ?» Depuis qu'elle est apparue sur terre, l'évolution des êtres vivants a suivi un «modèle» écologique et cybernétique très général, qui a conduit à la biodiversité actuelle, qui dépend elle-même des climats et des sols.
(Coll. Biologie, écologie, agronomie, 54.50 euros, 612 p.)
ISBN : 978-2-296-55870-0

ÉCOLOGIE ET ÉVOLUTION DU MONDE VIVANT (Volume 2)
L'échelle crée le phénomène
Godron Michel
Comment résoudre les problèmes écologiques mondiaux qui se posent aujourd'hui ? Quels changements de nos mentalités et quelles innovations techniques seront nécessaires ? Ce volume présente l'étude statistique de la répartition écologique des plantes et des animaux à l'échelle biogéographique des continents et des étages de végétation ainsi qu'à l'échelle des communautés végétales et animales et des paysages.
(Coll. Biologie, écologie, agronomie, 38.00 euros, 388 p.)
ISBN : 978-2-296-55871-7

ÉCOLOGIE ET ÉVOLUTION DU MONDE VIVANT (Volume 3)
Les problèmes écologiques actuels
Godron Michel
Comment résoudre les problèmes écologiques mondiaux ? Quels changements de nos mentalités et quelles innovations techniques seront nécessaires ? Ce volume retrace l'arrivée discrète de l'Homme dans la biosphère, amorcée depuis deux millions d'années, et son emprise écologique du Paléolithique à nos jours. Il se termine par l'analyse des problèmes écologiques actuels, qui sont surtout le fruit délétère de notre société de surconsommation.
(Coll. Biologie, écologie, agronomie, 61.00 euros, 750 p.)
ISBN : 978-2-296-55872-4

L'HARMATTAN ITALIA
Via Degli Artisti 15; 10124 Torino
harmattan.italia@gmail.com

L'HARMATTAN HONGRIE
Könyvesbolt ; Kossuth L. u. 14-16
1053 Budapest

L'HARMATTAN KINSHASA
185, avenue Nyangwe
Commune de Lingwala
Kinshasa, R.D. Congo
(00243) 998697603 ou (00243) 999229662

L'HARMATTAN CONGO
67, av. E. P. Lumumba
Bât. – Congo Pharmacie (Bib. Nat.)
BP2874 Brazzaville
harmattan.congo@yahoo.fr

L'HARMATTAN GUINÉE
Almamya Rue KA 028, en face
du restaurant Le Cèdre
OKB agency BP 3470 Conakry
(00224) 657 20 85 08 / 664 28 91 96
harmattanguinee@yahoo.fr

L'HARMATTAN MALI
Rue 73, Porte 536, Niamakoro,
Cité Unicef, Bamako
Tél. 00 (223) 20205724 / +(223) 76378082
poudiougopaul@yahoo.fr
pp.harmattan@gmail.com

L'HARMATTAN CAMEROUN
BP 11486
Face à la SNI, immeuble Don Bosco
Yaoundé
(00237) 99 76 61 66
harmattancam@yahoo.fr

L'HARMATTAN CÔTE D'IVOIRE
Résidence Karl / cité des arts
Abidjan-Cocody 03 BP 1588 Abidjan 03
(00225) 05 77 87 31
etien_nda@yahoo.fr

L'HARMATTAN BURKINA
Penou Achille Some
Ouagadougou
(+226) 70 26 88 27

L'HARMATTAN SÉNÉGAL
10 VDN en face Mermoz, après le pont de Fann
BP 45034 Dakar Fann
33 825 98 58 / 33 860 9858
senharmattan@gmail.com / senlibraire@gmail.com
www.harmattansenegal.com

L'HARMATTAN BÉNIN
ISOR-BENIN
01 BP 359 COTONOU-RP
Quartier Gbèdjromèdé,
Rue Agbélenco, Lot 1247 I
Tél : 00 229 21 32 53 79
christian_dablaka123@yahoo.fr

Achevé d'imprimer par Corlet Numérique - 14110 Condé-sur-Noireau
N° d'Imprimeur : 130450 - Dépôt légal : juillet 2016 - *Imprimé en France*

www.ingramcontent.com/pod-product-compliance
Lightning Source LLC
LaVergne TN
LVHW011432061026
849535LV00004BA/788